高等学校电气信息类“十三五”规划教材

电磁场理论与计算

第二版

单志勇　陆艳苹　编著

化学工业出版社

·北京·

《电磁场理论与计算》（第二版）共分9章，讲述了电磁波传播的若干基本原理，包括传输线、波导以及天线的基本理论、基本规律和基本方法，同时也讲述了有关电磁波的计算方法，包括矩量法、变分法、时域有限差分法、有限元法等，内容简洁、深入浅出。书中有相应的例题用于巩固知识加深理解，还附有一些计算程序。

本书可供高等学校电子信息类专业高年级本科生、研究生教学使用，相近专业可以作为选修课程教材。本书也可供有关工程技术人员参考。

图书在版编目（CIP）数据

电磁场理论与计算/单志勇，陆艳苹编著. —2版. —北京：化学工业出版社，2019.10

高等学校电气信息类“十三五”规划教材

ISBN 978-7-122-35059-6

Ⅰ.①电… Ⅱ.①单… ②陆… Ⅲ.①电磁场-高等学校-教材 Ⅳ.①O441.4

中国版本图书馆CIP数据核字（2019）第169097号

责任编辑：郝英华　　文字编辑：陈　喆

责任校对：张雨彤　　装帧设计：史利平

出版发行：化学工业出版社（北京市东城区青年湖南街13号　邮政编码100011）

印　　装：三河市双峰印刷装订有限公司

787mm×1092mm　1/16　印张12¼　字数301千字　2020年1月北京第2版第1次印刷

购书咨询：010-64518888　　售后服务：010-64518899

网　　址：http://www.cip.com.cn

凡购买本书，如有缺损质量问题，本社销售中心负责调换。

定　　价：38.00元

前言

本书分为两部分，第一部分为第 1~ 5 章，是与电磁场有关的传输线、波导理论以及与电磁辐射有关的天线基本理论、天线仿真，其可以作为本科生高年级阶段电磁场的深入教材。第二部分为第 6~ 9 章，是关于计算电磁学的内容，其可以作为高年级本科生阶段计算电磁学课程的教材，也可作为研究生阶段的基础电磁计算理论教材。计算电磁学课程的教材比较少，希望本书能满足大家的需要。本书的编写意图是希望学生可以较为容易地从第一部分课程过渡到第二部分课程。

虽然本书的第一部分介绍的是电磁场传播理论，但其涵盖的内容与现有教材有所不同，这主要是因为本科生的课程体系在过去二十年中有了较大的改变。许多大学已经减少了必修课的数量，以便学生更为自由地取舍与学习，这就导致在大多数高校的电子信息类专业中，本科生只有一门电磁场的必修课程，因而研究生在入学时对基础电磁理论的掌握情况差异很大，尤其是计算电磁学知识。为了应对这一挑战，使不同层次的学生均能从中受益，本书的内容既涵盖基础理论，也涵盖传输线理论、波导理论、电磁场辐射有关的天线理论。

在撰写本书时，笔者始终遵循下列原则。

① 本书并不是要作为一本包罗万象的参考书。它应包含足够的传输线、波导、天线的基础知识，使电子信息类专业的研究生在未来研究高级课题时有足够的知识准备，并且所有内容应该能在一学期内讲授完。因此，对该部分涵盖的内容进行了非常仔细的筛选。

② 教材的形式应该适合课堂教学和自学，而不是作为参考书使用。对于课堂教学，循序渐进地介绍新思想和新概念通常更为合适，因此首先讲传输线、波导、电磁辐射等。

③ 电磁理论是从麦克斯韦方程出发，以数学为工具推导发展而来的，因而在介绍每一部分内容时，都应该从麦克斯韦方程，或者基于麦克斯韦方程的定理开始。本书的第二部分介绍了几种重要的计算电磁学方法，它们在工程应用中得到了广泛使用。这些方法包括有限差分法（特别是时域有限差分法）、有限元法和基于积分方程的矩量法，它们是电磁场数值分析中的三种最基本方法。学生在熟练掌握这三种方法后，可以很容易地学习其他数值方法。第二部分还介绍了求解积分方程的快速算法以及结合不同数值方法的混合方法，掌握这些技术就能更有效地处理复杂电磁问题。随着计算电磁学这一电磁分析和仿真工具得到越来越广泛的应用，基于上述内容的计算电磁学课程也越来越受欢迎。这门课程被许多非电磁方向甚至非电子信息类专业的学生选修。

书中第 1 章讲述了传输线理论；紧接着第 2 章讲了波导理论，主要是矩形波导、圆形波导以及同轴线波导；然后第 3 章讲述了天线的辐射和基本参数概念；第 4 章讲述了天线的仿真，举例说明了 HFSS 软件的用法，讨论了分形天线的概念和设计方法，学生可以更好地理解电磁场的辐射原理；第 5 章讨论了面天线，面元的辐射可以用数学方程来描述，它们满足麦克斯韦方程，反射面天线是经典的面天线之一，因此对该类型天线进行了讨论；第 6 章主要讨论了矩量法，矩量法是经典的计算电磁方法之一，给出了几个矩量法的例子；第 7 章讨论了变分法，该方法应用非常广泛，在电磁计算领域也得到广泛应用；第 8 章讨论了时域有限差分法，讲述了该方法的基本原理，以及一维、二维和三维方法，给出了几个应用的例子，一个是计算微带天线，一个是计算求解声学问题，以及薛定谔方程的求解；最后第 9 章讨论了有限元方法。

本书第 7、第 9 章由陆艳苹编著，其余章节均由单志勇编著。

由于笔者水平有限，书中不足之处在所难免，请读者批评指正。

编著者

2019 年 9 月

目录

第1章 传输线理论

本章主要内容 

- 传输线基本概念与传输线方程
- 传输线的基本特性参量
- 均匀无耗传输线的工作状态分析
- Smith 圆图
- 阻抗匹配

1.1 传输线基本概念与传输线方程

1.1.1 传输线定义、分类

传输线是用以传输信息和能量的各种形式的传输系统的总称，用来引导电磁波沿一定方向传输，因此又称之为导波系统。

第一类导波系统是指双导体传输线，它由两根或两根以上平行导体构成，所传输的电磁波是横电磁波（TEM 波）或准 TEM 波，故又称之为 TEM 波传输线，主要包括平行双导线、同轴线、带状线和微带线等。第二类是均匀填充介质的金属波导管，因电磁波在管内传播，故称为波导，其传输的电磁波是横电波（TE 波）和横磁波（TM 波），所以又称为 TE 波和 TM 波传输线，主要包括矩形波导、圆波导、脊形波导和椭圆波导等。第三类是介质传输线，由于电磁波沿此类传输线表面传播，被称为表面波波导，主要有介质波导、镜像线和单根表面波传输线等。电磁波聚集在传输线内部及其表面附近沿轴线方向传播，一般的是混合波型（TE 波和 TM 波的叠加），有些情况下也可单独传播 TE 波或 TM 波。其他结构更为复杂的传输线，是上述三种基本类型的组合和发展。图 1.1 所示为这三种类型传输线。

1.1.2 传输线研究方法

电磁波理论是研究传输线的基础理论，工程上所采用的传输线，其工作频率带宽要符合一定的要求，功率容量要足够大（或满足一定的要求），工作稳定性要好且损耗小，尺寸要小，成本要低。实际应用中，在低频情况下，电流几乎均匀地分布在导线内。电流和电荷可等效地集中在轴线上，能量（坡印廷矢量所表示的能流）集中在导体内部传播，外部电磁能

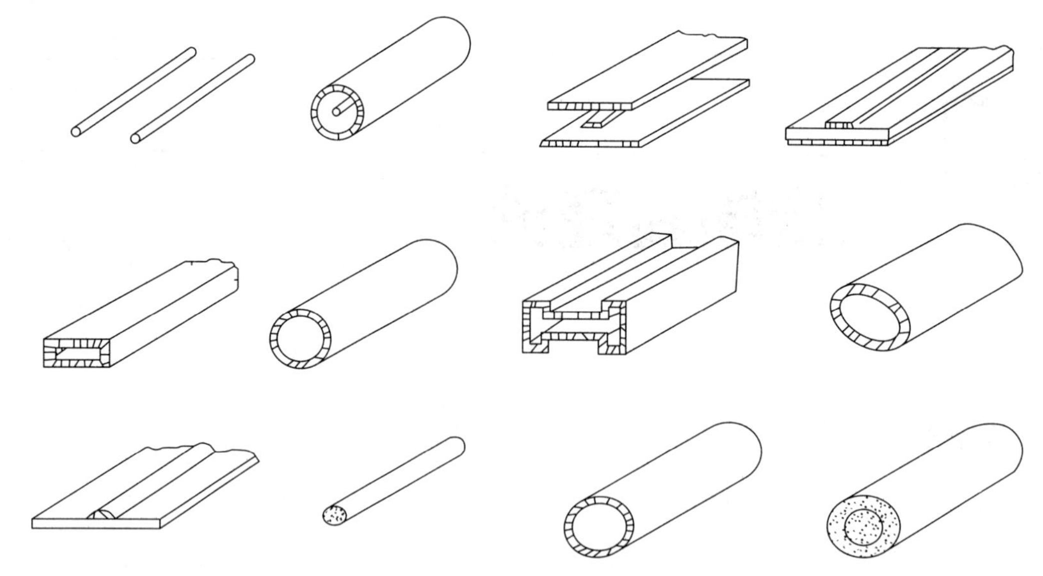

图 1.1 三种类型的传输线

量极少，求解物理量只须用电流 I、电压 V 和欧姆定律解决即可，无须用麦克斯韦方程等电磁理论。高频情况下，趋肤效应（Skin Effect）开始显现，不论导线怎样弯曲，能流都在导体内部和表面附近，因此需要用电磁理论进行研究了。下面看一个例子。

【例 1.1】 半径为 $r_0=2\times10^{-3}\mathrm{m}$ 的铜导线，计算其单位长度的直流线耗 R_0。

解： 由于 $I=JS=\sigma E\pi r_0^2$，$V=\int E\mathrm{d}l$，$\sigma=5.8\times10^7\mathrm{S/m}$，利用欧姆定律有

$$R_0=\frac{V}{I}=\frac{\int E\mathrm{d}l}{\sigma E\pi r_0^2}=\frac{l}{\sigma\pi r_0^2}$$

$$=\frac{1}{5.8\times10^7\times\pi\times(2\times10^{-3})^2}=1.37\times10^{-3}(\Omega/\mathrm{m})$$

当频率升高时出现的第一个问题是导体的趋肤效应。导体的电流、电荷和场都集中在导体表面。下面再看另一个例子。

【例 1.2】 设信号频率 $f=10\mathrm{GHz}=10^{10}\mathrm{Hz}$，求 $L=3\mathrm{cm}$，$r_0=2\mathrm{mm}$ 的铜导线的线耗 R。

解： 由电磁理论知道，此时 $J=J_0\mathrm{e}^{-\alpha(r_0-r)}$，其中，$J_0$ 是 $r=r_0$ 处的表面电流密度，α 是衰减常数。对于良导体，$\alpha=\sqrt{\dfrac{\omega\mu\sigma}{2}}=\dfrac{1}{\Delta}$，$\Delta$ 称为趋肤深度，r 为半径，显然有

$$I=\iint J\,\mathrm{d}s=\iint J_0\mathrm{e}^{-\alpha(r_0-r)}\mathrm{d}s=\sigma E_0\iint\mathrm{e}^{-\alpha(r_0-r)}r\,\mathrm{d}r\,\mathrm{d}\theta$$

$$I=2\pi\sigma E_0\mathrm{e}^{-\alpha r_0}\int_0^{r_0}r\mathrm{e}^{\alpha r}\mathrm{d}r=2\pi\sigma E_0\mathrm{e}^{-\alpha r_0}\left(\frac{1}{\alpha}\int_0^{r_0}r\,\mathrm{d}\mathrm{e}^{\alpha r}\right)$$

$$=2\pi\sigma E_0\mathrm{e}^{-\alpha r_0}\frac{1}{\alpha}\left(r\mathrm{e}^{\alpha r}-\int_0^{r_0}\mathrm{e}^{\alpha r}\mathrm{d}r\right)=2\pi\sigma E_0\left(\frac{1}{\alpha}r_0-\frac{1}{\alpha^2}+\frac{1}{\alpha^2}\mathrm{e}^{-\alpha r_0}\right)\tag{1.1}$$

对于微波情形 $\Delta=1/\alpha$ 是一阶微小量，$1/\alpha^2$ 可以忽略，得到

$$I=2\pi\sigma E_0r_0\Delta$$

$$R=\frac{E_0l}{I}=\frac{l}{2\pi r_0\sigma\Delta}\tag{1.2}$$

计算可得到此时的电阻为

$$\sigma = 5.08 \times 10^7 \mathrm{S/m}$$

$$\Delta = 0.066/\sqrt{f}，若 f = 10^{10}\mathrm{Hz}，\Delta = 0.66 \times 10^{-6}$$

$$\sigma_\Delta = 3.83 \times 10$$

$$R = \frac{1}{2\pi \times 2 \times 10^{-3} \times 3.83 \times 10} = 2.07(\Omega/\mathrm{m}) \tag{1.3}$$

可见，直流或者低频时的导线电阻与微波频段时的电阻之比为

$$\frac{R}{R_0} = \frac{1.37 \times 10^{-3}}{2.07} = 6.6 \times 10^{-4}$$

损耗增加了1515倍，即10000/6.6倍，可见微波能量主要在传输线表面和外在空间传输，这就是为什么在微波频段要用电磁理论来研究传输线。又比如双导线，如图1.2所示，电磁能是在双导线之间的空间传播的，导线只起到引导的作用。

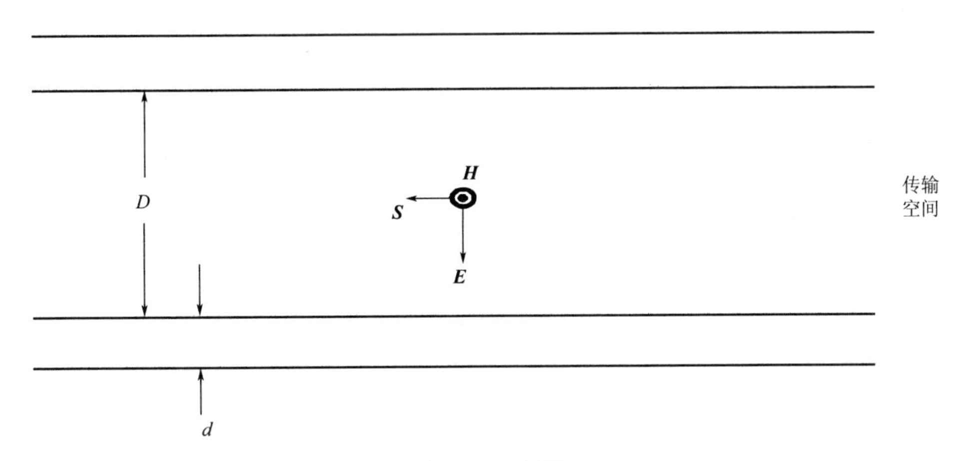

图1.2　双导线

1.1.3　传输线理论、传输线的方程与求解

传输线理论主要包括两方面的内容：一是研究所传输波型的电磁波在传输线横截面内电场和磁场的分布规律（亦称场结构、模、波型），称为横向问题；二是研究电磁波沿传输线轴向的传播特性和场的分布规律，称为纵向问题。横向问题要求解电磁场的边值问题。不同类型或同一类型但结构形式不同的传输线，具有不同的边界条件，应分别加以研究。纵向问题都是沿轴线方向把电磁波的能量从一处传向另一处，尽管传输线类型不同，但都可以用相同的物理量来加以描述，即可以用一个等效的简单传输线（如双导线或同轴线）来描述。对于简单传输线的纵向问题，可以用场的方法来分析：根据边界和初始条件求电磁场波动方程的解，得出电磁场随时间和空间的变化规律；也可以在求得传输线的分布参数之后，用路的方法来分析，利用分布参数电路的理论来分析电压波（与电场相对应）和电流波（与磁场相对应）随时间和空间的变化规律。传输线方程是描述电压、电流变化的微分方程，一般情况下均匀传输线单位长度上有四个分布参数：分布电阻 R_0、分布电导 G_0、分布电感 L_0 和分布电容 C_0。它们的数值均与传输线的种类、形状、尺寸及导体材料和周围媒质特性有关。传输线可分为长线和短线，长线和短线是相对于波长而言的。所谓长线是指传输线的几何长

度和线上传输电磁波的波长的比值（即电长度）大于或接近于 1，反之称为短线。在低频情况下，短线的电阻、电感等参数可以忽略，但当频率提高到微波波段时，这些分布效应就不可忽略了，传输线此时要考虑分布参数效应。人们最初研究的传输线是电报线，得到一组**描述均匀传输线上电压、电流空间分布和时间变化的微分方程**，因此传输线方程称为电报方程。图 1.3 所示是一个平行双导线，其中传输线的始端接射频或者微波信号源，终端接负载。传输线的轴向坐标为 z 轴，坐标原点处于传输线始端，来自波源的导波沿着正 z 方向传播，设波源的瞬时电动势为 e_g，内阻为 z_g，负载阻抗为 Z_L，传输线上距离始端 z 处瞬时电压、瞬时电流分别为 u、i，在 $z+\mathrm{d}z$ 处的电压和电流分别为 $u+\mathrm{d}u$、$i+\mathrm{d}i$，沿着回路应用基尔霍夫定律，可得

$$
\begin{aligned}
&-u(z+\mathrm{d}z,t)+u(z,t)=(R\mathrm{d}z)i(z,t)+(L\mathrm{d}z)\frac{\partial i(z,t)}{\partial t}\\
&-i(z+\mathrm{d}z,t)+i(z,t)=(G\mathrm{d}z)u(z+\mathrm{d}z,t)+(C\mathrm{d}z)\frac{\partial u(z+\mathrm{d}z,t)}{\partial t}
\end{aligned}
\tag{1.4}
$$

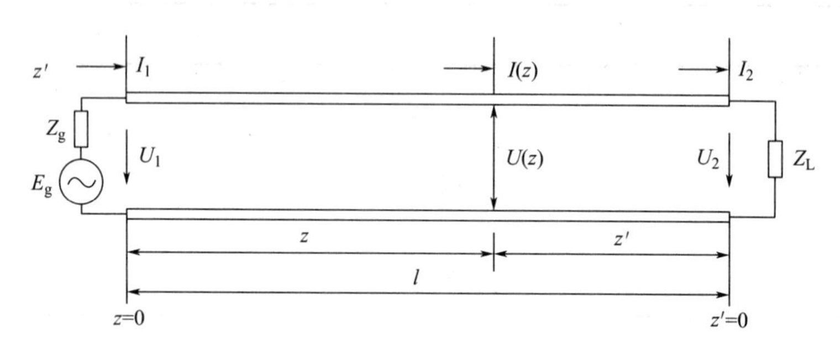

图 1.3 平行双导线

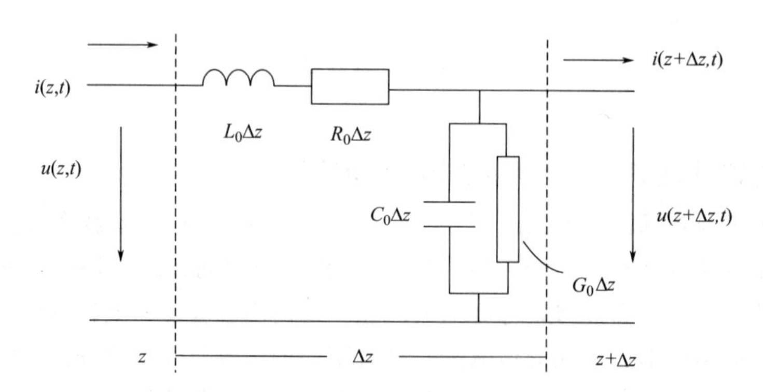

图 1.4 双导线等效电路图（$\Delta z\rightarrow 0$）

当 $\Delta z\rightarrow 0$ 时（图 1.4）推导容易得到

$$
\begin{cases}
-\dfrac{\partial u(z,t)}{\partial z}=Ri(z,t)+L\dfrac{\partial i(z,t)}{\partial t}\\
-\dfrac{\partial i(z,t)}{\partial z}=Gu(z,t)+C\dfrac{\partial u(z,t)}{\partial t}
\end{cases}
\tag{1.5}
$$

这就是一般形式的传输线方程。实际上在很多情形下，传输线上的电流、电压做时谐变化，我们容易得到在正弦时变条件下的传输线方程，令信源角频率已知，线上的电压、电流皆为正弦时变（即谐变），因此有

$$
\begin{aligned}
&u(z,t)=Re(\dot{U}(z)\mathrm{e}^{\mathrm{j}\omega t})\\
&i(z,t)=Re(\dot{I}(z)\mathrm{e}^{\mathrm{j}\omega t})\\
&\frac{\partial}{\partial t}\rightarrow \mathrm{j}\omega
\end{aligned}
\tag{1.6}
$$

式(1.6) 中，$\dot{U}(z)$、$\dot{I}(z)$ 分别是传输线上 z 处的复电压和复电流，仅仅是 z 的函数，与时间无关。由于引入了相量形式，电压、电流对时间求导化为用 $\mathrm{j}\omega$ 去乘以电压、电流。把式(1.6) 代入式(1.5) 中，可以得到

$$
\begin{cases}
\dfrac{\mathrm{d}^2\dot{U}(z)}{\mathrm{d}z^2}-ZY\dot{U}(z)=0,\dot{I}(z)=-\dfrac{1}{Z}\times\dfrac{\mathrm{d}\dot{U}(z)}{\mathrm{d}z}\\
\dfrac{\mathrm{d}^2\dot{I}(z)}{\mathrm{d}z^2}-ZY\dot{I}(z)=0,\dot{U}(z)=-\dfrac{1}{Y}\times\dfrac{\mathrm{d}\dot{I}(z)}{\mathrm{d}z}
\end{cases}
\tag{1.7}
$$

式中，$Y=G+\mathrm{j}\omega C$、$Z=R+\mathrm{j}\omega L$ 分别为传输线单位长度的并联导纳和串联阻抗。

1.1.4　传输线方程的求解

对传输线方程求解，即求得方程的通解和边界条件。对传输线方程做二次微分，已经得到

$$
\left.
\begin{aligned}
&\frac{\mathrm{d}^2U(z)}{\mathrm{d}z^2}-ZYU(z)=0\\
&\frac{\mathrm{d}^2I(z)}{\mathrm{d}z^2}-ZYI(z)=0
\end{aligned}
\right\}
\tag{1.8}
$$

经过简单变形得到

$$
\left.
\begin{aligned}
&\frac{\mathrm{d}^2U(z)}{\mathrm{d}z^2}-\gamma^2U(z)=0\\
&\frac{\mathrm{d}^2I(z)}{\mathrm{d}z^2}-\gamma^2I(z)=0
\end{aligned}
\right\},\ \gamma=\sqrt{(R+\mathrm{j}\omega L)(G+\mathrm{j}\omega C)}=\alpha+\mathrm{j}\beta
\tag{1.9}
$$

式中，γ 为传播常数；α、β 分别为衰减常数和相位常数。这两个常微分方程，求解方法实际上是一样的，其中的通解为两个线性无关解的线性组合。一个解为 $\mathrm{e}^{-\gamma z}$，另一个解为 $\mathrm{e}^{\gamma z}$，对于电压通解为 $U(z)=A_1\mathrm{e}^{-\gamma z}+A_2\mathrm{e}^{\gamma z}$，电流的通解为 $I(z)=\dfrac{1}{Z_0}(A_1\mathrm{e}^{-\gamma z}-A_2\mathrm{e}^{\gamma z})$，可以看出，二者只差一个比例常数 $Z_0=\sqrt{\dfrac{R+\mathrm{j}\omega L}{G+\mathrm{j}\omega C}}$。把时间变量代入通解，得到瞬时电压和电流的解为

$$
\begin{cases}
u(z,t)=|A_1|\mathrm{e}^{-\alpha z}\cos(\omega t-\beta z)+|A_2|\mathrm{e}^{\alpha z}\cos(\omega t+\beta z)\\
i(z,t)=\left|\dfrac{A_1}{Z_0}\right|\mathrm{e}^{-\alpha z}\cos(\omega t-\beta z)-\left|\dfrac{A_2}{Z_0}\right|\mathrm{e}^{-\alpha z}\cos(\omega t+\beta z)
\end{cases}
\tag{1.10}
$$

这个解说明传输线上的电流、电压以波的形式传播，且存在朝相反方向传播的波。$u(z,t)=|A_1|\mathrm{e}^{-\alpha z}\cos(\omega t-\beta z)+|A_2|\mathrm{e}^{\alpha z}\cos(\omega t+\beta z)=U^++U^-$，第一部分 U^+ 表示由信号源向负载方向传播的行波，称之为入射波，第二部分 U^- 表示由负载向信号源方向传播的行波，称之为反射波。同样，$i(z,t)=\left|\dfrac{A_1}{Z_0}\right|\mathrm{e}^{-\alpha z}\cos(\omega t-\beta z)-\left|\dfrac{A_2}{Z_0}\right|\mathrm{e}^{-\alpha z}\cos(\omega t+\beta z)=I^++I^-$，$I^+$ 为入射波，I^- 为反射波。如图 1.5 所示为电压的入射波和反射波的瞬时形式。

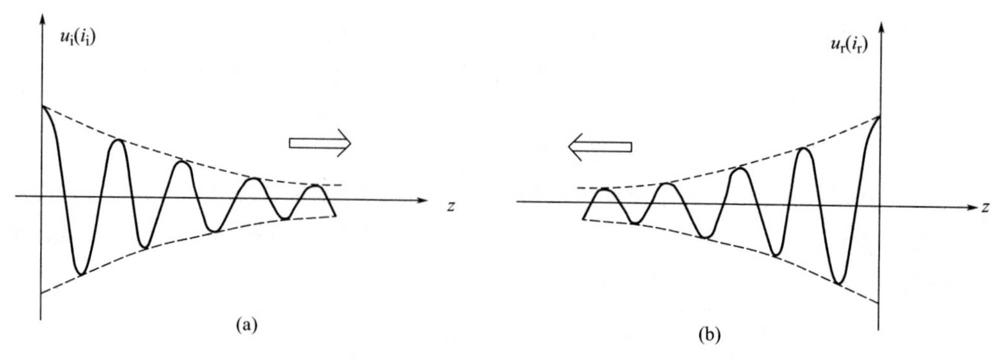

图 1.5 电压入射波和反射波

对于均匀无耗传输线传输时谐场的情况，传输线的方程为

$$\left.\begin{aligned}\frac{d^2U(z)}{dz^2}+\beta^2U(z)=0\\ \frac{d^2I(z)}{dz^2}+\beta^2I(z)=0\end{aligned}\right\}$$

由于衰减常数为 $\alpha=0$，所以有

$$U(z)=A_1e^{-j\beta z}+A_2e^{j\beta z},I(z)=\frac{1}{Z_0}(A_1e^{-j\beta z}-A_2e^{j\beta z}),Z_0=\sqrt{\frac{L}{C}} \tag{1.11}$$

注意到上述通解，把它们转化为具体解时，必须应用边界条件，通常所讨论的边界条件有终端条件、源端条件和电源阻抗条件。具体求解方法为：

① 已知终端的电压 U_2 和电流 I_2，即 $z=l$，$U(l)=U_2$，$I(l)=I_2$，代入通解式 (1.11) 得

$$\begin{cases}U_2=A_1e^{-\gamma l}+A_2e^{\gamma l}\\ Z_0I_2=A_1e^{-\gamma l}+A_2e^{\gamma l}\end{cases}$$

求得 $\begin{cases}A_1=\dfrac{U_2+I_2Z_0}{2}e^{\gamma l}\\ A_2=\dfrac{U_2-I_2Z_0}{2}e^{-\gamma l}\end{cases}$，$\begin{cases}U(z)=\dfrac{U_2+I_2Z_0}{2}e^{\gamma(l-z)}+\dfrac{U_2-I_2Z_0}{2}e^{-\gamma(l-z)}\\ I(z)=\dfrac{U_2+I_2Z_0}{2Z_0}e^{\gamma(l-z)}-\dfrac{U_2-I_2Z_0}{2Z_0}e^{-\gamma(l-z)}\end{cases}$

只要已知终端负载电压 U_2、电流 I_2 及传输线特性参数 γ、Z_0，就可得到传输线上任意一点的电压和电流，比如说设 $z'=l-z$ 表示从终端算起的坐标，则有

$$\left.\begin{aligned}U(z')=\frac{U_2+I_2Z_0}{2}e^{\gamma z'}+\frac{U_2-I_2Z_0}{2}e^{-\gamma z'}\\ I(z')=\frac{U_2+I_2Z_0}{2Z_0}e^{\gamma z'}-\frac{U_2-I_2Z_0}{2Z_0}e^{-\gamma z'}\end{aligned}\right\} \tag{1.12}$$

上式双曲线形式为 $U(z')=U_2\cosh\gamma z'+I_2Z_0\sinh\gamma z'$，$I(z')=\dfrac{U_2}{Z_0}\sinh\gamma z'+I_2\cosh\gamma z'$

② 已知始端的电压 U_1 和电流 I_1，即 $z=0$，$U(0)=U_1$，$I(0)=I_1$，代入通解式(1.11)得到

$\begin{cases}U_1=A_1+A_2\\ I_1=\dfrac{1}{Z_0}(A_1-A_2)\end{cases}$，求得 $\begin{cases}A_1=\dfrac{U_1+I_1Z_0}{2}\\ A_2=\dfrac{U_1-I_1Z_0}{2}\end{cases}$

所以通解为

$$\begin{cases}U(z)=\dfrac{U_1+I_1Z_0}{2}\mathrm{e}^{-\gamma z}+\dfrac{U_1-I_1Z_0}{2}\mathrm{e}^{\gamma z}\\ I(z)=\dfrac{U_1+I_1Z_0}{2Z_0}\mathrm{e}^{-\gamma z}-\dfrac{U_1-I_1Z_0}{2Z_0}\mathrm{e}^{\gamma z}\end{cases}\tag{1.13}$$

③ 电源阻抗条件，即给定已知条件 E_g、Z_g、Z_l，就可以得到

$$\begin{cases}U(0)=E_g-I_0Z_g\\ I(0)=I_0\\ U(l)=I_lZ_l\\ I(l)=I_l\end{cases}$$

即求得

$$\begin{cases}U(0)=A_1+A_2=E_g-I_0Z_g\\ Z_0I(0)=A_1-A_2=I_0Z_0\end{cases},\ A_1+A_2=E_g-\frac{A_1-A_2}{Z_0}Z_g$$

也即得到 $A_1+A_2\dfrac{Z_0-Z_g}{Z_0+Z_g}=\dfrac{E_gZ_0}{Z_0+Z_g}$，考虑终端条件，有

$$U(l)=A_1\mathrm{e}^{-\gamma l}+A_2\mathrm{e}^{\gamma l}=Z_lI_l$$

$$Z_0I_l=A_1\mathrm{e}^{-\gamma l}-A_2\mathrm{e}^{\gamma l}$$

$$A_1\mathrm{e}^{-\gamma l}+A_2\mathrm{e}^{\gamma l}=\frac{Z_l}{Z_0}(A_1\mathrm{e}^{-\gamma l}-A_2\mathrm{e}^{\gamma l})$$

$$A_1\frac{Z_0-Z_l}{Z_0+Z_l}\mathrm{e}^{-2\gamma l}+A_2=0$$

设 $\Gamma_g=\dfrac{Z_g-Z_0}{Z_g+Z_0}$，$\Gamma_l=\dfrac{Z_l-Z_0}{Z_l+Z_0}$ 是电压反射系数，得到方程组

$$\begin{cases}A_1-A_2\Gamma_g=\dfrac{E_gZ_0}{Z_g+Z_0}\\ -A_1\Gamma_l\mathrm{e}^{-2\gamma l}+A_2=0\end{cases}$$

这是二元一次方程组，求解得到

$$A_1=\frac{E_gZ_0}{(Z_g+Z_0)(1-\Gamma_g\Gamma_l\mathrm{e}^{-2\gamma l})},\ A_2=\frac{E_gZ_0\Gamma_l\mathrm{e}^{-2\gamma l}}{(Z_g+Z_0)(1-\Gamma_g\Gamma_l\mathrm{e}^{-2\gamma l})}$$

代入式(1.11) 通解，得到

$$\begin{cases}U(z)=\dfrac{E_gZ_0}{Z_g+Z_0}\times\dfrac{\mathrm{e}^{-\gamma z}+\Gamma_l\mathrm{e}^{-2\gamma l}\mathrm{e}^{\gamma z}}{1-\Gamma_g\Gamma_l\mathrm{e}^{-2\gamma l}}\\ I(z)=\dfrac{E_g}{Z_g+Z_0}\times\dfrac{\mathrm{e}^{-\gamma z}-\Gamma_l\mathrm{e}^{-2\gamma l}\mathrm{e}^{\gamma z}}{1-\Gamma_g\Gamma_l\mathrm{e}^{-2\gamma l}}\end{cases}\tag{1.14}$$

1.2 传输线的基本特性参量

传输线工作在一定的频率时，表征它的性质的有四个分布式量，即 R、L、G、C，上

节已经介绍过，传输线分为三大类，通常工程上应用较多的是 TEM 波传输线，包括平行板、双导线、带状线和同轴线等，这些传输线都具有双导体，这是传播 TEM 电磁波的基本条件，如果传输线的参数沿着传输线均匀分布，不随位置变化，这就是均匀传输线，否则就是非均匀传输线。传输线的基本特性参量包括输入阻抗、特性阻抗、传播常数、反射系数以及相速度和波长等，本节将逐一进行讨论。

(1) 特性阻抗

特性阻抗 Z_0 是指传输线上导行波（即入射波）的电压与电流之比。其倒数称为特性导纳，通常用 Y_0 表示。上一节讲过，入射波和反射波的表达式为

$$\text{入射波}\begin{cases}U^+(z,t)=A_1\mathrm{e}^{-\gamma z}\\ I^+(z,t)=\dfrac{A_1}{Z_0}\mathrm{e}^{-\gamma z}\end{cases},\quad \text{反射波}\begin{cases}U^-(z,t)=A_2\mathrm{e}^{-\gamma z}\\ I^-(z,t)=-\dfrac{A_2}{Z_0}\mathrm{e}^{-\gamma z}\end{cases}$$

于是得到特性阻抗表达式为

$$Z_0=\frac{U^+(Z)}{I^+(Z)}=-\frac{U^-(Z)}{I^-(Z)}=\sqrt{\frac{R+\mathrm{j}\omega L}{G+\mathrm{j}\omega C}}$$

对于无耗传输线有 $R=0$，$G=0$，所以 $Z_0=\sqrt{\dfrac{R+\mathrm{j}\omega L}{G+\mathrm{j}\omega C}}=\sqrt{\dfrac{L}{C}}$，无损耗传输线的特性阻抗仅与传输线本身的结构和材料有关；而有损耗线的特性阻抗还与工作频率有关。

(2) 传播常数

令 $\gamma=\sqrt{(R+\mathrm{j}\omega L)(G+\mathrm{j}\omega C)}=\alpha+\mathrm{j}\beta$，称为传播常数，传输线上，它是用来描述导行波沿导波系统传播过程中衰减和相移的参数。衰减常数 α 表示单位长度幅值的衰减程度，相位常数 β 表示单位长度相位的变化。令

$$\left(\sqrt{(R+\mathrm{j}\omega L)(G+\mathrm{j}\omega C)}\right)^2=(\alpha+\mathrm{j}\beta)^2=\alpha^2-\beta^2+2\mathrm{j}\alpha\beta$$

根据上式，可以求得衰减常数和相位常数。对于无耗传输线有

$$R=0,\ G=0,\ \alpha=0,\ \beta=\omega\sqrt{LC}$$

对于低损耗传输线，有 $\alpha=\dfrac{R}{2Z_0}+\dfrac{GZ_0}{2}$，$\beta=\omega\sqrt{LC}$

(3) 相速度和波长

前面已经求得入射波为 $|A_1|\mathrm{e}^{-\alpha z}\cos(\omega t-\beta z)$，通常把相位为某常数时的波面称为等相位面，等相位面前进的速度就是相速度。为了求相位面前进的速度，令 $\omega t-\beta z=\varphi$，其中 φ 为常数，两边对时间 t 求导，$\omega-\beta\dfrac{\mathrm{d}z}{\mathrm{d}t}=0$，得到相速度 v_{p} 为

$$v_{\mathrm{p}}=\frac{\mathrm{d}z}{\mathrm{d}t}=\frac{\omega}{\beta}$$

对于无耗传输线，$v_{\mathrm{p}}=\dfrac{1}{\sqrt{LC}}=\dfrac{1}{\sqrt{\mu\varepsilon}}$；对于平行双导线和同轴线，$v_{\mathrm{p}}=\dfrac{C}{\sqrt{\varepsilon r}}$。

传输线上电压（或者电流）波相位差为 2π 的两个观察点之间的距离称为波长，即一个周期内等相位面沿传输线移动的距离，表达式为

$$\lambda_{\mathrm{p}}=v_{\mathrm{p}}T=\frac{v_{\mathrm{p}}}{f}=\frac{\omega/\beta}{f}=\frac{2\pi}{\beta}=\frac{1}{f\sqrt{\mu\varepsilon}}$$

对于无耗传输线，TEM 模的相速度就等于电磁波的速度，而相波长也是电磁波的波

长。对于有损耗线，β 是频率的函数，此时的相速度与频率有关，产生色散效应。

(4) 输入阻抗

传输线上任一点 z 处（向负载方向看过去）输入阻抗等于该点总电压和总电流之比，即

$$Z_{in}(Z)=\frac{U(z)}{I(z)}$$

设负载阻抗为 Z_1，则传输线上距终端 z'处的阻抗为

$$\begin{aligned}Z_{in}(z')&=\frac{U(z')}{I(z')}\\&=\frac{U_2\cosh\gamma z'+I_2Z_0\sinh\gamma z'}{I_2\cosh\gamma z'+(U_2/Z_0)\sinh\gamma z'}\\&=Z_0\frac{Z_1\cosh\gamma z'+Z_0\sinh\gamma z'}{Z_0\cosh\gamma z'+Z_1\sinh\gamma z'}\end{aligned}\tag{1.15}$$

对于无耗传输线，上式化为 $Z_{in}(z')=Z_0\dfrac{Z_1+jZ_0\tan\beta z'}{Z_0+jZ_1\tan\beta z'}$，如果取 $z'=n\dfrac{\lambda}{2}$，代入此式，可以得到 $\beta z'=\dfrac{2\pi}{\lambda}n\dfrac{\lambda}{2}=n\pi(n=0，1，2，\cdots)$，$Z_{in}(z')=Z_1$；如果取 $z'=(2n+1)\dfrac{\lambda}{4}$，代入则得到

$$\beta z'=(2n+1)\frac{\pi}{2}(n=0,1,2,\cdots),Z_{in}(z')=\frac{Z_0^2}{Z_1}\tag{1.16}$$

(5) 反射系数

传输线上任意点 z 处反射系数为该点反射电压（或电流）波与入射电压（或电流）波之比，记为 $\Gamma(z')=\dfrac{U^-(z')}{U^+(z')}=-\dfrac{I^-(z')}{I^+(z')}$，显然有

$$\left.\begin{aligned}U(z')&=\frac{U_2+I_2Z_0}{2}e^{\gamma z'}+\frac{U_2-I_2Z_0}{2}e^{-\gamma z'}\\I(z')&=\frac{U_2+I_2Z_0}{2Z_0}e^{\gamma z'}-\frac{U_2-I_2Z_0}{2Z_0}e^{-\gamma z'}\end{aligned}\right\}\tag{1.17}$$

对于终端的反射波有

$$\left.\begin{aligned}U^+_{(0)}&=\frac{U_2+I_2Z_0}{2},U^-_{(0)}=\frac{U_2-I_2Z_0}{2}\\I^+_{(0)}&=\frac{U_2+I_2Z_0}{2Z_0},I^-_{(0)}=\frac{U_2-I_2Z_0}{2Z_0}\end{aligned}\right\}$$

$$\Gamma(z')=\frac{U^-(z')}{U^+(z')}=-\frac{I^-(z')}{I^+(z')}=\frac{U^-_{(0)}e^{-\gamma z'}}{U^+_{(0)}e^{\gamma z'}}=\frac{U^-_{(0)}}{U^+_{(0)}}e^{-2\gamma z'}=\Gamma_{(0)}e^{-2\gamma z'}\tag{1.18}$$

所以得到终端的反射系数

$$\Gamma_{(0)}=\frac{U_2-I_2Z_0}{U_2+I_2Z_0}=\frac{\dfrac{U_2}{I_2}-Z_0}{\dfrac{U_2}{I_2}+Z_0}=\frac{Z_1-Z_0}{Z_1+Z_0}=|\Gamma_{(0)}|e^{j\varphi_2}\tag{1.19}$$

如果是无耗传输线，任一点反射系数与终端反射系数之间都存在如下关系

$$\Gamma(z')=\Gamma_{(0)}e^{-2\gamma z}=|\Gamma_{(0)}|e^{j(\varphi_2-2\beta z')}，\gamma=0+j\beta=j\beta$$

反射系数与输入阻抗之间存在一定的关系，从它们的定义可以看出，显然有

$$\begin{cases}U(z')=U_2^+ e^{\gamma z'}+U_2^- e^{\gamma z'}=U^+(z')+U^-(z')\\ I(z')=I_2^+ e^{\gamma z'}+I_2^- e^{\gamma z'}=I^+(z')+I^-(z')\end{cases} \tag{1.20}$$

进一步得到

$$\begin{cases}U(z')=U^+(z')[1+\Gamma(z')]\\ I(z')=I^+(z')[1-\Gamma(z')]\end{cases} \text{以及 } Z_{in}(z')=Z_0\frac{1+\Gamma(z')}{1-\Gamma(z')}$$

令 $z=0$ 得到负载阻抗与终端反射系数的关系

$$Z_1=Z_0\frac{1+\Gamma_{(0)}}{1-\Gamma_{(0)}} \tag{1.21}$$

此式等价于 $\Gamma_{(0)}=\frac{Z_1-Z_0}{Z_1+Z_0}$，类似的有 $\Gamma(z)=\frac{Z_{in}(z)-Z_0}{Z_{in}(z)+Z_0}$。由此可见，无耗传输线上任意点反射系数模值相同，所以负载决定无耗传输线上反射波的振幅，按照终端负载的性质，传输线有三种工作状态：①传输线上无反射波，只有入射波，我们称之为行波状态，即 $Z_1=Z_0$，$\Gamma_{(0)}=0$。②入射波和反射波振幅相同，只有相位不同，此时能量全部被反射回去，我们称之为驻波状态，此时终端反射系数满足如下关系

$$\begin{cases}Z_1=0 & \Gamma_{(0)}=-1\\ Z_1=\infty & \Gamma_{(0)}=1\\ Z_1=jX_1 & |\Gamma_{(0)}|=1\end{cases} \tag{1.22}$$

③ 入射波能量部分被负载吸收部分反射，即行驻波状态，$Z_1=R_1+jX_1$；$0<|\Gamma_{(0)}|<1$。

(6) 传输功率

传输线上的状态由传输线的反射系数决定，对于传输线分析，人们常常只对输入和输出感兴趣，而表征一个信号输入与输出特征的重要指标就是它的瞬时功率。瞬时功率计算式为

$$\begin{aligned}P(z')&=\frac{1}{2}Re[U(z')I^*(z')]=\frac{|U_+(z')|^2}{2Z_0}(1-|\Gamma|^2)\\ &=P^+(z')-P^-(z')\end{aligned}$$

这里 $P^+(z')$、$P^-(z')$ 分别代表通过 z 处的入射波功率和反射波功率。电压波腹点（最大值点）或电压波谷点（最小值点）处计算传输功率，$P(z)=\frac{1}{2}|U|_{max}|I|_{min}=\frac{1}{2}\times\frac{|U|_{max}^2}{Z_0}K$；传输线允许传输的最大功率称为传输线的功率容量，定义为 $P_{Maxr}=\frac{1}{2}\times\frac{|U_{br}|^2}{Z_0}K$。

(7) 回波损耗

在工程中，定义传输线的输入端的反射功率与入射功率之比的分贝数为回波损耗，记为 $RL=-10\lg\frac{P^-}{P^+}$，容易看到，$RL=-20\lg\Gamma_{in}$，通常还有一个参量，叫做插入损耗，记为 $IL=-10\lg\frac{P^-}{P^+}=-10\lg(1-|\Gamma_{in}|^2)$

以上对传输线的几个重要特性参数进行了讨论，下面将对传输线的工作状态进行分析。

1.3 均匀无耗传输线的工作状态分析

前面已经讲过电压波或者电流波的几种形式，对于均匀传输线，其终端接不同的负载时，按照工作状态分为三种，即行波状态（反射系数为0，没有任何能量被反射回来）、纯驻波状态（反射系数绝对值为1，也就是能量被全部反射 $|\Gamma(z)|=1$）、行驻波状态（能量部分被反射回来，即 $0<|\Gamma(z)|<1$）。下面讨论这三种状态下，无耗传输线上的电压、电流的分布及其阻抗特点。

1.3.1 行波状态

当 $Z_1=Z_C$ 或传输线为无限长时，工作于行波状态，此时

$$\Gamma(z)=\frac{Z_1-Z_0}{Z_1+Z_0}e^{-j2\beta z} \tag{1.23}$$

如果 $Z_1=Z_0$ 则 $\Gamma(z)=0$，此时负载为匹配负载。将 $\Gamma(z)=0$ 以及 $\gamma=j\beta$ 代入式（1.17）得

$$\begin{cases} U(z)=\dfrac{U_1+I_1Z_0}{2}e^{-j\beta z}=U_1^+e^{-j\beta z}=|U_1^+|e^{j(\varphi_0-\beta z)} \\ I(z)=\dfrac{U_1+I_1Z_0}{2Z_0}e^{-j\beta z}=I_1^+e^{-j\beta z}=|I_1^+|e^{j(\varphi_0-\beta z)} \end{cases} \tag{1.24}$$

$$\frac{U^+(0)}{I^+(0)}=\frac{|U^+(0)|e^{j\varphi_{U_0}}}{|I^+(0)|e^{j\varphi_{I_0}}}=Z_0(\text{为实数})$$

所以 $\varphi_{U_0}=\varphi_{I_0}=\varphi$

电流和电压的瞬时值为

$$\begin{cases} U(z,t)=|U^+|\cos(\omega t-\beta z+\varphi_0) \\ I(z,t)=|I^+|\cos(\omega t-\beta z+\varphi_0) \end{cases} \tag{1.25}$$

图1.6是均匀无耗传输线系统，显然行波具有以下特点，即沿线各点电压和电流的振幅不变，驻波比为1；当 t 一定时，电压和电流的瞬时值呈余弦分布；电压和电流在任意点上都同相；沿线各点的输入阻抗均等于特性阻抗。

1.3.2 纯驻波状态

当终端短路（$Z_L=0$）、开路（$Z_L=\infty$）或接纯电抗（$Z_L=jX_L$）时，$|\Gamma|=1$，工作在纯驻波状态，也叫全反射状态。此时反射系数 $\Gamma(z)=\dfrac{Z_L-Z_0}{Z_L+Z_0}e^{-j2\beta z}$。

由于 $Z_L=0$、∞ 或者 $\pm jX_L$，所以此时有 $|\Gamma(z)|=1$

（1）当终端短路时

$Z_L=0$，$\Gamma_2=-1$ 且 $Z_{in}(z')=jZ_0\tan\beta z'$，此时的解为

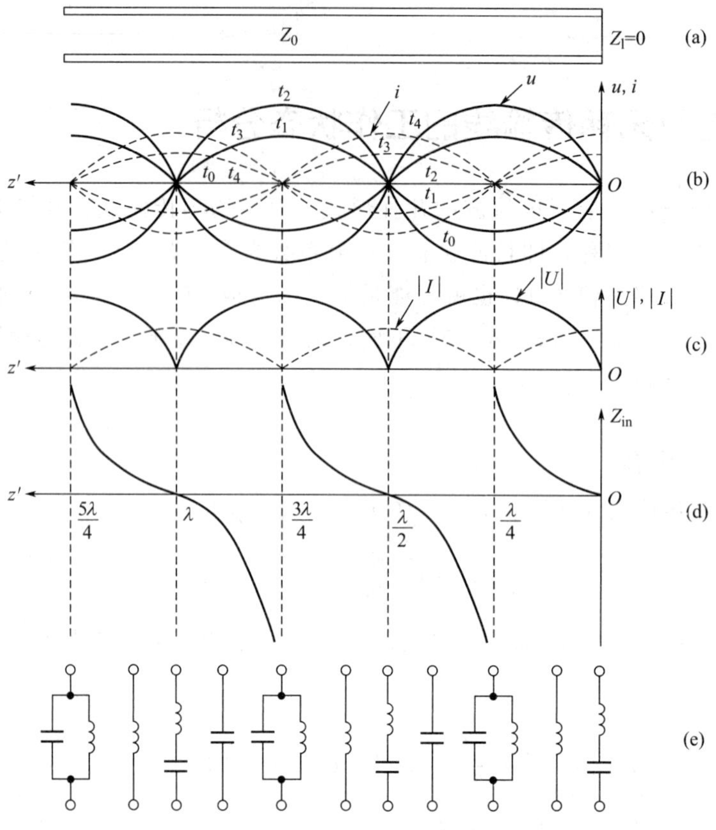

图 1.6　均匀无耗传输线系统（无耗终端短路传输线的驻波特性）

$$\left.\begin{aligned} U(z') &= U_2^+ e^{j\beta z'}(1+\Gamma_2 e^{-j2\beta z'}) = U_2^+ e^{j\beta z'}(1-e^{-j2\beta z'}) = j2U_2^+ \sin\beta z' \\ I(z') &= \frac{U_2^+}{Z_0} e^{j\beta z'}(1-\Gamma_2 e^{-j2\beta z'}) = \frac{U_2^+}{Z_0} e^{j\beta z'}(1+e^{-j2\beta z'}) = \frac{2U_2^+}{Z_0}\cos\beta z' \end{aligned}\right\} \tag{1.26}$$

上式中 $U_2^+ = |U_2^+| e^{j\varphi_2}$，$I_2^+ = |I_2^+| e^{j\varphi_2}$，可以求得瞬时解，终端短路的纯驻波状态及其等效电路图如图 1.7 所示。

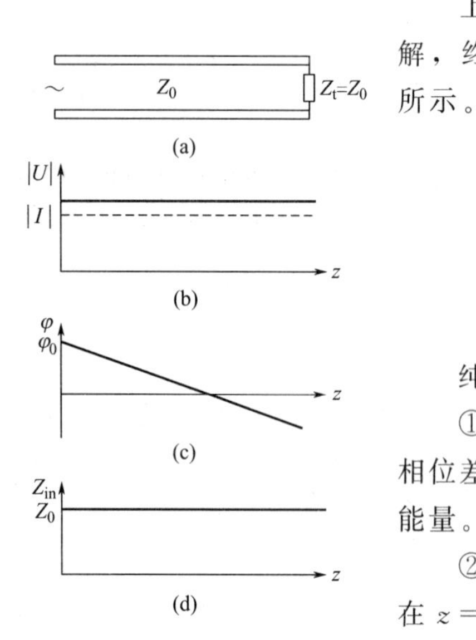

图 1.7　纯驻波状态图

$$\left\{\begin{aligned} u(z',t) &= 2|U_2^+|\sin\beta z' \cdot \cos\left(\omega t+\varphi_2+\frac{\pi}{2}\right) \\ i(z',t) &= 2\frac{|U_2^+|}{Z_0}\cos\beta z' \cdot \cos(\omega t+\varphi_2) \end{aligned}\right. \tag{1.27}$$

纯驻波状态时，传输线上的波具有如下特点：

① 沿线各点电压和电流振幅按余弦变化，电压和电流相位差 90°，功率为无功功率，只能存储能量而不能传输能量。

② 在 $z=n\lambda/2$（$n=0$，1，2，…）处为电压波谷点，在 $z=(2n+1)\lambda/4$（$n=0$，1，2，…）处为电压波腹点。

③ 传输线上各点阻抗为纯电抗，在电压波谷点处$Z_{in}=0$，相当于串联谐振；在电压波腹点处$|Z_{in}|\to\infty$，相当于并联谐振；在$0<z<\lambda/4$内，$Z_{in}=jX$相当于一个纯电感；在$\lambda/4<z<\lambda/2$内，$Z_{in}=-jX$相当于一个纯电容。

④ 从终端起隔$\lambda/4$阻抗性质就变换一次，称为$\lambda/4$阻抗变换性；每过$\lambda/2$阻抗就重复一次，称为$\lambda/2$阻抗周期特性。

(2) 当$Z_L=\infty$时

$\Gamma_2=1$即开路，$U(z')=2U_2^+\cos\beta z'$，$I(z')=j\dfrac{2U_2^+}{Z_0}\sin\beta z'$，$Z_{in}(z')=\dfrac{U(z')}{I(z')}=-jZ_0\cot\beta z'$，一般情况下都不用终端开路这种形式，而是采用延长的终端短路线来代替。终端开路和终端电抗状态都可以由外接一定长度的短路线来实现。终端开路等效为在终端加一段长$\lambda/4$的短路线。无耗终端短路与无耗终端开路的特性不同，如图1.6、图1.8所示。

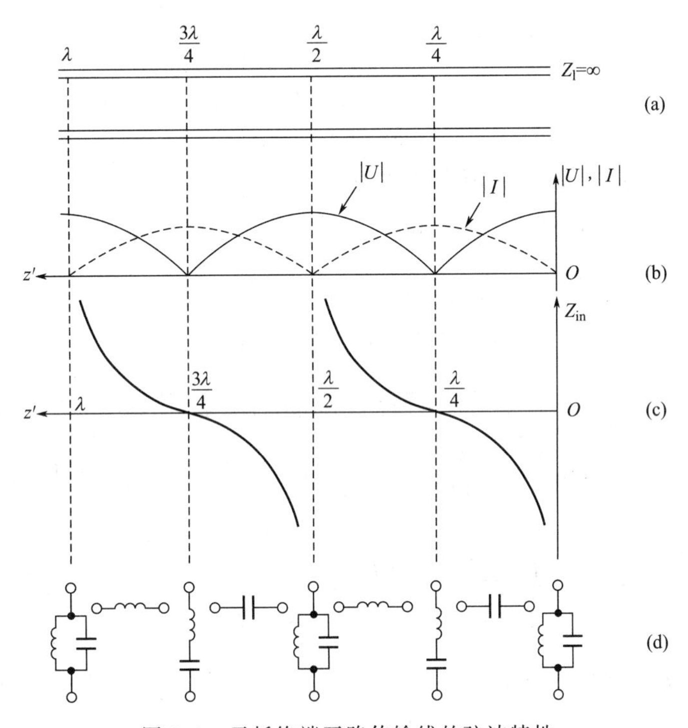

图1.8 无耗终端开路传输线的驻波特性

(3) 如果是纯电抗负载

$Z_L=\pm jX_L$，则$\Gamma_2=\dfrac{Z_l-Z_0}{Z_l-Z_0}=\dfrac{\pm jX_L-Z_C}{\pm jX_L+Z_C}=|\Gamma_2|e^{j\varphi_2}$

如果是纯感抗性负载，$X_L>0$，可用一段小于$\lambda/4$的短路线代替，即$l_e=\dfrac{\lambda}{2\pi}\arctan\dfrac{X_L}{Z_C}$

如果是纯容抗，$X_L<0$，可用一段小于$\lambda/4$的开路线代替，即$l_e=\dfrac{\lambda}{2\pi}\arctan\dfrac{X_L}{Z_C}$

驻波的特点：①沿线电压和电流的振幅是位置的函数，具有波腹点和波谷点。短路线终端为电压的波谷点（零点）、电流的波腹点；开路线的终端为电压波腹点、电流波谷点（零点)。②沿线各点的电压和电流在时间上相差 $\pi/2$,在空间上也相差 $\pi/2$,因此驻波情况下既无能量损耗,也无能量传播。③沿线各点的输入阻抗为纯电抗。每过 $\lambda/4$ 阻抗性质改变一次;每过 $\lambda/2$ 阻抗性质重复一次,容性改变为感性,感性改变为容性;短路改变为开路,开路改变为短路。

1.3.3 行驻波状态

行驻波状态又称为部分反射状态,$0<|\Gamma_{(0)}|<1$,当传输线终端接任意负载 $Z_L=R\pm jX_L$ 时,终端反射系数为

$$\Gamma(z=0)=\frac{Z_L-Z_0}{Z_L+Z_0}=\frac{R_L\pm jX_L-Z_0}{R_L\pm jX_L+Z_0}=\frac{R_L^2-Z_0^2+X_L^2}{(R_L+Z_0)^2+X_L^2}+j\frac{2X_LZ_0}{(R_L+Z_0)^2+X_L^2}$$
$$=\Gamma_r+j\Gamma_i=|\Gamma_{(0)}|e^{\pm j\varphi_2}$$

进一步有

$$\begin{cases}|\Gamma|=|\Gamma_{(0)}|=\sqrt{\dfrac{(R_L-Z_0)^2+X_L^2}{(R_L+Z_0)^2+X_L^2}}\\ \varphi_{\Gamma_0}=\arctan\dfrac{2X_LZ_0}{R_L^2+X_L^2-Z_0^2}\end{cases}\tag{1.28}$$

传输线上各点电压、电流的时谐表达式为

$$\left.\begin{aligned}U(z')&=U_{(0)}^{+}e^{j\beta z'}\left[1+|\Gamma_{(0)}|e^{j(\varphi_{\Gamma_0}-2\beta z')}\right]\\ I(z')&=I_{(0)}^{+}e^{j\beta z}\left[1-|\Gamma_{(0)}|e^{j(\varphi_{\Gamma_0}-2\beta z')}\right]\end{aligned}\right\}\tag{1.29}$$

式中 $\begin{cases}|U(z)|=|U_{(0)}^{+}|\sqrt{1+|\Gamma_{(0)}|^2+2|\Gamma_{(0)}|\cos(2\beta z-\varphi_{\Gamma_0})}\\ |I(z)|=|I_{(0)}^{+}|\sqrt{1+|\Gamma_{(0)}|^2-2|\Gamma_{(0)}|\cos(2\beta z-\varphi_{\Gamma_0})}\end{cases}$

当 $\cos(2\beta z-\varphi_{\Gamma_0})=1$ 时 $z_{max}=\dfrac{\lambda}{4\pi}\varphi_{\Gamma_0}+n\dfrac{\lambda}{2}(n=0, 1, 2, \cdots)$ 不难得到电压、电流幅值分别为

$$\left.\begin{aligned}|U(z)|_{max}&=|U_0^{+}|(1+|\Gamma_{(0)}|)\\ |I(z)|_{min}&=|I_0^{+}|(1-|\Gamma_{(0)}|)\end{aligned}\right\}\tag{1.30}$$

当 $\cos(2\beta z-\varphi_{\Gamma_0})=-1$ 时 $z_{min}=\dfrac{\lambda}{4\pi}\varphi_{\Gamma_0}+(2n+1)\dfrac{\lambda}{4}(n=0, 1, 2, \cdots)$,电压在波节点、电流在波腹点,有

$$\left.\begin{aligned}|U(z)|_{min}&=|U_0^{+}|(1-|\Gamma_0|)\\ |I(z)|_{max}&=|I_0^{+}|(1+|\Gamma_0|)\end{aligned}\right\}\tag{1.31}$$

在电压波腹点时 $Z_{in}(z)=Z_0\dfrac{1+|\Gamma_{(0)}|}{1-|\Gamma_{(0)}|}=Z_0\rho$,在波谷点相距 $\lambda/4$,$Z_{min}=Z_0\dfrac{1-|\Gamma_0|}{1+|\Gamma_0|}=\dfrac{Z_0}{\rho}$ 两点阻抗有如下关系,即 $Z_{min}Z_{max}=Z_0^2$,行驻波阻抗特性如图 1.9 所示。

由此可见,波腹点与波节点相距$\dfrac{\lambda}{4}$,电压的波腹/节点与电流的波腹/节点位置相反,只有在电压波腹点和波谷点输入阻抗才可能为纯电阻。电压波腹点处,$Z_{in}=\rho Z_0$,电压波节点

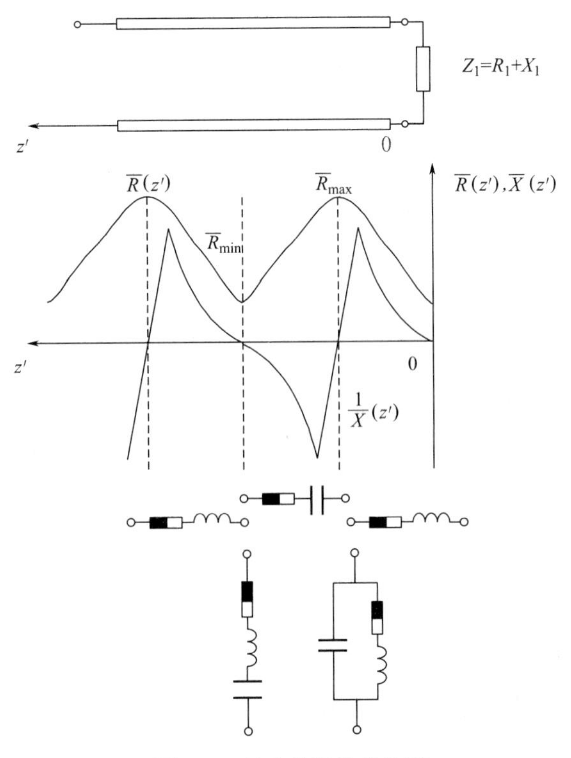

图 1.9　行驻波阻抗特性图

处，$Z_{in}=\dfrac{Z_0}{\rho}$，都为纯电阻。无耗传输线上距离为 $\lambda/4$ 的任意两点处阻抗的乘积均等于传输线特性阻抗的平方，这种特性称为 $\lambda/4$ 阻抗变换性。终端开路和终端短路实际上相当于一个 $\lambda/4$ 传输线两端的等效输入阻抗，设分别为 Z_O（开路）和 Z_S（短路），利用上边的变换特性，可得 $Z_0^2=Z_OZ_S$。

1.4 Smith 圆图与阻抗匹配

前面讲了传输线的方程、传输线特性参数等内容，传输线的一些参数计算比较复杂，工程上为了方便应用，发明了 Smith 圆图，它的工作原理是利用图中的阻抗（或者导纳）圆，将阻抗（或者导纳）转换为反射系数，反之亦然。阻抗圆图由等反射系数圆与等阻抗圆所组成。

1.4.1 等反射系数圆

如果无耗传输线的特性阻抗是 Z_0，接一个负载阻抗 Z_L，距离终端 z 处的反射系数为

$$\Gamma(z)=|\Gamma|e^{j\varphi}=|\Gamma|\cos\varphi+j|\Gamma|\sin\varphi=\Gamma_a+j\Gamma_b$$

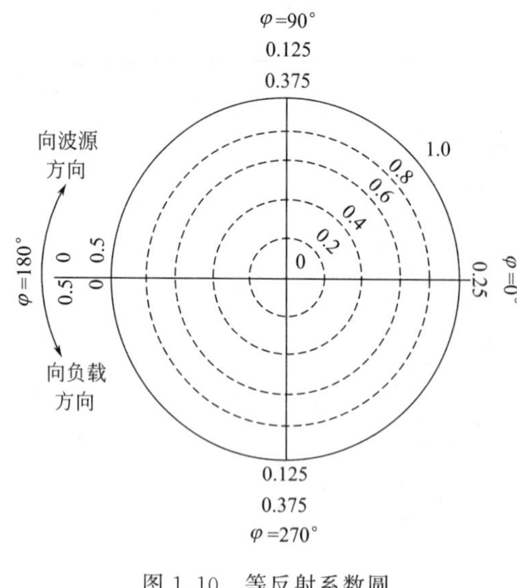

图 1.10 等反射系数圆

其中 $|\Gamma|^2=\Gamma_a^2+\Gamma_b^2$，$\varphi=\arctan\dfrac{\Gamma_b}{\Gamma_a}$，可以看出，在复平面上等反射系数模的轨迹是以坐标原点为圆心、$|\Gamma|$ 为半径的圆，这个圆称为等反射系数圆。由于反射系数的模与驻波比是一一对应的，故又称为等驻波比圆。设相位常数为 β，传输线上波前进的距离为 Δz，则距离 Δz 与转动的角度 $\Delta\varphi$ 之间的关系为 $\Delta\varphi=2\beta\Delta z=\dfrac{4\pi}{\lambda}\Delta z$，如图 1.10 所示为等反射系数圆，线上移动长度 $\dfrac{\lambda}{2}$ 时，对应反射系数矢量转动一周。一般转动的角度用归一化电长度 $\Delta z/\lambda$ 表示，且其零点位置通常选在 $\varphi=\pi$ 处。为了使用方便，有的圆图上标有两个方向的归一化电长度数值，向负载方向移动读里圈读数，向波源方向移动读外圈读数。

1.4.2 等阻抗圆

如果无耗传输线特性阻抗为 Z_0，终端接一个负载 Z_L，归一化阻抗 $\widetilde{Z}=Z_L/Z_0$ 写为

$$\widetilde{Z}=\frac{1+(\Gamma_a+j\Gamma_b)}{1-(\Gamma_a+j\Gamma_b)}=\frac{1-(\Gamma_a^2+\Gamma_b^2)}{(1-\Gamma_a)^2+\Gamma_b^2}+j\frac{2\Gamma_a}{(1-\Gamma_a)^2+\Gamma_b^2}=\widetilde{R}+j\widetilde{X} \tag{1.32}$$

$\widetilde{R}=\dfrac{1-(\Gamma_a^2+\Gamma_b^2)}{(1-\Gamma_a)^2+\Gamma_b^2}$ 称为归一化电阻，$\widetilde{X}=\dfrac{2\Gamma_b}{(1-\Gamma_a)^2+\Gamma_b^2}$ 称为归一化电抗。由式(1.32) 实部得到

$$\begin{aligned}&\widetilde{R}-2\widetilde{R}\Gamma_a+\widetilde{R}\Gamma_a^2+\widetilde{R}\Gamma_b^2=1-\Gamma_a^2-\Gamma_b^2\\&(1+\widetilde{R})\Gamma_a^2-2\widetilde{R}\Gamma_a+(1+\widetilde{R})\Gamma_b^2=1-\widetilde{R}\\&\Gamma_a^2-\frac{2\widetilde{R}}{(1+\widetilde{R})^2}\Gamma_a+\left(\frac{\widetilde{R}}{1+\widetilde{R}}\right)^2+\Gamma_b^2=\frac{1-\widetilde{R}}{1+\widetilde{R}}+\frac{\widetilde{R}^2}{(1+\widetilde{R})^2}\end{aligned} \tag{1.33}$$

经计算可得

$$(\Gamma_a-\frac{\widetilde{R}}{\widetilde{R}+1})^2+\Gamma_b^2=(\frac{1}{\widetilde{R}+1})^2 \tag{1.34}$$

类似地，由式(1.32) 虚部可以得到

$$(\Gamma_a-1)^2+(\Gamma_b-\frac{1}{\widetilde{X}})^2=\left(\frac{1}{\widetilde{X}}\right)^2 \tag{1.35}$$

式(1.34) 是等电阻圆方程，式(1.35) 是等电抗圆方程，由图 1.11 可以看出等电阻圆为一族不同心的圆，所有等电阻圆相切于∞点；等电抗圆为一族不同心的圆，所有等电抗圆相切于∞点，圆心轨迹在 $|\Gamma_a|=1$ 的直线上。

将等电阻圆和等电抗圆绘制在同一张图上，即得到阻抗圆图，阻抗圆图有以下几个特点：

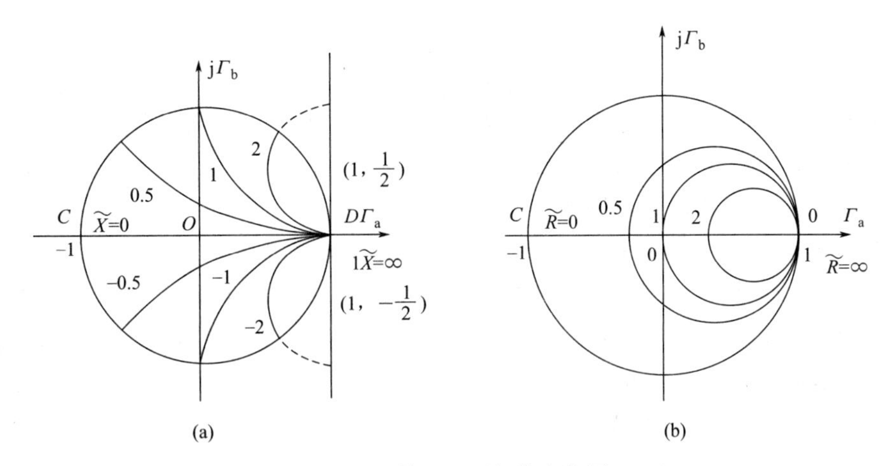

图 1.11 等电阻圆与等电抗圆

① 圆图上有三个特殊点：

短路点（C 点），其坐标为（-1，0）。此处对应 $\widetilde{R}=0$，$\widetilde{X}=0$，$|\Gamma|=1$，$\rho=\infty$，$\varphi=\pi$

开路点（D 点），其坐标为（1，0）。此处对应 $\widetilde{R}=\infty$，$\widetilde{X}=\infty$，$|\Gamma|=1$，$\rho=\infty$，$\varphi=0$

匹配（O 点），其坐标为（0，0）。此处对应 $\widetilde{R}=1$，$\widetilde{X}=0$，$|\Gamma|=0$，$\rho=1$

② 圆图上实轴 CD 为 $\widetilde{X}=0$ 的轨迹，其中正实半轴为电压波腹点的轨迹，线上的 $\widetilde{R}$ 值即为驻波比 ρ 的读数；负实半轴为电压波节点的轨迹，线上的 $\widetilde{R}$ 值即为行波系数 K 的读数；最外面的单位圆为 $\widetilde{R}=0$ 的纯电抗轨迹，即为 $|\Gamma|=1$ 的全反射系数圆的轨迹。

③ 圆图实轴以上的上半平面是感性阻抗的轨迹；实轴以下的下半平面是容性阻抗的轨迹。

④ 在传输线上 A 点向负载方向移动时，在圆图上由 A 点沿等反射系数圆逆时针方向旋转；反之，在传输线上 A 点向波源方向移动时，则在圆图上由 A 点沿等反射系数圆顺时针方向旋转。

⑤ 圆图上任意一点对应了四个参量：$\widetilde{R}$、$\widetilde{X}$、$|\Gamma|$ 和 φ。知道了前两个参量或后两个参量均可确定该点在圆图上的位置。注意 $\widetilde{R}$ 和 $\widetilde{X}$ 均为归一化值，如果要求它们的实际值，分别乘上传输线的特性阻抗即可。

⑥ 若传输线上某一位置对应于圆图上的 A 点，则 A 点的读数即为该位置的输入阻抗归一化值 $\widetilde{R}+\mathrm{j}\widetilde{X}$；若关于 O 点的 A 点对称点为 B 点，则 B 点的读数即为该位置的输入导纳归一化值 $\widetilde{G}+\mathrm{j}\widetilde{B}$。

1.4.3 导纳圆图

根据归一化导纳与反射系数之间的关系可以画出另一张圆图，称作导纳圆图。实际上，由无耗传输线的阻抗变换特性，将整个阻抗圆图旋转即得到导纳圆图。导纳是阻抗的倒数，

故归一化导纳为

$$\widetilde{Y}(z)=\frac{1}{\widetilde{Z}(z)}=\frac{1-\Gamma(z)}{1+\Gamma(z)} \tag{1.36}$$

以单位圆圆心为轴心，将复平面上的阻抗圆图旋转，即可得到导纳圆图。Smith 圆图既可作为阻抗圆图，也可作为导纳圆图使用。作为阻抗圆图使用时，圆图中的等值圆表示 R 和 X 圆；作为导纳圆图使用时，圆图中的等值圆表示 G 和 B 圆，并且圆图实轴的上部 X 或 B 均为正值，实轴的下部 X 或 B 均为负值。

导纳圆图与阻抗圆图区别为：①短路点与开路点刚好互换；②波腹线与波节线互换；③电感半圆与电容半圆互换；④ $\widetilde{Y}(z)$ 与 $\widetilde{Z}(z)$ 关于匹配点对称；⑤相位角向信源时为顺时针方向，向负载时则为逆时针方向。

【例 1.3】 已知双线传输线的特性阻抗 $Z_0=300\Omega$，终接负载阻抗 $Z_L=180+j240\Omega$，求终端反射系数 Γ_2 及离终端第一个电压波腹点至终端距离 l_{max}。

解： 归一化负载阻抗为

$$\widetilde{Z}_L=\frac{Z_L}{Z_0}=\frac{180+j240}{300}=0.6+j0.8$$

反射系数的模 $|\Gamma_2|=\frac{\rho-1}{\rho+1}=\frac{3-1}{3+1}=0.5$

相角为 $\Delta\theta=0.25-0.125=0.125$，$\varphi_2=4\pi\times\Delta\theta=90^\circ$，这样第一个电压波腹点离终端的距离 l_{max} 就找到了，见图 1.12。

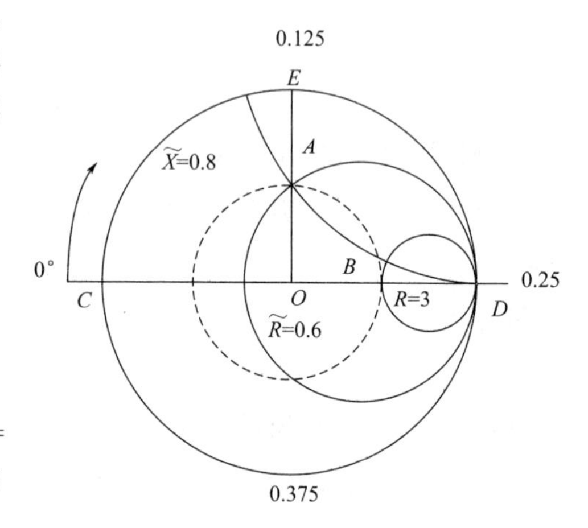

图 1.12 例 1.3 示意图

【例 1.4】 已知传输线的特性阻抗 $Z_0=50\Omega$，如图 1.13 所示。假设传输线的负载阻抗为 $Z_1=25+j25\Omega$，求离负载 $z=0.2\lambda$ 处的等效阻抗。

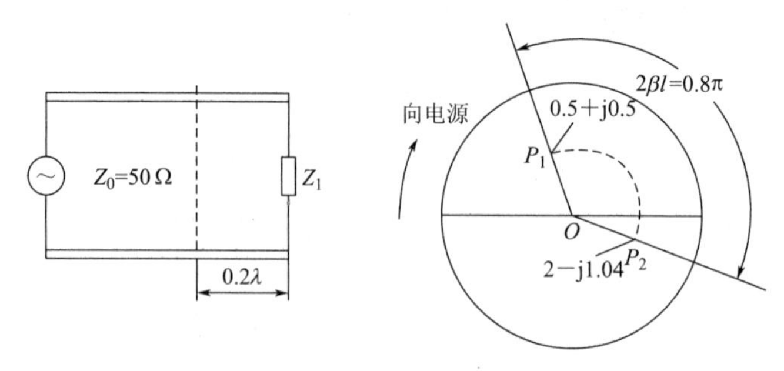

图 1.13 Smith 圆示意图

解： 先求出归一化负载阻抗 $\bar{z}_1=0.5+j0.5$，在圆图上找出与此相对应的点 P_1，以圆图中心点 O 为中心，以 OP_1 为半径，顺时针（向电源方向）旋转 0.2λ 到达 P_2 点，查出 P_2 点的归一化阻抗为 $2-j1.04\Omega$，将其乘以特性阻抗即可得到 $z=0.2\lambda$ 处的等效阻抗为 $100-j52\Omega$。

1.4.4 传输线的阻抗匹配

前面提到过传输线的功率传输，在低频中间有最大功率传输定理。只要负载满足 $Z_1=Z_g^*$ 条件，就可以达到电源最大输出功率。在传输线中同样也有类似结论。

1.4.4.1 阻抗匹配的概念

阻抗匹配通常包括两个：一是如何才能使负载从信号源得到最大的功率；二是如何才能消除传输线上的反射波。所以匹配有三种情形：

① 负载阻抗等于传输线特性阻抗。

② 电源内阻等于传输线特性阻抗。

③ 共轭阻抗匹配，信号源的内阻为 $Z_g=R_g+jX_g$，传输线的输入阻抗为 $Z_{in}=R_{in}+jX_{in}$，如果 $Z_g=Z_{in}^*$（输入阻抗的共轭），则称为共轭阻抗。

此时信号源输出的最大功率为

$$P_{max}=\frac{1}{2}\times\frac{|E_g|^2R_{in}}{|Z_g+Z_{in}|^2}=\frac{1}{2}\times\frac{|E_g|^2R_{in}}{(R_g+R_{in})^2+(X_g+X_{in})^2}=\frac{|E_g|^2}{8R_g} \tag{1.37}$$

实现阻抗匹配的方法就是在传输线与负载之间加入一阻抗匹配网络。要求这个匹配网络由电抗元件构成，接入传输线时应尽可能靠近负载，且通过调节能对各种负载实现阻抗匹配。其匹配原理是通过匹配网络引入一个新的反射波来抵消原来的反射波。采用阻抗变换器和分支匹配器作为匹配网络是两种最基本的方法。

1.4.4.2 阻抗匹配方法

（1）$\frac{\lambda}{4}$阻抗变换器

由一段长度为$\frac{\lambda}{4}$、特性阻抗为 Z_{01} 的传输线组成。当这段传输线终端接纯电阻 R_L 时，输入阻抗为

$$Z_{in}=Z_{01}\frac{R_L+jZ_{01}\tan(2\pi/\lambda-\lambda/4)}{Z_{01}+jR_L\tan(2\pi/\lambda-\lambda/4)}=\frac{Z_{01}^2}{R_L} \tag{1.38}$$

为了实现阻抗匹配，必须使 $Z_{01}=\sqrt{Z_0R_L}$

（2）支节匹配器法

方法一：单支节匹配器

设传输线和调配支节的特性阻抗均为 Z_0，负载阻抗为 Z_1，长度为 l_2 的串联单支节调配器串联于离主传输线负载距离 l_1 处，如图 1.14 所示。设终端反射系数为 $|\Gamma_1|e^{j\varphi_1}$，传输线的工作波长为 λ，驻波系数为 ρ，由无耗传输线状态分析可知，离负载第一个电压波腹点位置及该点阻抗分别为

$$l_{max1}=\frac{\lambda}{4\pi}\varphi_1$$

$$Z'_1=Z_0\rho$$

令 $l'_1=l_1-l_{max1}$，并设参考面 AA'处输入阻抗为 Z_{in1}，则有

$$Z_{in1}=Z_0\frac{Z'_1+jZ_0\tan(\beta l'_1)}{Z_0+jZ'_1\tan(\beta l'_1)}=R_1+jX_1 \tag{1.39}$$

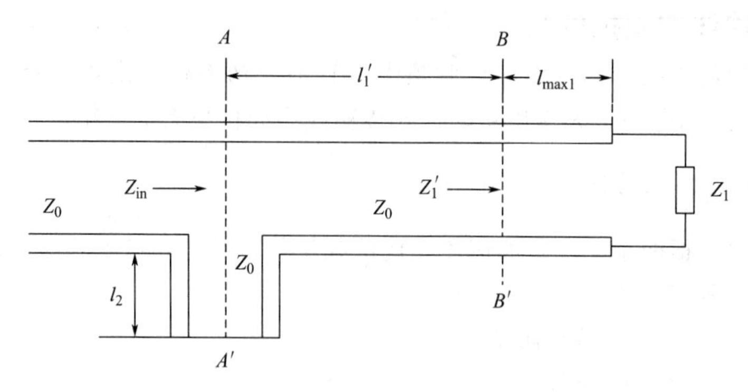

图 1.14 串联单支节调配器

终端短路的串联支节输入阻抗为 $Z_{in2}=jZ_0\tan(\beta l_2)$，总的输入阻抗为

$$
\begin{aligned}
Z_{in} &= Z_{in1}+Z_{in2} \\
&= R_1+jX_1+jZ_0\tan(\beta l_2)
\end{aligned}
$$

为了与传输线特性阻抗匹配，令 $R_1=Z_0$，$X_1+Z_0\tan(\beta l_2)=0$ 得到

$$\tan(\beta l_1')=\sqrt{\frac{Z_0}{Z_1'}}=\frac{1}{\sqrt{\rho}} \quad 即 \quad l_1'=\frac{\lambda}{2\pi}\arctan\frac{1}{\sqrt{\rho}} \tag{1.40}$$

$$\tan(\beta l_2)=\frac{Z_1'-Z_0}{\sqrt{Z_0Z_1'}}=\frac{\rho-1}{\sqrt{\rho}} \quad 即 \quad l_2=\frac{\lambda}{2\pi}\arctan\frac{\rho-1}{\sqrt{\rho}} \tag{1.41}$$

λ 为工作波长。而 AA' 距实际负载的位置 l_1 为 $l_1=l_1'+l_{max1}$，求得了串联支节的位置及长度。

【例 1.5】 设无耗传输线的特性阻抗为 50Ω，工作频率为 300MHz，终端接有负载 $Z_1=25+j75\Omega$，试求串联短路匹配支节离负载的距离 l_1 及短路支节的长度 l_2。

解： 由工作频率 $f=300\text{MHz}$ 得工作波长 $\lambda=1\text{m}$。终端反射系数

$\Gamma_1=|\Gamma_1|e^{j\varphi_1}=\frac{Z_1-Z_0}{Z_1+Z_0}=0.333+j0.667=0.7454e^{j1.1071}$ 求得驻波系数为 $\rho=\frac{1+|\Gamma_1|}{1-|\Gamma_1|}=6.8541$，显然第一波腹点位置 $l_{max1}=\frac{\lambda}{4\pi}\varphi_1=0.0881\text{m}$，调配支节位置 $l_1=l_{max1}+\frac{\lambda}{2\pi}\arctan\frac{1}{\sqrt{\rho}}=0.1462\text{m}$

于是，调配支节的长度 $l_2=\frac{\lambda}{2\pi}\arctan\frac{\rho-1}{\sqrt{\rho}}=0.1831\text{m}$ 或

$$l_1=l_{max_1}+\frac{\lambda}{2\pi}\arctan\frac{1}{\sqrt{\rho}}=0.03 \tag{1.42}$$

$$l_2=\frac{\lambda}{4}+\frac{\lambda}{2\pi}\arctan\frac{\sqrt{\rho}}{\rho-1}=0.317$$

方法二：并联调配器

设传输线和调配支节的特性导纳均为 Y_0，负载导纳为 Y_1，长度为 l_2 的单支节调配器并联于离主传输线负载 l_1 处，如图 1.15 所示。设终端反射系数为 $|\Gamma_1|e^{j\varphi_1}$，传输线的工作波长为 λ，驻波系数为 ρ，由无耗传输线状态分析可知，离负载第一个电压波节点位置及该点

导纳分别为 $l_{\min 1}=\dfrac{\lambda}{4\pi}\varphi_1 \pm \dfrac{\lambda}{4}$，$Y'_1=Y_0\rho$

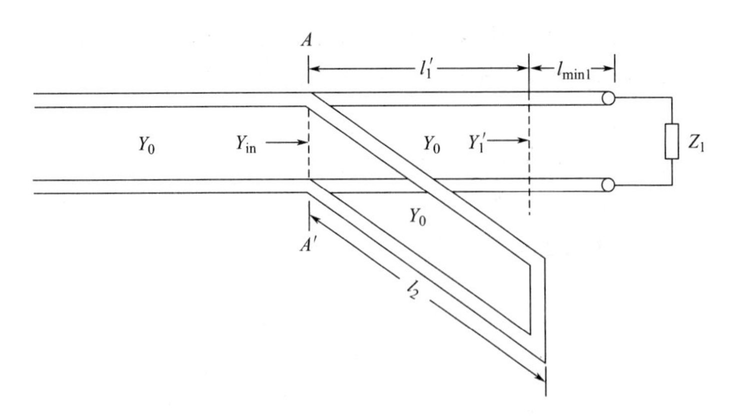

图 1.15　并联单支节调配器

令 $l'_1=l_1-l_{\min 1}$，并设参考面 AA'处的输入导纳为 Y_{in1}，则有 $Y_{\text{in1}}=Y_0\dfrac{Y'_1+\text{j}Y_0\tan(\beta l'_1)}{Y_0+\text{j}Y'_1\tan(\beta l'_1)}=$ $G_1+\text{j}B_1$

终端短路的并联支节输入导纳为 $Y_{\text{in2}}=-\dfrac{\text{j}Y_0}{\tan(\beta l_2)}$，总的输入导纳为 $Y_{\text{in}}=Y_{\text{in1}}+Y_{\text{in2}}=$ $G_1+\text{j}B_1-\dfrac{\text{j}Y_0}{\tan(\beta l_2)}$

要使其与传输线特性导纳匹配，必有

$$G_1=Y_0$$

$$B_1\tan(\beta l_2)-Y_0=0$$

于是得到

$$\begin{aligned}\tan(\beta l'_1)&=\sqrt{\frac{Y_0}{Y'_1}}=\frac{1}{\sqrt{\rho}}\\ \tan(\beta l_2)&=\sqrt{\frac{Y_0Y'_1}{Y_0Y'_1}}\end{aligned}\tag{1.43}$$

经式(1.43)求解得到

$$l'_1=\frac{\lambda}{2\pi}\arctan\frac{1}{\sqrt{\rho}},\ l_2=\frac{\lambda}{2}+\frac{\lambda}{2\pi}\arctan\frac{1-\rho}{\sqrt{\rho}}\tag{1.44}$$

另一组解为

$$\begin{cases}l'_1=-\dfrac{\lambda}{2\pi}\arctan\dfrac{1}{\sqrt{\rho}}\\ l_2=\dfrac{\lambda}{4}+\dfrac{\lambda}{2\pi}\arctan\dfrac{1-\rho}{\sqrt{\rho}}\end{cases}\tag{1.45}$$

而 AA'距实际负载的位置 l_1 为

$$l_1=l'_1+l_{\min 1}$$

习题与思考题

1.1 在一均匀无耗传输线上传输频率为3GHz的信号，已知其特性阻抗$Z_0=100\Omega$，终端接$Z_l=75+j100\Omega$的负载，试求：①传输线上的驻波系数；②离终端10cm处的反射系数；③离终端2.5cm处的输入阻抗。

1.2 由若干段均匀无耗传输线组成的电路如图1.16所示，已知$E_g=50V$，$Z_0=Z_g=Z_{l1}=100\Omega$，$Z_{01}=150\Omega$，$Z_{l2}=225\Omega$，求：①分析各段的工作状态并求其驻波比；②画出ac段电压、电流振幅分布图并求出极值。

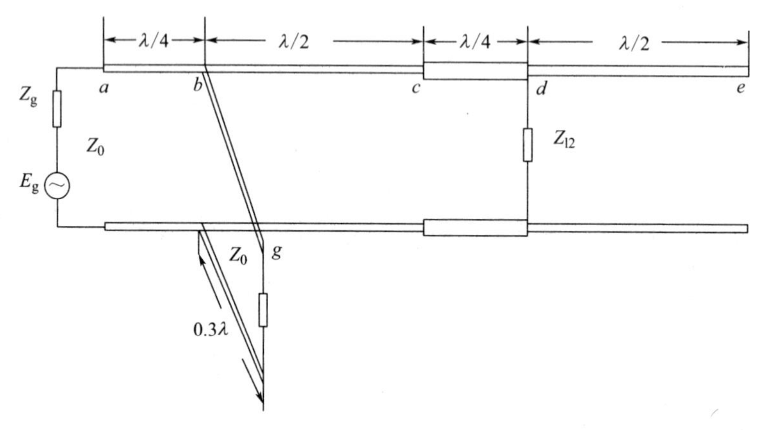

图1.16　题1.2图

1.3 一均匀无耗传输线的特性阻抗为500Ω，负载阻抗$Z_l=200-j250\Omega$，通过$\frac{\lambda}{4}$阻抗变换器及并联支节线实现匹配，如图1.17所示，已知工作频率$f=300MHz$，求$\frac{\lambda}{4}$阻抗变换段的特性阻抗Z_{01}及并联短路支节线的最短长度l_{min}。

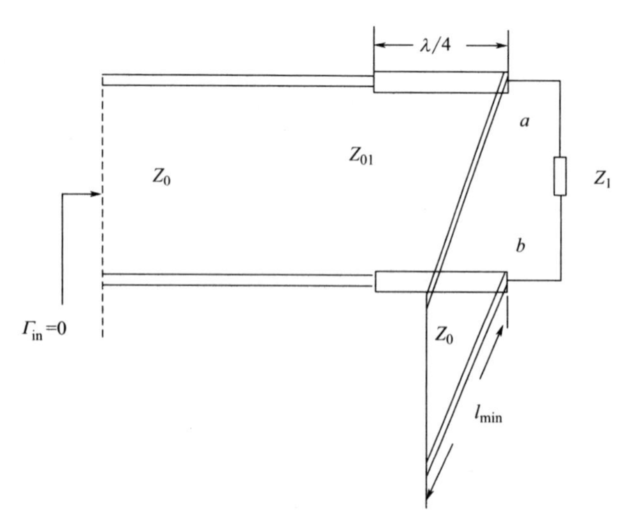

图1.17　题1.3图

1.4　特性阻抗为 Z_0 的无耗传输线的驻波比为 ρ，第一个电压波节点离负载的距离为 $l_{\min 1}$，试证明此时终端负载应为

$$Z_1 = Z_0 \frac{1-j\rho\tan(\beta l_{\min 1})}{\rho - j\tan(\beta l_{\min 1})}$$

1.5　传输线的特性阻抗为 70Ω，负载阻抗 $Z_1 = 66.7\Omega$，为了使传输主线上不出现驻波，在主线与负载之间接一 $\frac{\lambda}{4}$ 的匹配线。求：①匹配线的特性阻抗；②设负载功率为 1kW，不计损耗，求电源端的电压和电流值；③求主线与匹配线接点处的电压和电流值；④求负载端的电压和电流。

参考答案：①200Ω；②775V，1.29A；③775V，1.29A；④258V，3.87A。

1.6　证明无耗传输线上任意相距 $\frac{\lambda}{4}$ 的两点处的阻抗的乘积等于传输线特性阻抗的平方。

1.7　某一均匀无耗传输线特性阻抗为 $Z_0 = 50\Omega$，终端接有未知负载 Z_1，现在传输线上测得电压最大值和最小值分别为 100mV 和 200mV，第一个电压波节的位置离负载 $l_{\min 1} = \frac{\lambda}{3}$，试求负载阻抗 Z_1。

1.8　传输系统如图 1.18 所示，画出 AB 段及 BC 段沿线各点电压、电流和阻抗的振幅分布图，并求出电压的最大值和最小值（图中 $R = 900\Omega$）。

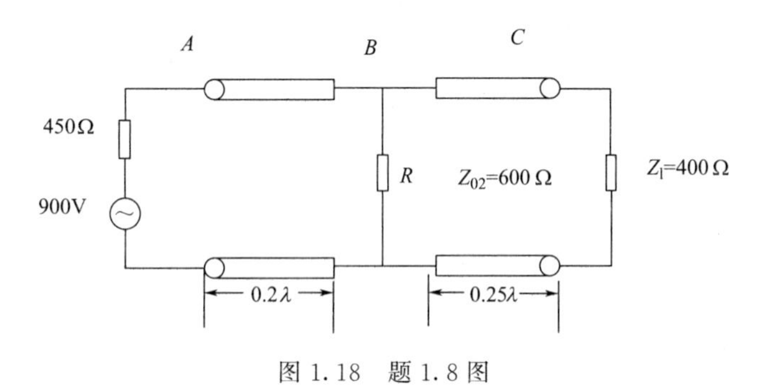

图 1.18　题 1.8 图

1.9　特性阻抗 $Z_0 = 150\Omega$ 的均匀无耗传输线，终端接有负载 $Z_1 = 250 + j100\Omega$，用 $\frac{\lambda}{4}$ 阻抗变换器实现阻抗匹配如图 1.19 所示，试求 $\frac{\lambda}{4}$ 阻抗变换器特性阻抗 Z_{01} 及离终端距离。

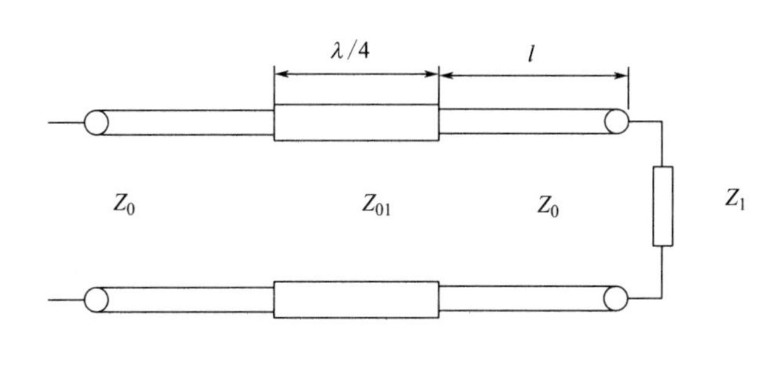

图 1.19　题 1.9 图

1.10 设特性阻抗为 $Z_0=50\Omega$ 的均匀无耗传输线，终端接有负载阻抗 $Z_1=100+j75\Omega$ 的复阻抗时，可用以下方法实现 $\frac{\lambda}{4}$ 阻抗变换器匹配，即在终端或在 $\frac{\lambda}{4}$ 阻抗变换器前并接一段终端短路线，如图 1.20 所示，试分别求这两种情况下 $\frac{\lambda}{4}$ 阻抗变换器的特性阻抗 Z_{01} 及短路线长度 l 。

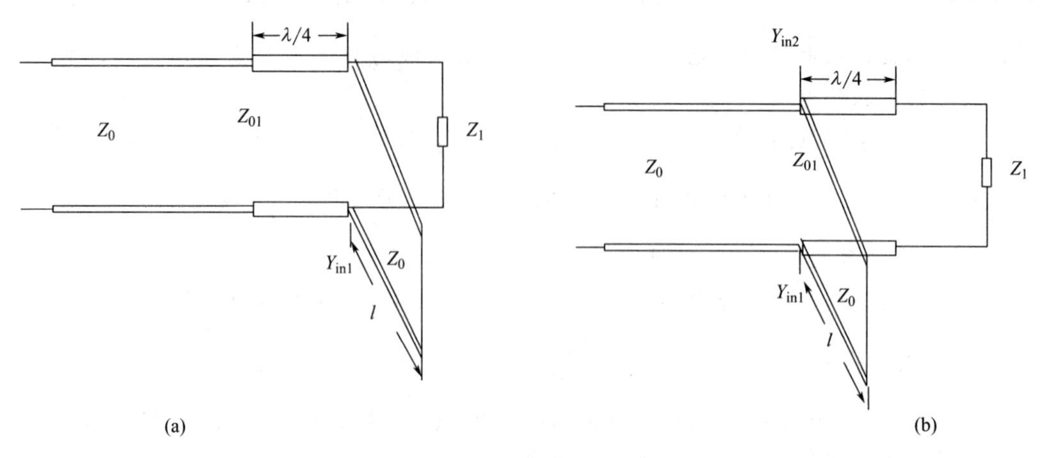

图 1.20 题 1.10 图

1.11 一均匀无耗传输线的特性阻抗为 70Ω，负载阻抗为 $Z_1=70+j140\Omega$，工作波长 $\lambda=20\text{cm}$。试设计串联支节匹配器的位置和长度。

第2章 波导理论

本章主要内容

- 波导基本原理和分类
- 矩形波导
- 圆形波导
- 同轴线波导
- 波导激励与谐振腔

沿一定的路径传播的电磁波称为导行电磁波，传输导行波的系统称为导波系统，常用的导波系统有双导线、同轴线、带状线、微带、金属波导，本章讨论矩形波导、圆形波导和同轴线波导。

2.1 波导基本原理和分类

我们不妨假设导波系统是无限长的，根据导波系统横截面的形状选取直角坐标系或者圆柱坐标系，令其沿 z 轴放置，且传播方向为正 z 方向。以直角坐标为例，该导波系统中的电场与磁场可以分别表示为

$$\begin{aligned}E(x,y,z)&=E_0(x,y)\mathrm{e}^{-\mathrm{j}k_z z}\\H(x,y,z)&=H_0(x,y)\mathrm{e}^{-\mathrm{j}k_z z}\end{aligned}\tag{2.1}$$

满足亥姆霍兹方程

$$\begin{cases}\dfrac{\partial^2\boldsymbol{E}}{\partial x^2}+\dfrac{\partial^2\boldsymbol{E}}{\partial y^2}+\dfrac{\partial^2\boldsymbol{E}}{\partial z^2}+k^2\boldsymbol{E}=0\\[2ex]\dfrac{\partial^2\boldsymbol{H}}{\partial x^2}+\dfrac{\partial^2\boldsymbol{H}}{\partial y^2}+\dfrac{\partial^2\boldsymbol{H}}{\partial z^2}+k^2\boldsymbol{H}=0\end{cases}\tag{2.2}$$

式中，$\boldsymbol{E}$、$\boldsymbol{H}$ 是三维空间中的矢量，包含了六个直角坐标分量。E_x、E_y、E_z、H_x、H_y、H_z 分别满足齐次标量亥姆霍兹方程。根据导波系统的边界条件，利用分离变量法即可求解这些方程，经简单推导有

$$E_x=\frac{1}{k_c^2}\left(-\mathrm{j}k_z\frac{\partial E_z}{\partial x}-\mathrm{j}\omega\mu\frac{\partial H_z}{\partial y}\right)\qquad k_c^2=k^2-k_z^2$$

$$
\begin{aligned}
E_y &= \frac{1}{k_c^2}\left(-\mathrm{j}k_z\frac{\partial E_z}{\partial y}+\mathrm{j}\omega\mu\frac{\partial H_z}{\partial x}\right)\\
H_x &= \frac{1}{k_c^2}\left(\mathrm{j}\omega\varepsilon\frac{\partial E_z}{\partial y}-\mathrm{j}k_z\frac{\partial H_z}{\partial x}\right)\\
H_y &= \frac{1}{k_c^2}\left(-\mathrm{j}\omega\varepsilon\frac{\partial E_z}{\partial x}-\mathrm{j}k_z\frac{\partial H_z}{\partial y}\right)
\end{aligned}
\tag{2.3}
$$

这样，只要求出 z 分量，其他分量即可根据上述关系求出。z 分量为纵向分量，因此这种方法又称为纵向场法。在圆柱坐标系中，有

$$
\begin{aligned}
E_\varphi &= \frac{1}{k_c^2}\left(-\mathrm{j}\frac{k_z}{r}\frac{\partial E_z}{\partial \varphi}+\mathrm{j}\omega\mu\frac{\partial H_z}{\partial r}\right)\\
E_r &= -\frac{1}{k_c^2}\left(\mathrm{j}k_z\frac{\partial E_z}{\partial r}+\mathrm{j}\frac{\omega\mu}{r}\frac{\partial H_z}{\partial \varphi}\right)\\
H_r &= \frac{1}{k_c^2}\left(\mathrm{j}\frac{\omega\varepsilon}{r}\frac{\partial E_z}{\partial \varphi}-\mathrm{j}k_z\frac{\partial H_z}{\partial r}\right)\\
H_\varphi &= -\frac{1}{k_c^2}\left(\mathrm{j}\omega\varepsilon\frac{\partial E_z}{\partial r}+\mathrm{j}\frac{k_z}{r}\frac{\partial H_z}{\partial \varphi}\right)
\end{aligned}
\tag{2.4}
$$

当 $k_c^2=0$ 时，必有 $E_z=0$ 和 $H_z=0$，该导行波既无纵向电场又无纵向磁场，只有横向电场和磁场，故称为横电磁波，简称 TEM 波。当 $k_c^2>0$ 时，$\beta^2>0$，而 E_z 和 H_z 不能同时为零，否则 E_z 和 H_z 必然全为零，系统将不存在任何场。一般情况下，只要 E_z 和 H_z 中有一个不为零即可满足边界条件，这时又可分为两种情形：① $E_z\neq 0$，$H_z=0$ 的波称为磁场纯横向波，简称 TM 波，由于只有纵向电场，故又称为 E 波。此时满足的边界条件应为 $E_z|_S=0$，S 为波导边界。此时波阻抗 $Z_{\mathrm{TM}}=\dfrac{E_x}{H_y}=\dfrac{\beta}{\omega\varepsilon}=\sqrt{\dfrac{\mu}{\varepsilon}}\sqrt{1-k_c^2/k^2}$。②将 $E_z=0$，$H_z\neq 0$ 的波称为电场纯横向波，简称 TE 波，此时只有纵向磁场，故又称为 H 波。它应满足的边界条件为 $\left.\dfrac{\partial H_z}{\partial n}\right|_S=0$，$S$ 为波导边界，n 为边界法向单位矢量。TE 波的波阻抗为 $z_{\mathrm{TE}}=\dfrac{E_x}{H_y}=\dfrac{\omega\mu}{\beta}=\sqrt{\dfrac{\mu}{\varepsilon}}\dfrac{1}{\sqrt{1-k_c^2/k^2}}$，无论是 TM 波还是 TE 波，其相速 $v_p=\omega/\beta<c\sqrt{\mu_r\varepsilon_r}$ 均比无界媒质空间中的速度快，所以称之为快波。当 $k_c^2<0$ 时，$v_p=\omega/\beta<c/\sqrt{\mu_r\varepsilon_r}$ 相速比无界媒质空间中的速度慢，故又称之为慢波。双导线、同轴线、微带线、带状线等波导适合传输 TEM 波，即横电磁波；矩形波导、圆形波导、光纤适合传输 TE 波或者 TM 波。

2.2 矩形波导

矩形截面的金属波导是常见的传输系统之一，这种波导一般是由铜制成的，这一节主要讨论矩形波导场的特性以及传输特性，且假设矩形波导的宽壁内尺寸为 a，窄尺寸为 b。

2.2.1　TM 波

设矩形波导传输的是 TM 波，即 $H_z=0$，$E_z=E_{z0}(x,y)\mathrm{e}^{-\mathrm{j}k_z z}$，电场满足亥姆霍兹方程 $\frac{\partial^2 E_z}{\partial x^2}+\frac{\partial^2 E_z}{\partial y^2}+k_c^2 E_z=0$，同样设 $E_z=E_{z0}(x,y)\mathrm{e}^{-\mathrm{j}k_z z}$ 的振幅也满足亥姆霍兹方程 $\frac{\partial^2 E_{z0}}{\partial x^2}+\frac{\partial^2 E_{z0}}{\partial y^2}+k_c^2 E_{z0}=0$，这里可用分离变量法求解，令 $E_{z0}(x,y)=X(x)Y(y)$，代入亥姆霍兹方程有

$$\frac{X''}{X}+\frac{Y''}{Y}=-k_c^2 \tag{2.5}$$

式中，X'' 表示 X 对 x 的二阶导数，Y'' 表示 Y 对 y 的二阶导数，所以左边第一项和第二项只能为常数，否则在整个传播区域内两个变量之和不可能均为常数，由此令

$$\frac{X''}{X}=-k_x^2 \qquad \frac{Y''}{Y}=-k_y^2 \tag{2.6}$$

式中，$k_x^2+k_y^2=k_c^2$，k_x^2、k_y^2 称为分离常数。利用边界条件即可求解这些分离常数。原来的二阶偏微分方程求解问题，经过变量分离后，化为两个常微分方程。对这两个常微分方程用待定系数法，求解得

$$\begin{aligned} X &= C_1\cos k_x x + C_2\sin k_x x \\ Y &= C_3\cos k_y y + C_4\sin k_y y \end{aligned} \tag{2.7}$$

式中，常数 C_1、C_2、C_3、C_4 由导波系统的边界条件来确定。在 $x=0$、a，$y=0$、b 四个波导壁上有 $E_z=0$，所以得到

$$\begin{aligned} k_x &= \frac{m\pi}{b}, m=1,2,3,\cdots \\ k_y &= \frac{n\pi}{b}, n=1,2,3,\cdots \end{aligned} \tag{2.8}$$

代入式（2.8），得到矩形波导的解

$$\begin{aligned}
E_z &= E_0\sin\frac{m\pi}{a}x\sin\frac{n\pi}{b}y\mathrm{e}^{-\mathrm{j}k_z z} \\
E_x &= -\mathrm{j}\frac{k_z E_0}{k_c^2}\times\frac{m\pi}{a}\cos\left(\frac{m\pi}{a}x\right)\sin\left(\frac{n\pi}{b}y\right)\mathrm{e}^{-\mathrm{j}k_z z} \\
E_y &= -\mathrm{j}\frac{k_z E_0}{k_c^2}\times\frac{n\pi}{b}\sin\left(\frac{m\pi}{a}x\right)\cos\left(\frac{n\pi}{b}y\right)\mathrm{e}^{-\mathrm{j}k_z z} \\
H_x &= \mathrm{j}\frac{\omega\varepsilon E_0}{k_c^2}\times\frac{n\pi}{b}\sin\left(\frac{m\pi}{a}x\right)\cos\left(\frac{n\pi}{b}y\right)\mathrm{e}^{-\mathrm{j}k_z z} \\
H_y &= -\mathrm{j}\frac{\omega\varepsilon E_0}{k_c^2}\times\frac{m\pi}{a}\cos\left(\frac{m\pi}{a}x\right)\sin\left(\frac{n\pi}{b}y\right)\mathrm{e}^{-\mathrm{j}k_z z}
\end{aligned} \tag{2.9}$$

较大的 m 及 n 取值所得到的解称为高次模，数值小的 m、n 对应的解称为低次模。由于 $m\neq 0$，$n\neq 0$，矩形波导中 TM 波的最低模式是 TM 波。

2.2.2　TE 波

如果矩形波导传输的是 TE 波，即 $E_z=0$，$H_z=H_{z0}(x,y)\mathrm{e}^{-\mathrm{j}k_z z}$ 满足方程

$$\frac{\partial^2 H_z}{\partial x^2}+\frac{\partial^2 H_z}{\partial y^2}+k_c^2 H_z=0 \tag{2.10}$$

可以采用分离变量法解这个微分方程，令 $H_{z0}(x, y)=\widetilde{X}(x)\widetilde{Y}(y)$ 得到

$$-\frac{1}{\widetilde{X}(x)}\frac{d^2\widetilde{X}(x)}{dx^2}-\frac{1}{\widetilde{Y}(y)}\frac{d^2\widetilde{Y}(y)}{dy^2}=k_c^2 \tag{2.11}$$

类似 TM 波求解，有

$$\begin{aligned}&\frac{d^2\widetilde{X}(x)}{dx^2}+k_x^2\widetilde{X}(x)=0\\&\frac{d^2\widetilde{Y}(y)}{dy^2}+k_y^2\widetilde{Y}(y)=0\\&k_x^2+k_y^2=k_c^2\end{aligned} \tag{2.12}$$

所以 $H_{oz}(x, y)=(\widetilde{A}_1\cos k_x x+\widetilde{A}_2\sin k_x x)(\widetilde{B}_1\cos k_y y+\widetilde{B}_2\sin k_y y)$

其中，$\widetilde{A}_1$、$\widetilde{A}_2$、$\widetilde{B}_1$、$\widetilde{B}_2$ 为待定系数，由边界条件确定。边界条件为

$$\begin{aligned}&\frac{\partial H_z}{\partial x}\Big|_{x=0}=\frac{\partial H_z}{\partial x}\Big|_{x=a}=0 \quad \widetilde{A}_2=0 \quad k_x=\frac{m\pi}{a}\\&\frac{\partial H_z}{\partial y}\Big|_{y=0}=\frac{\partial H_z}{\partial y}\Big|_{y=b}=0 \quad \widetilde{B}_2=0 \quad k_y=\frac{n\pi}{b}\end{aligned} \tag{2.13}$$

于是矩形波导 TE 波纵向磁场的基本解为

$$\begin{aligned}H_z&=A_1B_1\cos\left(\frac{m\pi}{a}x\right)\cos\left(\frac{n\pi}{b}y\right)e^{-j\beta z}\\&=H_{mn}\cos\left(\frac{m\pi}{a}x\right)\cos\left(\frac{n\pi}{b}y\right)e^{-j\beta z} \quad m,n=0,1,2,\cdots\end{aligned} \tag{2.14}$$

式中，H_{mn} 为模式振幅常数，故 $H_z(x, y, z)$ 的通解为

$$H_z=\sum_{m=0}^{\infty}\sum_{n=0}^{\infty}H_{mn}\cos\left(\frac{m\pi}{b}x\right)\cos\left(\frac{n\pi}{b}y\right)e^{-j\beta z} \tag{2.15}$$

则 TE 波其他场分量的表达式为

$$\begin{aligned}E_x&=\sum_{m=0}^{\infty}\sum_{n=0}^{\infty}\frac{j\omega\mu}{k_c^2}\times\frac{n\pi}{b}H_{mn}\cos\left(\frac{m\pi}{a}x\right)\sin\left(\frac{n\pi}{b}y\right)e^{-j\beta z}\\E_y&=\sum_{m=0}^{\infty}\sum_{n=0}^{\infty}\frac{-j\omega\mu}{k_c^2}\times\frac{m\pi}{a}H_{mn}\sin\left(\frac{m\pi}{a}x\right)\cos\left(\frac{n\pi}{b}y\right)e^{-j\beta z}\\E_z&=0\\H_x&=\sum_{m=0}^{\infty}\sum_{n=0}^{\infty}\frac{j\beta}{k_c^2}\times\frac{m\pi}{a}H_{mn}\sin\left(\frac{m\pi}{a}x\right)\cos\left(\frac{n\pi}{b}y\right)e^{-j\beta z}\\H_y&=\sum_{m=0}^{\infty}\sum_{n=0}^{\infty}\frac{j\beta}{k_c^2}\frac{n\pi}{b}H_{mn}\cos\left(\frac{m\pi}{a}x\right)\sin\left(\frac{n\pi}{b}y\right)e^{-j\beta z}\end{aligned} \tag{2.16}$$

式中，$k_c=\sqrt{\left(\frac{m\pi}{a}\right)^2+\left(\frac{n\pi}{b}\right)^2}$ 为矩形波导 TE 波的截止波数，可以看到，它与波导尺寸、传输波形有关。m 和 n 分别代表 TE 波沿 x 方向和 y 方向分布的半波个数，一组 m、n 对应一种 TE 波，称作 TE_{mn} 模；但 m 和 n 不能同时为零，否则场分量全部为零，因而矩形

波导能够存在 TE_{m0} 模和 TE_{0n} 模及 TE_{mn}（m，$n\neq0$）模；其中 TE_{10} 模是最低次模，其余称为高次模。

2.2.3　矩形波导的传输特性

(1) 截止频率

这里紧接着讨论矩形波导截止频率。

已知 $k_c^2=k^2-k_z^2$，当 $k=k_c$ 时，$k_z=0$，这说明波的传播被截止，k_c 被称为截止传播常数。矩形波导 TE_{mn} 和 TM_{mn} 模的截止波数均为

$$k_{cmn}^2=\left(\frac{m\pi}{a}\right)^2+\left(\frac{n\pi}{b}\right)^2 \tag{2.17}$$

由于 $k=2\pi f\sqrt{\varepsilon\mu}$，对应于截止传播常数 k_c 的截止波长 $\lambda_{cTE_{mn}}$ 和截止频率 f_c 为

$$\lambda_{cTE_{mn}}=\lambda_{cTM_{mn}}=\frac{2\pi}{k_{cmn}}=\frac{2}{\sqrt{(m/a)^2+(n/b)^2}}=\lambda_c$$

$$f_c=\frac{k_c}{2\pi\sqrt{\varepsilon\mu}}=\frac{1}{2\sqrt{\varepsilon\mu}}\sqrt{\left(\frac{m}{a}\right)^2+\left(\frac{n}{b}\right)^2} \tag{2.18}$$

$\beta=\frac{2\pi}{\lambda}\sqrt{1-\left(\frac{\lambda}{\lambda_c}\right)^2}$ 是对应的相移常数。可见当工作波长 λ 小于某个模的截止波长 λ_c 时，$\beta^2>0$，此模可在波导中传输，故称为传导模；当工作波长 λ 大于某个模的截止波长 λ_c 时，$\beta^2<0$，即此模在波导中不能传输，称为截止模。一个模能否在波导中传输取决于波导结构和工作频率（或波长）。对相同的 m、n，TE_{mn} 和 TM_{mn} 模具有相同的截止波长，故又称为简并模，虽然它们场分布不同，但具有相同的传输特性。图 2.1 给出了标准波导 BJ-32 各模式截止波长分布图。

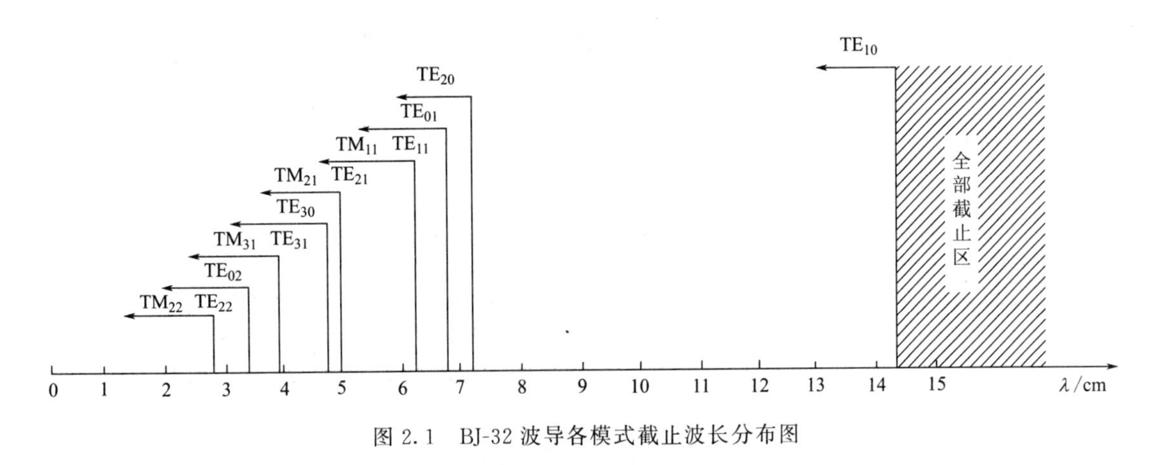

图 2.1　BJ-32 波导各模式截止波长分布图

【例 2.1】　设某矩形波导的尺寸为 $a=8$cm，$b=4$cm，试求工作频率在 3GHz 时该波导能传输的模式。

解：

$$f=3\text{GHz}$$

$$\lambda=\frac{c}{f}=0.1(\text{m})$$

$$\lambda_{cTE_{10}} = 2a = 0.16\text{m} > \lambda$$

$$\lambda_{cTE_{01}} = 2b = 0.08\text{m} < \lambda$$

$$\lambda_{cTM_{11}} = \frac{2ab}{\sqrt{a^2+b^2}} = 0.0715\text{m} < \lambda$$

该波导在工作频率为 3GHz 时只能传输 TE_{10} 模。

(2) 主模 TE_{10} 的场分布及其工作特性

① 主模 TE_{10} 的场分布　在导行波中截止波长 λ_c 最长的导行模称为该导波系统的主模，因而也能进行单模传输。矩形波导的主模为 TE_{10} 模，因为该模式具有场结构简单、稳定、频带宽和损耗小等特点，所以使用时几乎毫无例外地工作在 TE_{10} 模式。将 $m=1$，$n=0$，$k_c=n/a$ 代入式 (2.16)，并考虑时间因子 $e^{j\omega t}$，可得 TE_{10} 模各场分量表达式

$$\begin{aligned} E_y &= \frac{\omega\mu a}{\pi} H_{10} \sin\left(\frac{\pi}{a}x\right)\cos(\omega t - \beta z - \frac{\pi}{2}) \\ H_x &= \frac{\beta a}{\pi} H_{10} \sin\left(\frac{\pi}{a}x\right)\cos(\omega t - \beta z + \frac{\pi}{2}) \\ H_z &= H_{10}\cos\left(\frac{\pi}{a}x\right)\cos(\omega t - \beta z) \\ E_x &= E_z = H_y = 0 \end{aligned} \tag{2.19}$$

其分布曲线如图 2.2(b) 所示，波导横截面和纵剖面上的场分布如图 2.2(c)、(d) 所示。由图可见，H_x、E_y 最大值在同截面上出现，电磁波沿 z 方向按行波状态变化；H_x、E_y、H_z 相位差为 90°，电磁波沿横向为驻波分布。

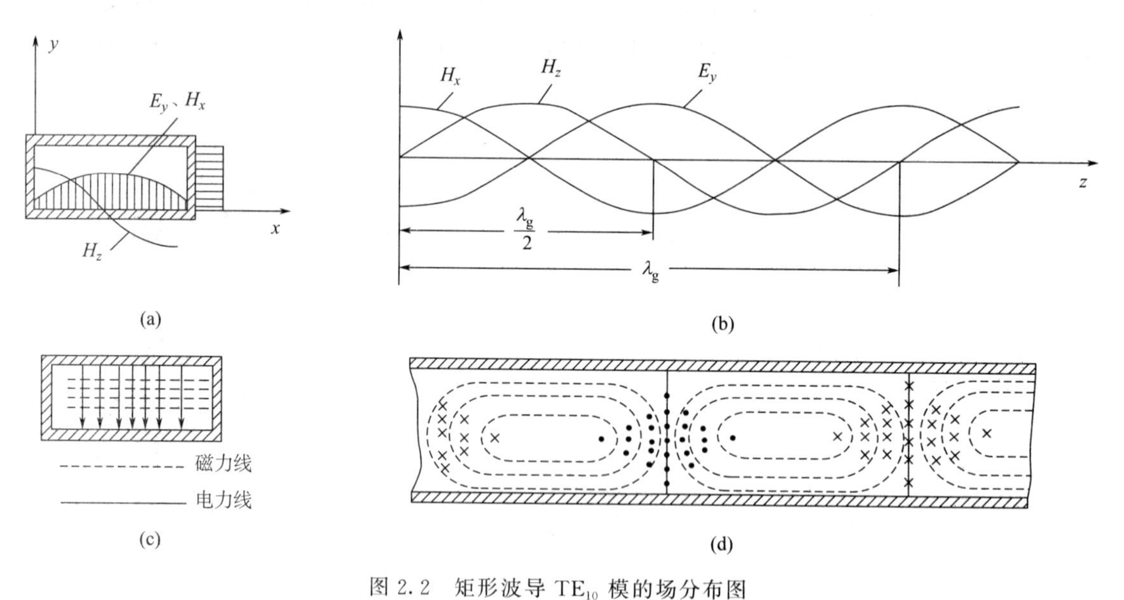

图 2.2　矩形波导 TE_{10} 模的场分布图

② 传播特性

a. 截止波长与相移常数　将 $m=1$，$n=0$ 代入 $k_c=\sqrt{\left(\frac{m\pi}{a}\right)^2+\left(\frac{n\pi}{b}\right)^2}$，得 TE_{10} 模截止波数为 $k_c=\frac{\pi}{a}$，于是截止波长为 $\lambda_{cTE_{10}}=\frac{2\pi}{k_c}=2a$，而相移常数为 $\beta=\frac{2\pi}{\lambda}\sqrt{1-(\frac{\lambda}{2a})^2}$。

b. 波导波长与波阻抗　对 TE_{10} 模，其波导波长为 $\lambda_g=\dfrac{2\pi}{\beta}=\dfrac{\lambda}{\sqrt{1-(\lambda/2a)^2}}$，而 TE_{10} 模的波阻抗为 $Z_{TE_{10}}=\dfrac{120\pi}{\sqrt{1-(\lambda/2a)^2}}$。

c. 相速与群速　TE_{10} 模的相速为 $v_p=\dfrac{\omega}{\beta}=\dfrac{c}{\sqrt{1-(\lambda/2a)^2}}$，群速为 $v_g=\dfrac{d\omega}{d\beta}=c\sqrt{1-(\lambda/2a)^2}$，式中，$c$ 为真空中光速。

d. 传输功率　矩形波导 TE_{10} 模的传输功率为 $P=\dfrac{1}{2Z_{TE_{10}}}\iint|E_y|^2dxdy=\dfrac{abE_{10}^2}{4Z_{TE_{10}}}$

式中，$E_{10}=\dfrac{\omega\mu a}{\pi}H_{10}$ 是 E_y 分量在波导宽边中心处的振幅值。由此可得波导传输 TE_{10} 模时的功率容量为 $P_{br}=\dfrac{abE_{10}^2}{4Z_{TE_{10}}}=\dfrac{abE_{br}^2}{480\pi}\sqrt{1-\left(\dfrac{\lambda}{2a}\right)^2}$，其中，$E_{br}$ 为击穿电场幅值。因空气的击穿场强为 30kV/cm，故空气矩形波导的功率容量为 $P_{br0}=0.6ab\sqrt{1-\left(\dfrac{\lambda}{2a}\right)^2}$（MW）

e. 衰减特性　当电磁波沿传输方向传播时，由于波导金属壁的热损耗和波导内填充的介质损耗，必然会引起能量或功率的递减。对于空气波导而言，由于空气介质损耗很小，可以忽略不计，而导体损耗是不可忽略的。设导行波沿 z 方向传输时的衰减常数为 α，则沿线电场、磁场按 $e^{-\alpha z}$ 规律变化，即

$$\left.\begin{aligned}E(z)&=E_0e^{-\alpha z}\\H(z)&=H_0e^{-\alpha z}\end{aligned}\right\}$$

所以传输功率 $P=P_0e^{-2\alpha z}$，两边对 z 求导得 $\dfrac{dP}{dz}=-2\alpha P_0e^{-2\alpha z}=-2\alpha P$，沿线功率减少率等于传输系统单位长度上的损耗功率，所以 $\alpha=\dfrac{-dP}{2Pdz}$

对于高次模，这里不再详细讨论，其场的分布如图 2.3 所示，当波的频率大于截止频率，两个平面波的传播方向位于 xz 平面，而且两个均匀平面波又可合并为在两个窄壁之间来回反射的一个均匀平面波。否则，该均匀平面波在两个窄壁之间垂直来回反射，无法传播而被截止。

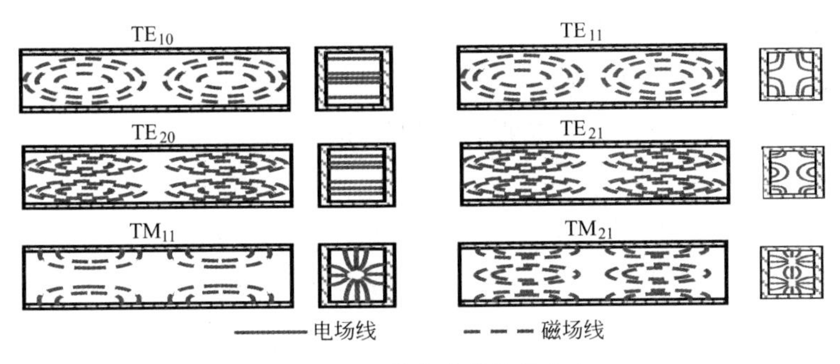

图 2.3　几种高次模的场分布

【例 2.2】　若内充空气的矩形波导尺寸为 $\lambda<a<2\lambda$，工作频率为 3GHz，如果要求

工作频率至少高于主模 TE_{10} 波的截止频率的 20%，且至少低于 TE_{01} 波的截止频率的 20%。试求：①波导尺寸 a、b；②根据所设计的波导，计算该波导的工作波长、相速、波导波长及波阻抗。

解：① TE_{10} 波的截止波长 $\lambda_c=2a$，对应的截止频率 $f_c=\frac{c}{2a}$。TE_{01} 波的截止波长 $\lambda_c=2b$，对应的截止频率 $f_c=\frac{c}{2b}$，于是有

$$3\times10^9\geqslant\frac{c}{2a}\times1.2$$

$$3\times10^9\leqslant\frac{c}{2b}\times0.8$$

即 $a\geqslant0.06\text{m}$，$b\leqslant0.04\text{m}$，所以可以令 $a=0.06\text{m}$，$b=0.04\text{m}$

② 求得工作波长 $\lambda=\frac{c}{f}=0.1\text{m}$，相速 $v_p=\frac{c}{\sqrt{1-\left(\frac{\lambda}{2a}\right)^2}}=5.42\times10^3$

波导波长 $\lambda_g=\frac{\lambda}{\sqrt{1-\left(\frac{\lambda}{2a}\right)^2}}=0.182$，波阻抗 $Z_{TE_{10}}=\frac{Z}{\sqrt{1-\left(\frac{\lambda}{2a}\right)^2}}=682\Omega$

2.3 圆形波导

与矩形波导一样，圆波导也只能传输 TE 波和 TM 波。设圆形波导外导体内径为 a，并建立如图 2.4 所示的圆柱坐标。设圆波导的轴线为 z 轴，圆波导的求解问题，可以先求出纵向分量 H_z 或者 E_z，然后再导出其余各个分量 E_r、E_φ、H_r、H_φ。

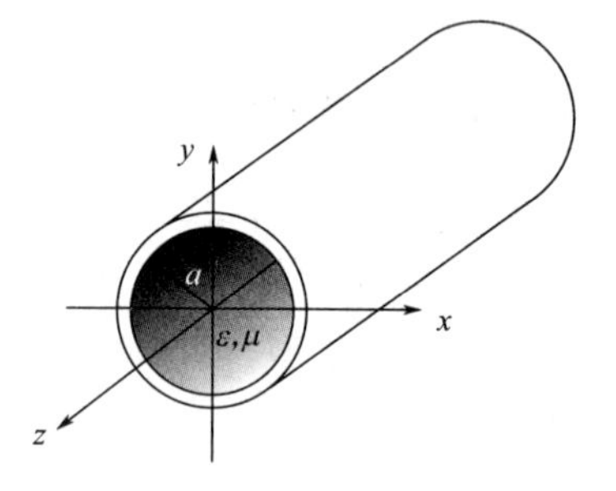

图 2.4 圆形波导

令 $\boldsymbol{E}(r,\varphi,z)=\boldsymbol{E}_0(r,\varphi)\mathrm{e}^{-\mathrm{j}k_z z}$，$\boldsymbol{H}(r,\varphi,z)=\boldsymbol{H}_0(r,\varphi)\mathrm{e}^{-\mathrm{j}k_z z}$，则纵向分量为

$$\begin{aligned}E_z(r,\varphi,z)&=E_{z0}(r,\varphi)\mathrm{e}^{-\mathrm{j}k_z z}\\H_z(r,\varphi,z)&=H_{z0}(r,\varphi)\mathrm{e}^{-\mathrm{j}k_z z}\end{aligned}\tag{2.20}$$

下面分别讨论 TE 波和 TM 波的情形，得到具体的解。

(1) TE 波

设圆柱波导传输的是 TE 波，此时 $E_z=0$，$H_z=H_{oz}(\rho,\varphi)\mathrm{e}^{-\mathrm{j}\beta z}\neq0$，且满足

$$\begin{gathered}\nabla_t^2H_{oz}(\rho,\varphi)+k_c^2H_{oz}(\rho,\varphi)=0\\E_t=\frac{\mathrm{j}\omega\mu}{k_c^2}\boldsymbol{a}_z\times\nabla_tH_z,H_t=\frac{-\gamma}{k_c^2}\nabla_tH_z\end{gathered}\tag{2.21a}$$

注意到 $\nabla_t^2=\frac{\partial^2}{\partial p^2}+\frac{1}{\rho}\times\frac{\partial}{\partial\rho}+\frac{1}{\rho^2}\frac{\partial^2}{\partial\varphi^2}$，展开此式为

$$\left(\frac{\partial^2}{\partial \rho^2}+\frac{1}{\rho}\times\frac{\partial}{\partial \rho}+\frac{1}{\rho^2}\frac{\partial^2}{\partial \varphi^2}\right)H_{oz}(\rho,\varphi)+k_c^2 H_{oz}(\rho,\varphi)=0 \tag{2.21b}$$

利用分离变量法，令 $H_{oz}(\rho,\varphi)=R(\rho)\Phi(\varphi)$，代入式(2.21b) 并除以 $R(\rho)\Phi(\varphi)$ 得

$$\frac{1}{R(\rho)}\left[\rho^2\frac{\mathrm{d}^2R(\rho)}{\mathrm{d}\rho^2}+\rho\frac{\mathrm{d}R(\rho)}{\mathrm{d}\rho}+\rho^2k_c^2R(\rho)\right]=-\frac{1}{\Phi(\varphi)}\times\frac{\mathrm{d}^2\Phi(\varphi)}{\mathrm{d}\varphi^2}$$

要使上式成立，上式两边项必须均为常数，设该常数为 m^2，则得

$$\rho^2\frac{\mathrm{d}^2R(\rho)}{\mathrm{d}\rho^2}+\rho\frac{\mathrm{d}R(\rho)}{\mathrm{d}\rho}+(\rho^2k_c^2-m^2)R(\rho)=0 \tag{2.22a}$$

$$\frac{\mathrm{d}^2\Phi(\varphi)}{\mathrm{d}\varphi^2}+m^2\Phi(\varphi)=0 \tag{2.22b}$$

上式是常微分方程，具有如下形式的通解

$$R(\rho)=A_1J_m(k_c\rho)+A_2N_m(k_c\rho) \tag{2.23}$$

式中，$J_m(x)$、$N_m(x)$ 分别为第一类和第二类 m 阶贝塞尔函数，式（2.22）的通解为 $\Phi(\varphi)=B_1\cos m\varphi+B_2\sin m\varphi=B\begin{pmatrix}\cos m\varphi\\ \sin m\varphi\end{pmatrix}$，其中第二项说明导行波的场分布在 φ 方向存在 $\cos m\varphi$ 与 $\sin m\varphi$ 两种可能，它们独立存在，相互正交，截止波长相同，构成同一导行模的极化简并模。由于 $\rho\to 0$ 时 $N_m(k_c\rho)\to-\infty$，故式（2.23）中必然有 $A_2=0$。于是 $H_{oz}(\rho,\varphi)$ 的通解为 $H_{oz}(\rho,\varphi)=A_1BJ_m(k_c\rho)\begin{pmatrix}\cos m\varphi\\ \sin m\varphi\end{pmatrix}$，再由边界条件 $\left.\frac{\partial H_{oz}}{\partial\rho}\right|_{\rho=a}=0$ 得 $J'_m(k_ca)=0$，设 $J'_m(x)$ 第 n 个根为 μ_{mn}，则有

$$k_ca=\mu_{mn}\Leftrightarrow k_c=\frac{\mu_{mn}}{a}\quad n=1,2,\cdots \tag{2.24}$$

所以，圆波导 TE 模纵向磁场 H_z 的基本解为

$$H_z(\rho,\varphi,z)=A_1BJ_m\left(\frac{\mu_{mn}}{a}\rho\right)\begin{pmatrix}\cos m\varphi\\ \sin m\varphi\end{pmatrix}\mathrm{e}^{-\mathrm{j}\beta z}\quad m=0,1,2,\cdots\quad n=1,2,\cdots \tag{2.25}$$

令模式振幅 $H_{mn}=A_1B$，则 $H_z(\rho,\varphi,z)$ 的通解为

$$H_z(\rho,\varphi,z)=\sum_{m=0}^{\infty}\sum_{n=1}^{\infty}H_{mn}J_m\left(\frac{\mu_{mn}}{a}\rho\right)\begin{pmatrix}\cos m\varphi\\ \sin m\varphi\end{pmatrix}\mathrm{e}^{-\mathrm{j}\beta z} \tag{2.26}$$

把它代入式(2.21a)，得到其他场分量：

$$E_\varphi=\pm\sum_{m=0}^{\infty}\sum_{n=1}^{\infty}\frac{\mathrm{j}\omega\mu a}{\mu_{mn}}H_{mn}J'_m\left(\frac{\mu_{mn}}{a}\rho\right)\begin{pmatrix}\cos m\varphi\\ \sin m\varphi\end{pmatrix}\mathrm{e}^{-\mathrm{j}\beta z}$$

$$E_z=0$$

$$H_\rho=\sum_{m=0}^{\infty}\sum_{n=1}^{\infty}\frac{-\mathrm{j}\beta a}{\mu_{mn}}H_{mn}J'_m\left(\frac{\mu_{mn}}{a}\rho\right)\begin{pmatrix}\cos m\varphi\\ \sin m\varphi\end{pmatrix}\mathrm{e}^{-\mathrm{j}\beta z}$$

$$H_\varphi=\pm\sum_{m=0}^{\infty}\sum_{n=1}^{\infty}\frac{\mathrm{j}\beta m a^2}{\mu_{mn}^2\rho}H_{mn}J_m\left(\frac{\mu_{mn}}{a}\rho\right)\begin{pmatrix}\sin m\varphi\\ \cos m\varphi\end{pmatrix}\mathrm{e}^{-\mathrm{j}\beta z}$$

显然，圆波导中同样存在着无穷多种 TE 模，不同的 m 和 n 代表不同的模式，记作 TE_{mn}，式中，m 表示场沿圆周分布的整波数，n 表示场沿半径分布的最大值个数。此时波阻抗为 $z_{\mathrm{TE}_{mn}}=\frac{E_\rho}{H_\varphi}=\frac{\omega\mu}{\beta_{\mathrm{TE}_{mn}}}$，其中 $\beta_{\mathrm{TE}_{mn}}=\sqrt{k^2-\left(\frac{\mu_{mn}}{a}\right)^2}$

【例 2.3】 若内充空气的矩形波导尺寸为 $\lambda < a < 2\lambda$，工作频率为 3GHz，如果要求工作频率至少高于主模 TE_{10} 波的截止频率的 20%，且至少低于 TE_{01} 波的截止频率的 20%。试求：①波导尺寸 a、b；②根据所设计的波导，计算该波导的工作波长、相速、波导波长及波阻抗。

解： ① TE_{10} 波的截止波长 $\lambda_c = 2a$，对应的截止频率 $f_c = \dfrac{c}{2a}$。TE_{01} 波的截止波长 $\lambda_c = 2b$，对应的截止频率 $f_c = \dfrac{c}{2b}$，于是有

$$3 \times 10^9 \geqslant \frac{c}{2a} \times 1.2$$

$$3 \times 10^9 \leqslant \frac{c}{2b} \times 0.8$$

即 $a \geqslant 0.06\text{m}$，$b \leqslant 0.04\text{m}$，所以可以令 $a = 0.06\text{m}$，$b = 0.04\text{m}$

② 可以求得工作波长 $\lambda = \dfrac{c}{f} = 0.1\text{m}$，相速 $v_p = \dfrac{c}{\sqrt{1-\left(\dfrac{\lambda}{2a}\right)^2}} = 5.42 \times 10^3$

波导波长 $\lambda_g = \dfrac{\lambda}{\sqrt{1-\left(\dfrac{\lambda}{2a}\right)^2}} = 0.182$，波阻抗 $Z_{TE_{10}} = \dfrac{Z}{\sqrt{1-\left(\dfrac{\lambda}{2a}\right)^2}} = 682(\Omega)$

(2) TM 波

对于 TM 波，$H_z = 0$，先求出 E_z 分量，然后再计算各个横向分量。在无源区中，E_z 分量满足下列标量齐次亥姆霍兹方程

$$\nabla^2 E_z + k^2 E_z = 0 \tag{2.27a}$$

$$E_t = \frac{-\gamma}{k_c^2} \nabla_t E_z, H_t = \frac{-j\omega\varepsilon}{k_c^2} a_z \times \nabla_t E_z \tag{2.27b}$$

把电场纵向分量代入上式，即有

$$\frac{\partial^2 E_{z0}}{\partial r^2} + \frac{1}{r} \times \frac{\partial E_{z0}}{\partial r} + \frac{1}{r^2} \times \frac{\partial^2 E_{z0}}{\partial \varphi^2} + k_c^2 E_{z0} = 0 \tag{2.28}$$

利用分离变量法，令

$$E_{z0}(r,\varphi) = R(r)\Phi(\varphi) \tag{2.29}$$

代入上式得到

$$\frac{r^2 R''}{R} + \frac{rR'}{R} + k_c^2 r^2 = -\frac{\Phi''}{\Phi} \tag{2.30}$$

式中，R''、R' 分别为 R 对 r 的二阶导数和一阶导数，Φ'' 为 Φ 对 φ 的二阶导数，推导可得 $\Phi'' + m^2\Phi = 0$，该方程是二阶常系数的常微分方程，其通解为

$$\Phi = A_1 \cos m\varphi + A_2 \sin m\varphi \qquad m = 0, \pm 1, \pm 2, \cdots \tag{2.31}$$

波导具有轴对称性，$\varphi = 0$ 的坐标平面可以任意确定，这样就可以选择合适的坐标平面，使上式中的第一项或第二项消失，Φ 的解可以表示为 $\Phi = A\cos m\varphi$ 或 $A\sin m\varphi$，于是有

$$r^2 \frac{d^2 R}{dr^2} + r\frac{dR}{dr} + (k_c^2 r^2 - m^2)R = 0 \tag{2.32}$$

令 $k_c r = x$，上式化为圆柱坐标系下的标准贝塞尔方程

$$x^2 \frac{d^2R}{dx^2} + x\frac{dR}{dx} + (x^2 - m^2)R = 0 \tag{2.33}$$

这个方程通解为

$$R = BJ_m(x) + CN_m(x) \tag{2.34}$$

其中，$J_m(x)$ 为第一类 m 阶柱贝塞尔函数；$N_m(x)$ 为第二类 m 阶柱贝塞尔函数。当 $r=0$ 时，$x=0$，$N_m(0) \to -\infty$，而 R 是有限的函数，所以必有 $C=0$。通解可以简化为

$$R = BJ_m(k_c r) \tag{2.35}$$

将上式代入标准贝塞尔方程和纵向分量的方程，求得

$$E_z = E_0 J_m(k_c r) e^{-jk_z z} \begin{cases} \cos m\varphi \\ \sin m\varphi \end{cases} \tag{2.36}$$

所以把式(2.36) 代入式(2.27b)，得到各个分量的解为

$$\begin{aligned} E_r &= -j\frac{k_z E_0}{k_c} J'_m(k_c r) \begin{cases} \cos m\varphi \\ \sin m\varphi \end{cases} e^{-jk_z z} \\ E_\varphi &= j\frac{k_z m E_0}{k_c^2 r} J_m(k_c r) \begin{cases} \sin m\varphi \\ -\cos m\varphi \end{cases} e^{-jk_z z} \\ H_r &= j\frac{\omega\varepsilon m E_0}{k_c^2 r} J_m(k_c r) \begin{cases} -\sin m\varphi \\ \cos m\varphi \end{cases} e^{-jk_z z} \\ H_\varphi &= -j\frac{\omega\varepsilon E_0}{k_c} J'_m(k_c r) \begin{cases} \cos m\varphi \\ \sin m\varphi \end{cases} e^{-jk_z z} \end{aligned} \tag{2.37}$$

式中，$J'_m(k_c r)$ 为柱贝塞尔函数的导数；k_c 由边界条件决定，即当 $r=a$ 时，$E_z=E_\varphi=0$，求得 $k_c^2 = \left(\frac{P_{mn}}{a}\right)^2$，$P_{mn}$ 是满足于 $J_m(k_c r)=0$ 的第 n 个根。每一组 m、n 值对应于一 P_{mn} 值，得到一种场分布，也即一种模式，所以电磁波在圆波导中具有多模特性。比如 $P_{01}=2.41$，$P_{10}=3.83$，$P_{24}=14.8$ 等。对于 TE 波情形 $E_z=0$，类似的可以先求出 H_z 分量，然后再计算各个横向分量，得到

$$\begin{aligned} H_z &= H_0 J_m(k_c r) \begin{cases} \cos m\varphi \\ \sin m\varphi \end{cases} e^{-jk_z z} \\ H_r &= -j\frac{k_z H_0}{k_c} J'_m(k_c r) \begin{cases} \cos m\varphi \\ \sin m\varphi \end{cases} e^{-jk_z z} \\ H_\varphi &= j\frac{k_z m H_0}{k_c^2 r} J_m(k_c r) \begin{cases} \sin m\varphi \\ -\cos m\varphi \end{cases} e^{-jk_z z} \\ E_r &= j\frac{\omega\mu m H_0}{k_c^2 r} J_m(k_c r) \begin{cases} \sin m\varphi \\ -\cos m\varphi \end{cases} e^{-jk_z z} \\ E_\varphi &= j\frac{\omega\mu H_0}{k_c} J'_m(k_c r) \begin{cases} \cos m\varphi \\ \sin m\varphi \end{cases} e^{-jk_z z} \end{aligned} \tag{2.38}$$

式中的常数可以由圆柱波导的边界条件得到，即 $k_c^2 = \left(\frac{P'_{mn}}{a}\right)^2$，这里 P'_{mn} 是第一类柱贝塞尔函数的导数第 n 个根。比如 $P'_{01}=3.8$，$P'_{11}=1.8$，$P'_{24}=13.2$，当 $k=k_c$ 时，电磁波在圆柱波导的传播截止，截止频率和截止波长由 $k_c = 2\pi f_c\sqrt{\varepsilon\mu} = \frac{2\pi}{\lambda_c}$ 计算得到

$$f_{\mathrm{c}}=\frac{P_{mn}}{2\pi a\sqrt{\varepsilon\mu}} \qquad \lambda_{\mathrm{c}}=\frac{2\pi a}{P_{mn}}$$

(3) 圆波导的传输特性

① 截止波长　由前面分析，圆波导 TE_{mn} 模、TM_{mn} 模的截止波数分别为

$$\left.\begin{aligned} k_{\mathrm{cTE}_{mn}}&=\frac{\mu_{mn}}{a}\\ k_{\mathrm{cTM}_{mn}}&=\frac{\upsilon_{mn}}{a}\end{aligned}\right\}$$

式中，υ_{mn} 和 μ_{mn} 分别为 m 阶贝塞尔函数及其一阶导数的第 n 个根。于是，各模式的截止波长分别为

$$\lambda_{\mathrm{cTE}_{mn}}=\frac{2\pi}{k_{\mathrm{cTE}_{mn}}}=\frac{2\pi a}{\mu_{mn}}$$

$$\lambda_{\mathrm{cTM}_{mn}}=\frac{2\pi}{k_{\mathrm{cTM}_{mn}}}=\frac{2\pi a}{\upsilon_{mn}}$$

在所有的模式中，TE_{11} 模截止波长最长，其次为 TM_{01} 模，三种典型模式的截止波长分别为 $\lambda_{\mathrm{cTE}_{11}}=3.4126a$，$\lambda_{\mathrm{cTM}_{01}}=2.6127a$ ，$\lambda_{\mathrm{cTE}_{01}}=1.6398a$ ，如图 2.5 所示。

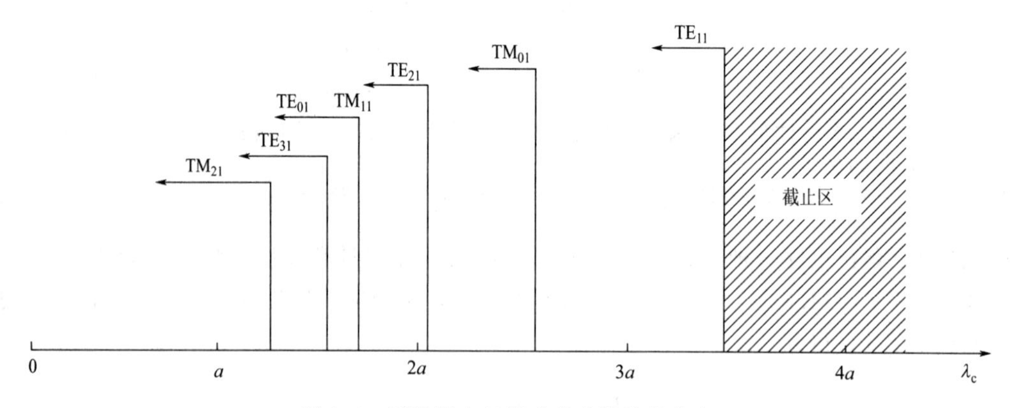

图 2.5　圆波导中各模式截止波长的分布

② 传输功率　由传输功率计算公式

$$\begin{aligned}P&=\frac{1}{2}Re\int_S(E\times H^*)\cdot \mathrm{d}S=\frac{1}{2}Re\int_S(E_t\times H_t^*)\cdot a_z\mathrm{d}S\\ &=\frac{1}{2Z}\int_S|E_t|^2\mathrm{d}S=\frac{Z}{2}\int_S|H_t|^2\mathrm{d}S\end{aligned}\tag{2.39}$$

可以导出 TE_{mn} 模和 TM_{mn} 模的传输功率分别为

$$\begin{aligned}P_{\mathrm{TE}_{mn}}&=\frac{\pi a^2}{2\delta_m}\left(\frac{\beta}{k_{\mathrm{c}}}\right)^2 Z_{\mathrm{TE}}H_{mn}^2\left(1-\frac{m^2}{k_{\mathrm{c}}^2a^2}\right)J_m^2(k_{\mathrm{c}}a)\\ P_{\mathrm{TM}_{mn}}&=\frac{\pi a^2}{2\delta_m}\left(\frac{\beta}{k_{\mathrm{c}}}\right)^2\frac{E_{mn}^2}{Z_{\mathrm{TM}}}J_m'^2(k_{\mathrm{c}}a)\\ \delta_m&=\begin{cases}2, m\neq 0\\ 1, m=0\end{cases}\end{aligned}\tag{2.40}$$

TE_{11} 模的截止波长最长，是圆波导中的最低次模，也是主模。它的场结构分布如图 2.6

所示。由图可见，圆波导中 TE_{11} 模的场分布与矩形波导的 TE_{10} 模的场分布很相似，工程上因此容易通过矩形波导的横截面逐渐过渡变为圆波导，圆波导不太适合远距离传输。

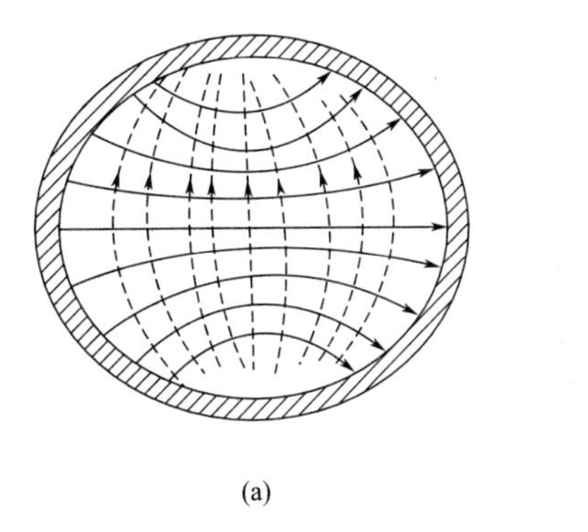
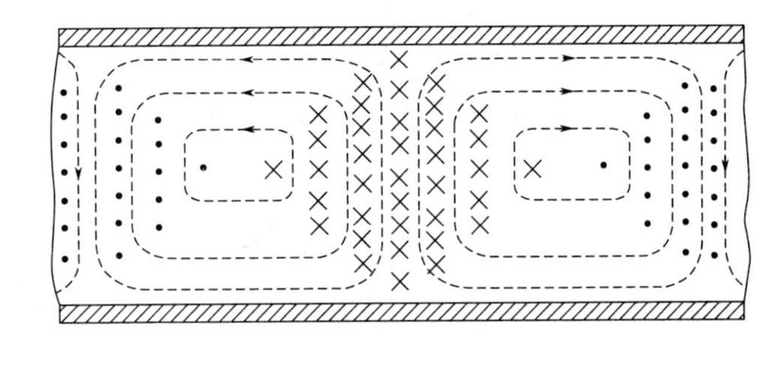

(a)　　　　(b)

图 2.6　圆波导 TE_{11} 场结构分布

圆对称 TM_{01} 模是圆波导的第一个高次模，其场分布如图 2.7 所示。

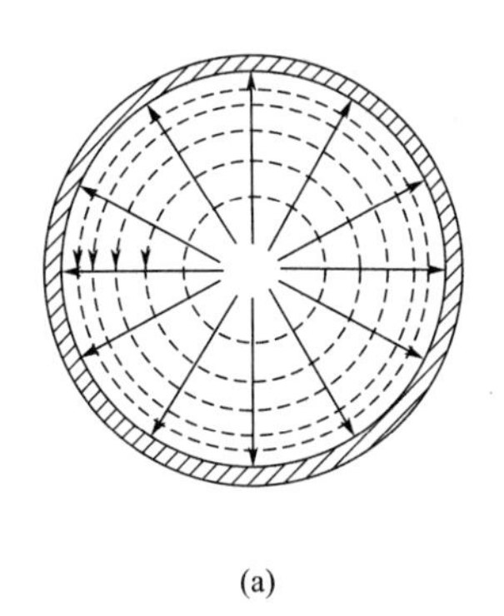
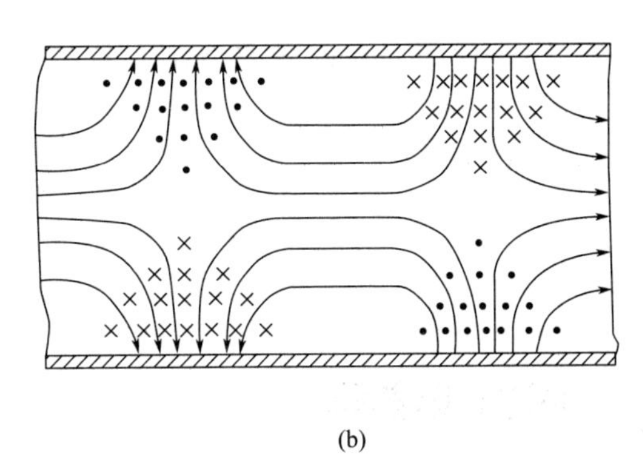

(a)　　　　(b)

图 2.7　圆波导 TM_{01} 场结构分布

低损耗的 TE_{01} 模是圆波导的高次模式，比它低的模式有 TE_{11}、TM_{01}、TE_{21} 模，它与 TM_{11} 模是简并模，如图 2.8 所示。

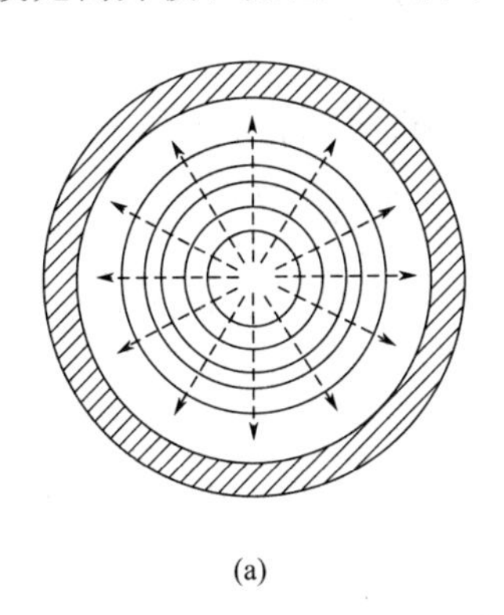
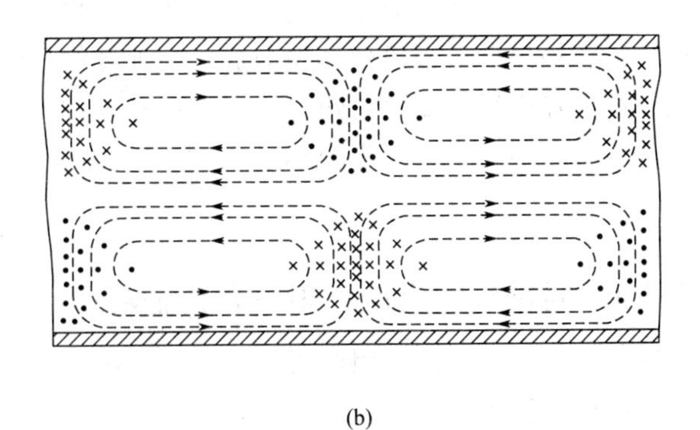

(a)　　　　(b)

图 2.8　圆波导 TE_{01} 场结构分布

圆波导三种模式的导体衰减曲线如图 2.9 所示。

【例 2.4】　已知圆波导的半径 $a=5\text{mm}$，内充理想介质的相对介质常数 $\varepsilon_r=9$ 。若要求工作于 TE_{11} 主模，试求最大允许的频率范围。

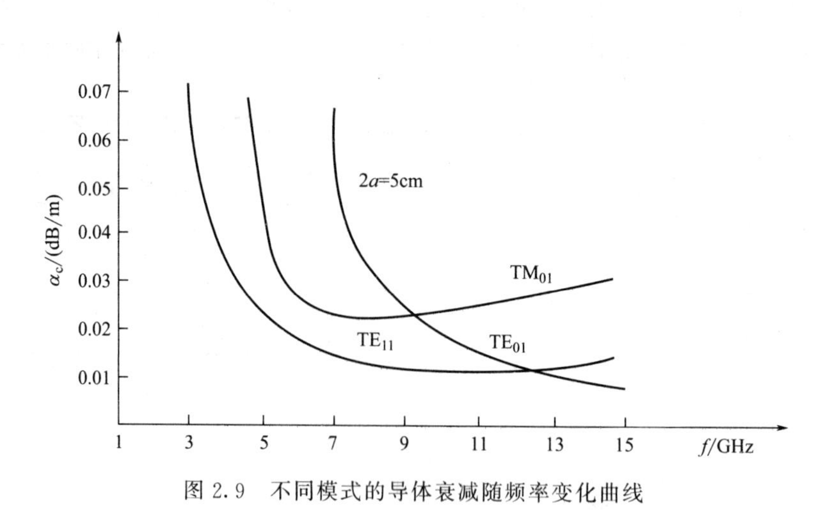

图 2.9 不同模式的导体衰减随频率变化曲线

解：波长满足 $2.62a < \lambda < 3.41a$，对应的波长为 $\lambda_{max} = 3.41 \times 5 = 17.1(\text{mm})$，$\lambda_{min} = 2.62 \times 5 = 13.1(\text{mm})$，对应的频率为 $f_{max} = \dfrac{v}{\lambda_{min}} = \dfrac{1}{\lambda_{min}\sqrt{\mu_0 \varepsilon}} = 7634\text{MHz}$，$f_{min} = \dfrac{v}{\lambda_{max}} = \dfrac{1}{\lambda_{max}\sqrt{\mu_0 \varepsilon}} = 5848\text{MHz}$。

2.4 同轴线波导

同轴线按其结构可分为两种：**硬同轴线**，其外导体是一根铜管，内导体是一根铜棒、铜线或铜管，硬铜轴线可以填充**低损耗介质，如聚四氟乙烯**，也可以不填充介质；**同轴电缆**，内导体是单根或多根导线，外导体由金属丝编织而成，内外导体之间充以**低损耗介质，如聚乙烯**，为了保护外导体再套一层介质。同轴线的几何示意图如图 2.10 所示。

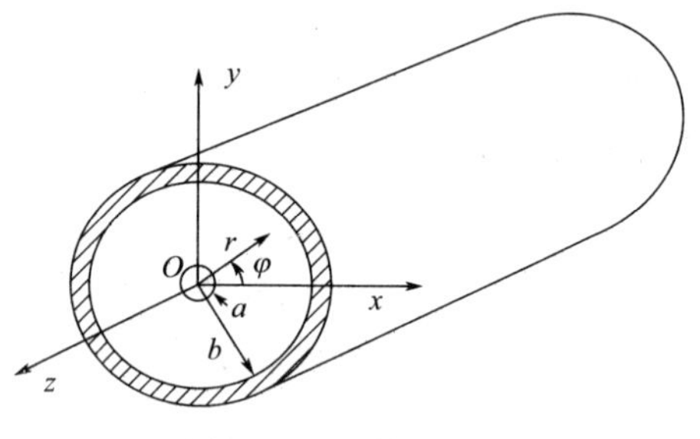

图 2.10 同轴线波导

2.4.1 同轴线的电流、阻抗和传输功率

同轴线是多导体系统，因此可以传输 TEM 波。TEM 波的位函数 ψ 满足二维拉普拉斯方程，在圆柱坐标中二维拉普拉斯方程的具体形式为

$$\nabla_T^2 \psi = \frac{1}{r} \times \frac{\partial}{\partial r}\left(r \frac{\partial \psi}{\partial r}\right) + \frac{1}{r^2} \times \frac{\partial^2 \psi}{\partial \varphi^2} = 0$$

内外导体表面是两个等位面，分别记作 ψ_1 和 ψ_2。设 ψ 沿 φ 方向无变化，即 $\dfrac{\partial \psi}{\partial \varphi} = 0$，于是有

$$\frac{1}{r}\times\frac{\partial}{\partial r}\left(r\frac{\partial\psi}{\partial r}\right)=0$$

设 a 是外导体的内表面的半径，在 $r=a$ 处，$\psi=\psi_2$；设 b 是内导体的外表面的半径，在 $r=b$ 处，$\psi=\psi_1$。ψ_1 与 ψ_2 之差记作电压 V，则有

$$\psi=\frac{V}{\ln\frac{a}{b}}\ln r$$

由此得到

$$\boldsymbol{E}_{\mathrm{T}}=-\frac{\partial\psi}{\partial r}\mathrm{e}^{-\mathrm{j}kz}\hat{\boldsymbol{r}}=-\frac{V}{r\ln\frac{a}{b}}\mathrm{e}^{-\mathrm{j}kz}\hat{\boldsymbol{r}},\boldsymbol{H}_{\mathrm{T}}=\frac{1}{\eta_{\mathrm{TEM}}}\hat{\boldsymbol{r}}\times\boldsymbol{E}_{\mathrm{T}}$$

求得同轴线中的传输功率为

$$P=\frac{1}{2}\int_s(\boldsymbol{E}_{\mathrm{T}}\times\boldsymbol{H}_{\mathrm{T}}^*)\cdot\mathrm{d}s=\frac{\pi V^2}{\eta_{\mathrm{TEM}}\ln\frac{a}{b}}$$

同轴线内导体的电流为

$$I=\oint_L(\hat{\boldsymbol{n}}\times\boldsymbol{H}_{\tau})\cdot\hat{z}\,\mathrm{d}l=\frac{2\pi V}{\eta_{\mathrm{TEM}}\ln\frac{a}{b}}\mathrm{e}^{-\mathrm{j}kz}$$

同轴线的特性阻抗 Z_c 为

$$Z_c=\frac{\eta_{\mathrm{TEM}}}{2\pi}\ln\frac{D}{d}=60\sqrt{\frac{\mu_{\tau}}{\varepsilon_{\tau}}}\ln\frac{D}{d}$$

2.4.2 同轴线中的 TE 波和 TM 波

求解同轴线中的 TE 波和 TM 波的方法与圆波导中的求解思路相似，但在同轴线中多了内导体的边界条件，因而它的解也变得更为复杂。设 ψ 代表同轴线中的 E_z（TM 波）或 H_z（TE 波），有

$$\psi(r,\varphi,z)=R(r)\Phi(\varphi)\mathrm{e}^{-jk_z z},\Phi(\varphi)=C\cos(n\varphi)$$

令 $u=k_c r$，则 $R(u)$ 满足圆柱坐标下的贝塞尔方程

$$u^2\frac{\mathrm{d}^2R}{\mathrm{d}u^2}+u\frac{\mathrm{d}R}{\mathrm{d}u}+(u^2-n^2)R=0$$

为了在同轴线的边界条件下求解贝塞尔方程，介绍一下当 $u\rightarrow\infty$ 时贝塞尔函数、诺埃曼函数、汉克尔函数的性质。$u\rightarrow\infty$ 时，有

$$\begin{cases}J_n(u)\approx\sqrt{\frac{2}{\pi u}}\cos\left(u-\frac{\pi}{4}-\frac{n\pi}{2}\right)\\N_n(u)\approx\sqrt{\frac{2}{\pi u}}\sin\left(u-\frac{\pi}{4}-\frac{n\pi}{2}\right)\end{cases}\quad\begin{cases}H_n^{(1)}(u)\approx\sqrt{\frac{2}{\pi u}}\mathrm{e}^{j\left(u-\frac{\pi}{4}-\frac{n\pi}{2}\right)}\\H_n^{(2)}(u)\approx\sqrt{\frac{2}{\pi u}}\mathrm{e}^{-j\left(u-\frac{\pi}{4}-\frac{n\pi}{2}\right)}\end{cases}$$

对于 n 阶第一类汉克尔函数与 n 阶第二类汉克尔函数有

$$H_n^{(1)}(u)=J_n(u)+\mathrm{j}N_n(u)$$
$$H_n^{(2)}(u)=J_n(u)-\mathrm{j}N_n(u)$$

$H_n^{(1)}(u)$、$H_n^{(2)}(u)$ 分别表示内向收缩（向 $-r$ 传播）和外向扩展（向 $+r$ 传播）的柱

面波。同轴线存在着内外导体，可以想象在内外导体之间同时存在内向收缩和外向扩展的柱面波。$R(u)$ 可写成第一和第二类汉克尔函数的线性组合，也可写成贝塞尔函数与诺埃曼函数的线性组合，取后一种有

$$\left.\frac{\partial H_z}{\partial r}\right|_{r=a}=0$$

对于 TE 波，ψ 代表 H_z，H_z 满足的边界条件为

$$\psi=[D_1J_n(k_cr)+D_2N_n(k_cr)]\cos(n\varphi)\mathrm{e}^{-\mathrm{j}k_z}$$

$$\left.\frac{\partial H_z}{\partial r}\right|_{r=b}=0$$

得到

$$D_1J'_n(k_ca)+D_2N'_n(k_ca)=0$$
$$D_1J'_n(k_cb)+D_2N'_n(k_cb)=0$$

此方程组有非零解的充分必要条件为行列式

$$\begin{vmatrix} J'_n(k_ca) & N'_n(k_ca) \\ J'_n(k_cb) & N'_n(k_cb) \end{vmatrix}=0$$

$$\Leftrightarrow J'_n(k_ca)N'_n(k_cb)-J'_n(k_cb)N'_n(k_ca)=0$$

由上式可确定 k_c 值。进一步利用公式确定 D_1 和 D_2 两常数的关系，那么只剩下一个待定常数。若给定功率条件，即给定同轴线中的传输功率可确定最后一个常数，这样就求得 H_z 的表达式。

对于 TM 波，ψ 代表 E_z 分量，E_z 分量所满足的边界条件为

$$E_z|_{r=a}=0, E_z|_{r=b}=0$$

由此得到

$$\begin{cases} D_1J_n(k_ca)+D_2N_n(k_ca)=0 \\ D_1J_n(k_cb)+D_2N_n(k_cb)=0 \end{cases}$$

此方程组有非零解的充分必要条件为

$$\begin{vmatrix} J_n(k_ca) & N_n(k_ca) \\ J_n(k_cb) & N_n(k_cb) \end{vmatrix}=0$$

$$\Rightarrow J_n(k_ca)N_n(k_cb)-J_n(k_cb)N_n(k_ca)=0$$

由此可解出 TM 波的临界波数 k_c。进一步确定 D_1 和 D_2 两常数的关系，类似于 TE 波的求解步骤，求得 E_z 的表达式，再由 E_z 计算其余 TM 波的各横向场分量。同轴线中最低的色散模式为 TE_{11}，其截止波长 λ_c 近似式为

$$(\lambda c)_{\mathrm{TE}_{11}}\approx\frac{\pi}{2}(D+d)$$

同轴线的分布电容 C_1 为

$$C_1=\frac{2\pi\varepsilon}{\ln\frac{a}{b}}=\frac{2\pi\varepsilon}{\ln\frac{D}{d}}$$

同轴线的分布电感 L_1 为

$$L_1=\frac{\mu}{2\pi}\ln\frac{a}{b}=\frac{\mu}{2\pi}\ln\frac{D}{d}$$

2.5 波导激励与谐振腔

2.5.1 波导激励

波导激励有以下几种方式：电激励、磁激励、电流激励。

① 电激励　将同轴线内的导体延伸一小段，沿电场方向插入矩形波导内，构成探针激励。由于这种激励类似于电偶极子的辐射，故称电激励。在探针附近，电场强度会有 E_z 分量，电磁场分布与 TE_{10} 模有所不同，而必然有高次模被激发。当波导尺寸只允许主模传输时，激发起的高次模随着探针所在位置的远离快速衰减，因此不会在波导内传播。为了提高功率耦合效率，在探针位置两边波导与同轴线的阻抗应匹配，为此往往在波导一端接上一个短路活塞，调节探针插入深度 d 和短路活塞位置 l，使同轴线耦合到波导中去的功率达到最大。短路活塞用以提供一个可调电抗以抵消和高次模相对应的探针电抗。

② 磁激励　将同轴线的内导体延伸一小段后弯成环形，将其端部焊在外导体上，然后插入波导中所需激励模式的磁场最强处，并使小环法线平行于磁力线，由于这种激励类似于磁偶极子辐射，故称为磁激励。同样，也可连接一短路活塞以提高功率耦合效率。但由于耦合环不容易和波导紧耦合，而且匹配比较难，频带较窄，最大耦合功率也比探针激励小，因此在实际中常用探针耦合。

③ 电流激励　除了上述两种激励之外，在波导之间的激励往往采用小孔耦合，即在两个波导的公共壁上开孔或缝，使一部分能量辐射到另一波导去，以此建立所要的传输模式。

2.5.2 谐振腔

当矩形波导终端短路时，电磁波将被全部反射，在波导中形成驻波。若矩形波导工作于主模，TE_{10} 波的电场仅有横向分量，短路端形成电场驻波的波节。在离短路端半个波导波长处，又形成第二个电场驻波的波节。若在此处放置一块横向短路片，仍然满足电场边界条件，如图 2.11 所示，电磁波就会在短路端及短路片之间来回反射形成驻波。根据 TE_{10} 波的场强公式及边界条件，求得该金属腔中电磁场方程为

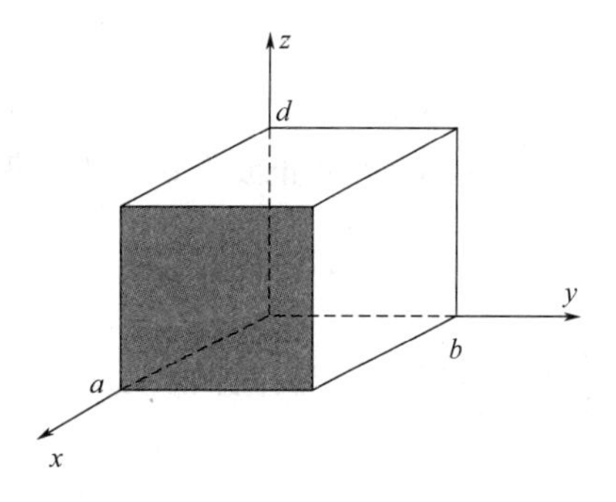

图 2.11　矩形谐振腔示意图

$$H_z = H_0(e^{-jk_z z} - e^{jk_z z})\cos\left(\frac{p}{a}x\right)$$

$$H_x = j\frac{k_z a H_0}{p}(e^{-jk_z z} + e^{jk_z z})\sin\left(\frac{p}{a}x\right)$$

$$E_y = -j\frac{wmaH_0}{p}(e^{jk_z z} - e^{-jk_z z})\sin\left(\frac{p}{a}x\right)$$

对于尺寸一定的谐振腔，仅对特定的频率出现谐振现象。发生谐振时的频率称为谐振频率，对应的波长称为谐振波长。谐振腔的长度为

$$d=l\frac{\lambda_g}{2},l=1,2,3,\cdots$$

则谐振腔发生谐振。谐振腔的谐振频率有很多，模式不同，谐振频率也不同。当 $d=l\frac{\lambda_g}{2}$ 时，矩形波导发生谐振。此时 $k=\sqrt{\left(\frac{m\pi}{a}\right)^2+\left(\frac{n\pi}{b}\right)^2+\left(\frac{l\pi}{d}\right)^2}$。谐振波长与频率分别为

$$\lambda_{mnl}=\frac{2}{\sqrt{\left(\frac{m}{a}\right)^2+\left(\frac{n}{b}\right)^2+\left(\frac{l}{d}\right)^2}}\qquad f_{mnl}=\frac{1}{2\sqrt{\mu\varepsilon}}\sqrt{\left(\frac{m}{a}\right)^2+\left(\frac{n}{b}\right)^2+\left(\frac{l}{d}\right)^2}$$

可见，谐振波长或谐振频率不仅与谐振腔的尺寸有关，还与波导中的工作模式有关，每组（m，n，l）对应于一种模式。例如 TE_{101} 模式代表矩形波导谐振腔工作于 TE_{10} 波，腔长为半个波导波长。和一切谐振器件一样，实际的谐振腔总存在一定的损耗。为了衡量谐振器件的损耗大小，通常使用品质因素 Q 值，其定义为

$$Q=\frac{\omega_0 W}{P_l}$$

不难推导出矩形波导谐振腔，工作在 TE_{101} 模式时的 Q 值为

$$Q=\frac{\omega_0^3\mu^2\varepsilon a^3bd^3}{4\pi^2R_S(2a^3b+a^3d+ad^3+2d^3b)}$$

对于圆形波导，其谐振的 Q 值为

$$Q_{TE}\frac{\delta}{\lambda}=\frac{\left[1-\left(\frac{m}{P'_{mn}}\right)^2\right]\sqrt{\left[(P'_{mn})^2+\left(\frac{l\pi a}{\lambda}\right)^2\right]^3}}{2\pi\left[P'^2_{mn}+\frac{2a}{d}\times\left(\frac{l\pi a}{d}\right)^2+\left(1-\frac{2a}{d}\right)\left(\frac{ml\pi a}{P'_{mn}d}\right)^2\right]}$$

【例 2.5】 试证波导谐振腔对于任何模式的谐振波长 λ_r 均可表示为

$$\lambda_r=\frac{\lambda_c}{\sqrt{1+\left(\frac{l\lambda_c}{2d}\right)^2}}\qquad l=1,2,3,\cdots$$

式中，λ_c 为截止波长；d 为谐振腔的长度。

解： 当 $d=l\frac{\lambda_g}{2}$ 时，$k_zd=l\pi$，$k_z=\frac{l\pi}{d}$，谐振腔发生谐振。$k=\frac{2\pi}{\lambda_r}$，$k_c=\frac{2\pi}{\lambda_c}$ 且 $\left(l\frac{\pi}{d}\right)^2=\left(\frac{2\pi}{\lambda_r}\right)^2-\left(\frac{2\pi}{\lambda_c}\right)^2$，整理即得 $\lambda_r=\frac{\lambda_c}{\sqrt{1+\left(\frac{l\lambda_c}{2d}\right)^2}}$

习题与思考题

2.1　空心矩形金属波导的尺寸为 $a\times b=22.86\text{mm}\times10.16\text{mm}$，当信源的波长分别为 10cm、8cm 和 3.2cm 时，问：①哪些波长的波可以在该波导中传输？对于可传输的波在波导内可能存在哪些模式？②若信源的波长仍如上所述，而波导尺寸为 $a\times b=72.14\text{mm}\times30.4\text{mm}$，此时情况又如何？

2.2　矩形波导截面尺寸为 $a \times b = 72\text{mm} \times 30\text{mm}$，波导内充满空气，信号源频率为3GHz，试求：①波导中可以传播的模式；②该模式的截止波长 λ_c、相移常数 β、波导波长 λ_g、相速 v_p、群速和波阻抗。

2.3　矩形波导截面尺寸为 $a \times b = 23\text{mm} \times 10\text{mm}$，波导内充满空气，信号源频率为10GHz，试求：①波导中可以传播的模式；②该模式的截止波长 λ_c、相移常数 β、波导波长 λ_g 及相速 v_p。

2.4　用BJ-100矩形波导以主模传输10GHz的微波信号：①求 λ_c、λ_g、β 和波阻抗 Z_w；②若波导宽边尺寸增加一倍，问上述各量如何变化；③若波导窄边尺寸增大一倍，上述各量如何变化？④若尺寸不变，工作频率为15GHz，上述各量如何变化？

2.5　试证明工作波长 λ、波导波长 λ_g 和截止波长 λ_c 满足以下关系：

$$\lambda = \frac{\lambda_c \lambda_g}{\sqrt{\lambda_c^2 + \lambda_g^2}}$$

2.6　已知矩形波导的尺寸为 $a \times b = 23\text{mm} \times 10\text{mm}$，试求：①传输模的单模工作频带；②在 a、b 不变的情况下如何才能获得更宽的频带？

2.7　用BJ-32波导作馈线：①当工作波长为6 cm时，波导中能传输哪些模式？②若用测量线测得波导中传输 TE_{10} 模时两波节点之间的距离为10.9cm，求 λ 与 λ_g；③波导中传输 H_{10} 波时，设 $\lambda = 10\text{cm}$，求 λ_c 与 λ_g、v_p 与 v_g。

2.8　求图2.12终端接匹配负载时的输入阻抗，并求出输入端匹配的条件。

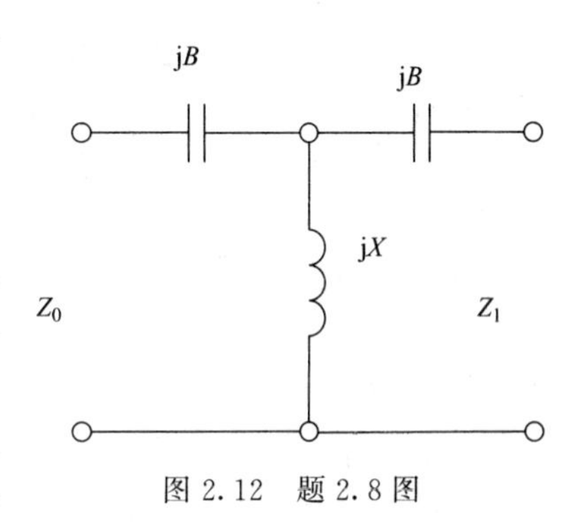

图2.12　题2.8图

2.9　试分析夜晚听到的电台数目多且杂音大的原因。

2.10　设电视发射天线的增益系数 $G = 10$，天线架设高度 $h_1 = 150\text{m}$，输入功率为 $P_{in} = 10\text{kW}$，工作频率为 $f = 100\text{MHz}$，电视接收天线的架设高度为 $h_2 = 16\text{m}$。试求：①不考虑大气折射时的视线距离 r_0；②考虑标准大气折射状态时的视线距离 r_0；③如果接收天线与发射天线之间的距离 r 为标准大气折射视距的一半，计算接收点场强的有效值 $E_{有效}$。

2.11　试说明为什么规则金属波导内不能传播TEM波。

2.12　矩形波导的横截面尺寸为 $a = 22.86\text{mm}$，$b = 10.16\text{mm}$，将自由空间波长为20mm、30mm和50mm的信号接入此波导，能否传输？若能，出现哪些模式？

2.13　矩形波导截面尺寸为 $a \times b = 23\text{mm} \times 10\ \text{mm}$，波导内充满空气，信号源频率为10GHz，试求：①波导中可以传播的模式；②该模式的截止波长 λ_c、相移常数 β、波导波长 λ_g 及相速 v_p。

2.14　用BJ-100矩形波导以主模传输10GHz的微波信号，则：①求 λ_c、λ_g、β 和波阻抗 Z_w。②若波导宽边尺寸增加一倍，上述各量如何变化？③若波导窄边尺寸增加一倍，上述各量如何变化？④若尺寸不变，工作频率变为15GHz，上述各量如何变化？

天线

本章主要内容

- 电基本振子与磁基本振子
- 偶极子天线、半波振子天线
- 天线的基本特性参数
- 阵列天线

无线电广播、通信、遥测、遥控以及导航等无线电系统都是利用无线电波来传递信号的，无线电波的发射和接收都通过天线来完成，所以天线设备是无线电系统中重要的组成部分。发射天线的作用是将发射机的高频电流或者波导系统中导行波的能量有效地转换成空间的电磁能量，而接收天线的作用则恰恰相反。天线实际上是一个换能器。发射天线能使电磁波的能量集中辐射到所规定的方向或区域内，并抑制对其他不需要方向或区域的辐射。接收天线应对某个方向的来波接收最强，而抑制其他方向来波的干扰。在无线电获得应用的最初时期，真空管振荡器尚未发明，人们认为波长越长，传播中衰减越小。为了实现远距离通信，所利用信号的波长都在1000m以上。倒L形、T形、伞形天线等，高度受到结构上的限制，因此这些天线的尺寸比波长小很多，这是属于电小天线的范畴。自赫兹使用抛物柱面天线以来，由于没有相应的振荡源，直到20世纪30年代微波电子管出现之后，才陆续研制出各种面天线，比如喇叭天线、抛物反射面天线和透镜天线等，这些天线利用波的扩散、干涉、反射、折射和聚焦等原理获得窄波束和高增益。雷达的发明大大促进了微波技术的发展，为了迅速捕捉目标，人们研制出了波束扫描天线，利用金属波导和介质波导研制出波导缝隙天线和介质棒天线以及由它们组成的天线阵。这一章主要讨论电磁波辐射、线天线及其阵列。

3.1 电基本振子与磁基本振子

这一节讨论电基本振子（也叫电流元）天线辐射问题，当导线的长度 $l \ll \lambda$（波长）、导线半径 r 远小于导线长度时，导线上的电流均匀，相位、幅度为常数。实际工程中，导线上的电流不可能是常数（均匀分布），但是可以把导线分成许多小段，在每一小段上，电流可以看作是均匀分布的。研究这一情况具有重要的意义，电流均匀分布情况下的这种导线，称为电基本振子。类似地，当一个导线圆环线圈长度（周长）$C \ll \lambda$ 时，圆环上电流为常数，这种导线叫磁基本振子或者磁流元，如何求得电流元（电基本振子）的辐射场，所用方法分两步：①给定 ρ 或 $\boldsymbol{J}$ 的分布，求 φ、$\boldsymbol{A}$；②已知 φ、$\boldsymbol{A}$，利用 $\boldsymbol{H}=\frac{1}{\mu}\nabla\times\boldsymbol{A}$ 和 $\boldsymbol{E}=-\nabla\varphi-\frac{\partial\boldsymbol{A}}{\partial t}$ 求 $\boldsymbol{E}$、$\boldsymbol{H}$，下面讨论这个问题，对于磁流元辐射场的求解，也有类似结论。

3.1.1 电基本振子辐射场

由电磁场理论知，由 $\nabla\cdot\boldsymbol{A}+\mu\varepsilon\mathrm{j}\omega\varphi=0$ 可以得到

$$\varphi=\frac{-\nabla\cdot\boldsymbol{A}}{\mathrm{j}\omega\mu\varepsilon}$$

从而得到

$$\boldsymbol{E}=-j\omega\boldsymbol{A}+\frac{1}{\mathrm{j}\omega\mu\varepsilon}\nabla\nabla\cdot\boldsymbol{A}\text{ , }\nabla^2\boldsymbol{A}+k^2\boldsymbol{A}=-\mu\boldsymbol{J}$$

对于一个给定分布的源，$\boldsymbol{A}$ 通过下面积分求得

$$\boldsymbol{A}(r)=\frac{\mu}{4\pi}\int_V\boldsymbol{J}(r')\frac{\mathrm{e}^{-\mathrm{j}kR}}{R}\mathrm{d}V'$$

即球面波的数学表达式。这里 $R=|\boldsymbol{r}-r'|$，一旦 $\boldsymbol{A}(r)$ 被确定下来，场 $\boldsymbol{E}$、$\boldsymbol{H}$ 为

$$\boldsymbol{E}=-\mathrm{j}\omega\boldsymbol{A}-\nabla\Phi=-\mathrm{j}\omega\boldsymbol{A}-\frac{\mathrm{j}}{\omega\mu\varepsilon}\nabla(\nabla\cdot\boldsymbol{A})$$

$$\boldsymbol{H}=\frac{1}{\mu}\nabla\times\boldsymbol{A}$$

式中，$\boldsymbol{J}(r')$ 是未知的，我们在天线的传导表面设置一个边界值问题即要求 $E_{\tan}=0$，这样可以给出 $\boldsymbol{J}(r')$ 的一个积分方程。$\boldsymbol{J}(r')$ 可以由经验得出，再代入积分方程求得 $\boldsymbol{A}$，接下来求得 $\boldsymbol{E}$、$\boldsymbol{H}$。这种方法比较简单，但是所求的结果依赖于假设。从沿 z—轴取向的一个很短的偶极子开始考虑（这里的短是指长度 $l\ll\lambda$）。还假设偶极子很薄，如果那样电流就只沿极子轴心方向流动。偶极子源是在 x-y-z 中描述的，但场在 r-θ-φ 中需要进一步推导场的公式，如图 3.1 所示。

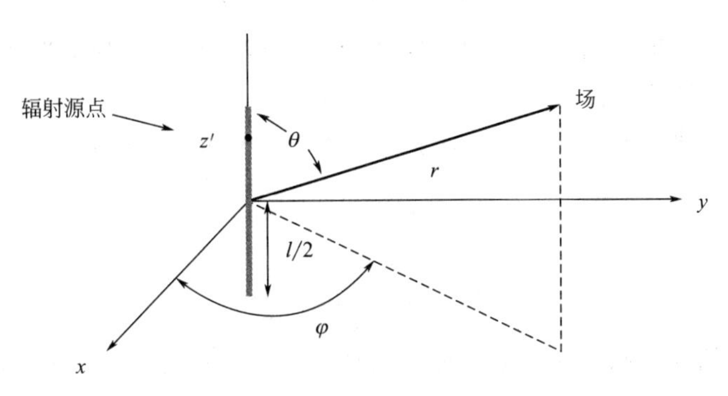

图 3.1 电基本振子示意图

假设在振子上有

$$\boldsymbol{J}(z')=I(z')=\hat{z}I_0=\text{常数}$$

$$\boldsymbol{A}(x,y,z)=\frac{\mu_0}{4\pi}\int_{-\frac{\theta}{2}}^{\frac{\theta}{2}}I_0\hat{z}\frac{\mathrm{e}^{-\mathrm{j}kR}}{R}\mathrm{d}\theta'$$

$$R=|\boldsymbol{r}-\boldsymbol{r}'|=\sqrt{(x-x')^2+(y-y')^2+(z-z')^2}$$
$$=\sqrt{x^2+y^2+z^2}$$
$$=r$$

可以进一步简化辐射积分

$$\boldsymbol{A}(x,y,z)=\hat{z}\frac{\mu_0 I_0}{4\pi}\times\frac{e^{-jkr}}{r}\int_{-\frac{\theta}{2}}^{\frac{\theta}{2}}dz'=\hat{z}\frac{\mu_0 I_0 l}{4\pi r}e^{-jkr}$$

现在，$\boldsymbol{E}$、$\boldsymbol{H}$ 可以通过分离求得。我们更趋向于用球面坐标来表示 $\boldsymbol{E}$、$\boldsymbol{H}$，因为远离场源的辐射场是球形。把 A 中的 A_z 分量转换为球面坐标下的（A_r，A_θ，A_φ）分量。在球面坐标下，我们还需要表示 $\boldsymbol{E}$、$\boldsymbol{H}$ 的结果。由球面坐标的变换为：

$$A_r=A_z\cos\theta=\frac{\mu_0 I_0 l}{4\pi r}\cos\theta e^{-jkr}$$

$$A_\theta=-A_z\sin\theta=-\frac{\mu_0 I_0 l}{4\pi r}\sin\theta e^{-jkr}$$

$$A_\varphi=0$$

从而得到

$$H_r=H_\theta=E_\varphi=0$$

$$H_\varphi=\frac{jkI_0 l\sin\theta}{4\pi r}\left(1+\frac{1}{jkr}\right)e^{-jkr}$$

$$E_r=\eta\frac{jkI_0 l\cos\theta}{4\pi r^2}\left(1+\frac{1}{jkr}\right)e^{-jkr}$$

$$E_\theta=j\eta\frac{jkI_0 l\sin\theta}{4\pi r}\left[1+\frac{1}{jkr}-\frac{1}{(kr)^2}\right]e^{-jkr}$$

这些场在除了 $r=r'$ 的源点之外的任何地方都有效。有电场的（r，θ，φ）分量，通常为

$$\boldsymbol{E}=\boldsymbol{a}_r E_r+\boldsymbol{a}_\theta E_\theta+\boldsymbol{a}_\varphi E_\varphi$$
$$|\boldsymbol{E}|=\sqrt{E_r^2+E_\theta^2+E_\varphi^2}$$

这种场依赖于 r^{-n} 项，当 $n\geqslant 2$ 时，距离就会缩减得很快。如果取离场源很远的场点，即 $kr\gg 1$，就能得到远区场。

如果我们只保留那些有 r^{-1} 的项，对于远区场（弗朗霍夫区）有：

$$E_\theta=j\eta kI_0 l\sin\theta\frac{e^{-jkr}}{r}$$

$$H_\varphi=jkI_0 l\sin\theta\frac{e^{-jkr}}{r}$$

这并非是远区场的准确定义。如果远区场是平面波，它将取决于天线的尺寸和球形场的曲率半径。注意到这里的远区场仍有 $\frac{e^{-jkr}}{r}$ 项是球面波的特性。

注意到：$E_r=H_r=E_\varphi=E_\theta=0$，$E_\theta\perp H_\varphi$ 且横向到 r 方向，E_θ 和 H_φ 都在时间相位中。波阻抗 $Z_w=E_\theta/H_\varphi$ 等于自由空间的固有阻抗，$Z_w=\eta=120\pi\Omega=377\Omega$

我们可以通过偶极子计算实际辐射功率，通过先计算平均功率密度，然后对平均功率在包围偶极子的远场区域上进行积分，得

$$\boldsymbol{W}_{av}=\frac{1}{2}Re\{E\times H^{*}\}=\frac{1}{2}Re\{E_\theta\times H_\varphi^{*}\}$$

$$=\boldsymbol{a}_r\frac{1}{2}Re\left\{\frac{E_\theta\cdot E_\theta^{*}}{\eta}\right\}=\boldsymbol{a}_r\frac{|E_\theta|^2}{2\eta}$$

$$=\boldsymbol{a}_r\frac{\eta}{2}\left|\frac{kI_0l}{4\pi}\right|^2\frac{\sin^2\theta}{r^2}(\mathrm{W/m^2})$$

再计算积分

$$P_{\mathrm{rad}}=\oiint_S\boldsymbol{W}_{av}\cdot\mathrm{d}S=\frac{1}{2}\oiint_S Re\{E\times H^{*}\}\cdot\mathrm{d}S$$

这不是场源产生的总功率。由于假设封闭曲面在远场区域内，所以忽略了其中几项。如果运用具有近似区域的近场的结果，就能得到总功率为 $P=P_{\mathrm{rad}}+\mathrm{j}2\omega(W_{\mathrm{m}}-W_{\mathrm{e}})$。

3.1.2 辐射距离的计算

下面讨论辐射距离的计算，如果我们用远场来估计 P_{rad}（积分就会变成在球面坐标区域上的积分的两倍），结果为：$P_{\mathrm{rad}}=\eta\frac{\pi}{3}\left|\frac{I_0l}{\lambda}\right|^2$

我们现在就可以把这个功率看成由一个等效辐射电阻 R_r 产生的功率。

$$P_{\mathrm{rad}}=\eta\frac{\pi}{3}\left|\frac{I_0l}{\lambda}\right|^2=\frac{1}{2}|I_0|^2R_r\Rightarrow R_r=80\pi^2\left(\frac{l}{\lambda}\right)^2$$

输入阻抗是从传输线的角度来看的，一个偶极子振子可以用一个等效阻抗 Z_{A} 代替，如图 3.2 所示。到目前为止，输入电阻（R_r）是在无传导损耗的假设下确定的。计算输入阻抗的有效部分是很复杂的，而且涉及电流与一个引起偶极子的假设电压的比的计算。这个可以通过解电流的一个适当积分方程来完成。解决这个问题的步骤不在这里展开详细论述。

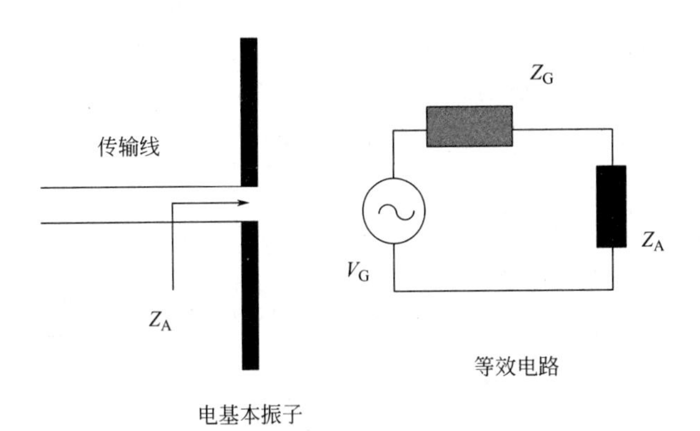

图 3.2 输入阻抗

对于一个电基本振子，如果 $l/\lambda\approx0.01$，则辐射电阻 $R_r=0.08\Omega$。把它连入 50Ω 的线中就会引入大阻抗不匹配的问题，Z_{A} 也包含损失电阻 R_l。对于短极子，R_l 相当于 R_r。在这种情况下，辐射效率 $[\zeta_r=P_r/(P_r+P_l)=R_r/(R_r+R_l)]$ 为 50%或更小，就是说，在辐射之前，大约一半的功率已经损耗。为了把功率损耗降到最低，辐射阻抗必须增大。R_r 的表达式表明可以通过增加偶极子的长度来实现，本书将在下面提到这类偶极子。

【例 3.1】 用半径 a、距离 d 和传导率 σ 来求一个金属丝组成的偶极子的辐射效率。

确定辐射效率，假设 $a=1.8\text{mm}$，$dl=2\text{m}$，$f=1.5\text{MHz}$，$\sigma=5.80\times10^7\text{S/m}$（铜）。

解：设电流元的电流幅度为 I，有损耗电阻为 R_l，则欧姆功率损耗为：$P_l=\frac{1}{2}I^2R_l$

辐射功率为 $P_r=\frac{1}{2}I^2R_r$，所以辐射效率为

$$\zeta_r=\frac{P_r}{P_r+P_l}=\frac{R_r}{R_r+R_l}=\frac{1}{1+R_l/R_r}$$

损耗电阻可以用表面电阻 R_s 来表示

$R_l=R_s\frac{dl}{2\pi a}$，这里 $R_s=\sqrt{\frac{\pi f\mu_0}{\sigma}}$，所以

$$\zeta_r=\frac{1}{1+\frac{R_s}{160\pi^3}(\lambda/a)(\lambda/dl)}$$

$$\lambda=\frac{c}{f}=\frac{3\times10^8}{1.5\times10^6}=200(\text{m})$$

$$R_s=\sqrt{\frac{\pi\times(1.5\times10^6)\times(4\pi\times10^{-7})}{5.80\times10^7}}=3.20\times10^{-4}\ (\Omega)$$

$$R_l=3.20\times10^{-4}\times\frac{2}{2\pi\times1.8\times10^{-3}}=0.057\ (\Omega)$$

$$R_r=80\pi^2\times(2/200)^2=0.079\ (\Omega)$$

$$\zeta_r=\frac{0.079}{0.079+0.057}=58\%$$

【例 3.2】 一个 1MHz 的均匀电流在长为 15m 的垂直天线中流动。天线是一个半径为 2cm 的实心铜杆。确定：①辐射电阻；②辐射效率；③如果天线的辐射功率为 1.6kW，在距离为 20km 处的最大电场。

解：由于 $\lambda=3\times10^8/10^6=300$（m），$dl/\lambda=15/300=1/20\ll1$

$R=2\times10^4\text{m}$，$P=1.6\times10^3\text{W}$，$P_r=\zeta_rP$

故 $R_r=80\pi^2\left(\frac{dl}{\lambda}\right)^2=1.97$（Ω），$R_s=\sqrt{\frac{\pi f\mu_0}{\sigma}}$

$$R_s=\sqrt{\frac{\pi\times10^6\times(4\pi\times10^{-7})}{5.80\times10^7}}=2.61\times10^{-4}\ (\Omega),\ R_l=R_s\frac{dl}{2\pi a}=0.031\ (\Omega)$$

$$\zeta_r=\frac{R_r}{R_r+R_l}=\frac{1.97}{1.97+0.031}=98.5\%$$

$$P_{\text{rad}}=\zeta_r\eta_0\frac{\pi}{3}\left|\frac{I_0dl}{\lambda}\right|^2$$

$$|E_\theta(R)|=\eta k|I_0dl|\sin\theta\frac{1}{R}$$

$$|E_{\theta\max}|=19\text{mV/m}$$

3.1.3 磁基本振子

在讨论了电基本振子的辐射情况后，现在再来讨论一下磁基本振子的辐射。我们知道，

在稳态电磁场中，静止的电荷产生电场，恒定的电流产生磁场。那么，是否有静止的磁荷产生磁场，恒定的磁流产生电场呢？

自然界中是否有孤立的磁荷和磁流存在？至今没有发现，但是如果引入这种假想的磁荷和磁流，将一部分原来由电荷和电流产生的电磁场用能够产生同样电磁场的磁荷和磁流来取代，即将“电源”换成等效“磁源”，可以大大简化计算工作。磁基本振子可以用小环天线来近似，当交变电流通过小环天线时，其外界电磁场分布相当于一个极性 N-S 交替变化的条形磁铁分布，故小环天线也称为磁基本振子、磁流元。小电流环的辐射场与磁偶极子的辐射场相同，稳态场有这种特性，时变场也有这种特性。

磁基本振子又称为磁偶极子、磁流元，其实际模型是一个小电流圆环，如图 3.3 所示，它的周长远小于波长，且环上载有的时谐电流处处等幅同相，表示为

$$i(t)=I\cos\omega t=Re[I\mathrm{e}^{\mathrm{j}\omega t}]$$

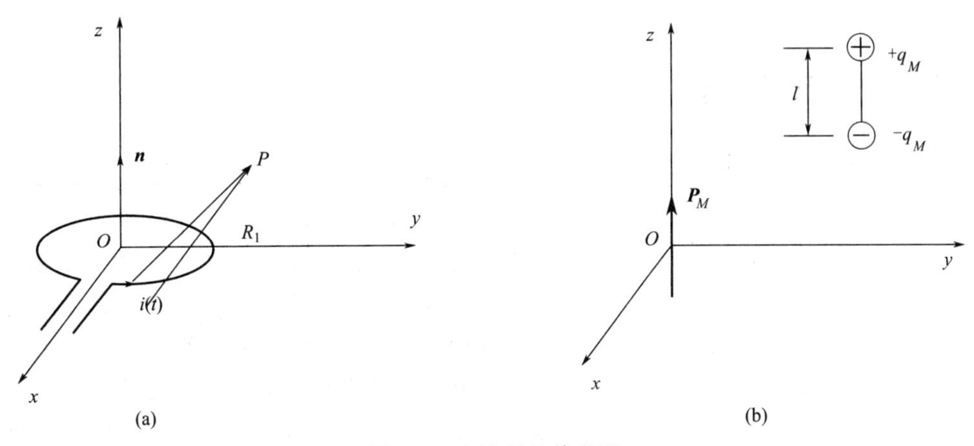

图 3.3 电流环及其磁矩

该电流圆环的矢量磁位为

$$\mathbf{A}=\frac{\mu_0 I}{4\pi}\oint\frac{\mathrm{e}^{-\mathrm{j}kR_1}}{R_1}\mathbf{d}\boldsymbol{l}$$

设圆环半径为 a，且 $R(=OP)\gg a$，$\mathrm{e}^{-\mathrm{j}kR_1}\approx\mathrm{e}^{-\mathrm{j}k(R_1-R+R)}=\mathrm{e}^{-\mathrm{j}kR}[1-\mathrm{j}k(R_1-R)]$，上式为

$$\mathbf{A}=\frac{\mu_0 I}{4\pi}\oint\frac{\mathrm{e}^{-\mathrm{j}kR_1}}{R_1}\mathbf{d}\boldsymbol{l}=\frac{\mu_0 I}{4\pi}\oint\frac{1}{R_1}\mathrm{e}^{-\mathrm{j}kR}[1-\mathrm{j}k(R_1-R)]\mathbf{d}\boldsymbol{l}$$

$$=(1+\mathrm{j}kR)\mathrm{e}^{-\mathrm{j}kR}\frac{\mu_0 I}{4\pi}\oint\frac{1}{R_1}\mathbf{d}\boldsymbol{l}-\mathrm{j}kR\,\mathrm{e}^{-\mathrm{j}kR}\frac{\mu_0 I}{4\pi}\oint\mathbf{d}\boldsymbol{l}$$

由于矢量 $\mathbf{d}\boldsymbol{l}$ 的闭合曲线积分为零，所以上式第二项 $\mathrm{j}kR\,\mathrm{e}^{-\mathrm{j}kR}\frac{\mu_0 I}{4\pi}\oint\mathbf{d}\boldsymbol{l}=0$，故有

$$\mathbf{A}=(1+\mathrm{j}kR)\mathrm{e}^{-\mathrm{j}kR}\frac{\mu_0 I}{4\pi}\oint\frac{1}{R_1}\mathbf{d}\boldsymbol{l}$$

这恰好是导线载流为直流电 I 时的矢量磁位表达式，容易计算得到

$$\mathbf{A}=\boldsymbol{a}_\varphi(1+\mathrm{j}kR)\mathrm{e}^{-\mathrm{j}kR}\frac{\mu_0 I\pi a^2}{4\pi R^2}\sin\theta=\boldsymbol{a}_\varphi(1+\mathrm{j}kR)\mathrm{e}^{-\mathrm{j}kR}\frac{\mu_0 IS}{4\pi R^2}\sin\theta$$

其中，θ 为 OP 与 z 轴的夹角，即仰角。$S=\pi a^2$ 为圆环面积。求得球坐标系下的电场、磁场的解为

$$\boldsymbol{H}=\frac{1}{\mu}\nabla\times\left[(1+\mathrm{j}kR)\mathrm{e}^{-\mathrm{j}kR}\frac{\mu_0 I\pi a^2}{4\pi R^2}\sin\theta\right]\boldsymbol{a}_\varphi$$

$$H_R=\frac{IS}{2\pi}\mathrm{e}^{-\mathrm{j}kR}\cos\theta\left(\frac{\mathrm{j}k}{R^2}+\frac{1}{R^3}\right)$$

$$H_\theta=\frac{IS}{4\pi}\mathrm{e}^{-\mathrm{j}kR}\sin\theta\left(\frac{\mathrm{j}k}{R^2}+\frac{1}{R^3}-\frac{k^2}{R}\right)$$

由于电磁矢量垂直于磁场矢量，且相差一个常数，即$\nabla\times\boldsymbol{H}=\mathrm{j}\omega\varepsilon_0\boldsymbol{E}$，得到

$$E_\varphi=\frac{ISk\eta_0}{4\pi}\mathrm{e}^{-\mathrm{j}kR}\sin\theta\left(\frac{k}{R}-\frac{\mathrm{j}}{R^2}\right)$$

近场与远场的表达式就可以得到了。

3.2 偶极子天线

上节已经证明一个电基本振子作为电磁功率的散热器，性能不佳，因为它的低辐射电阻R_r导致了低辐射效率ζ_r。这一节要研究的是一根实心细直导线天线的辐射特性，它的长度相当于1个波长。这种天线被称为线性偶极子天线。我们将假设这种天线上的电流分布已知，比如为正弦函数或者常数，并求出它的辐射场，这是通过对辐射场进行积分来实现的，因为一个线性偶极子天线是由基本的（赫兹）偶极子组成的，它们产生了这个场。

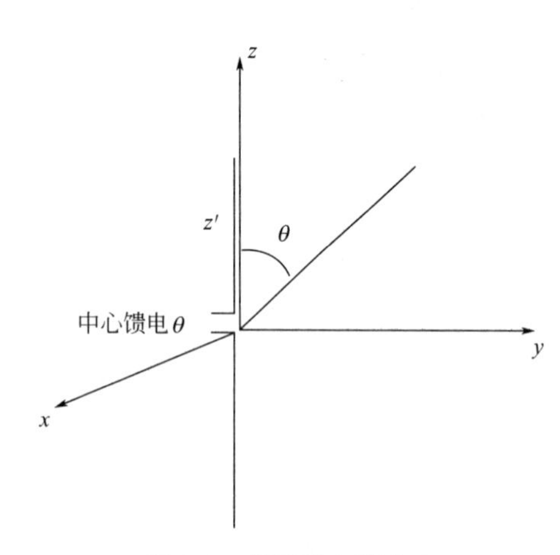

图 3.4 偶极子电流分布

3.2.1 偶极子

现在考虑偶极子的几何模型与电流分布（图3.4），我们考虑一个沿z轴对称的电线偶极，假设偶极电线上的电流和开路的传输线上一样，电流表达式为

$$I(z')=I_\mathrm{m}\sin k(h-|z|)=\begin{cases}I_\mathrm{m}\sin k(h-z),z>0\\I_\mathrm{m}\sin k(h+z),z<0\end{cases}$$

偶极子的远场可以计算得到，由于我们只对远场的各个分量有兴趣，在这种情况下，要计算偶极上各个不同的点到观察（场）点的不同距离，当场点接近无穷远（或远场）时，矢量$\boldsymbol{R}$和$\boldsymbol{r}$平行（图3.5）。

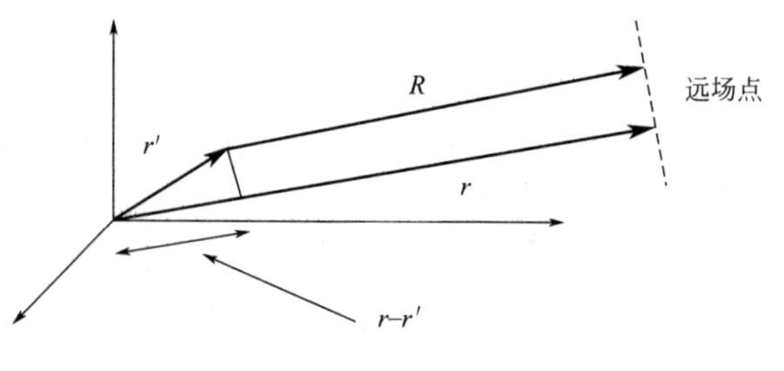

图 3.5 场和源

我们考虑不同的距离：观察点与偶极子中心间的距离；观察点与z'轴上的源点间的距离（图3.6）。

显然距离的差异就是$z'\cos\theta$。距离

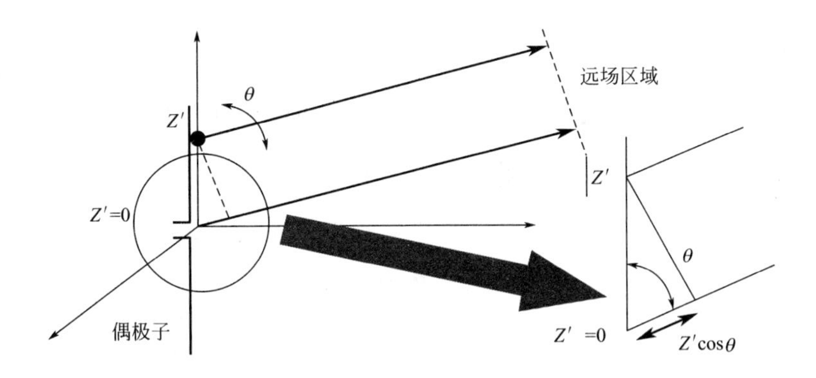

图 3.6 场和源

$$R=\sqrt{x^2+y^2+(z-z')^2}=\sqrt{x^2+y^2+z^2+(-2zz'+z'^2)}$$

再令 $r^2=x^2+y^2+z^2$，$z=r\cos\theta$，所以 $R=\sqrt{r^2+(-2rz'\cos\theta+z'^2)}$

运用二项式展开结果为：

$$R\approx r-z'\cos\theta+\frac{1}{r}\left(\frac{z'^2}{2}\sin^2\theta\right)+\cdots$$

对于远场的计算，注意到对于 $\mathrm{e}^{-\mathrm{j}kR}/R$ 这项需要对 R 在相位上而不是幅度上做更好的近似，因为 $\mathrm{e}^{-\mathrm{j}kR}=\mathrm{e}^{-\mathrm{j}(2\pi/\lambda)R}$，甚至在一个波长（λ）这么小的距离内都会有很大的改变，所以对 R 做如下近似

$R\approx r-z'\cos\theta$　　相位项

$R\approx r$　　幅度项

在远场区内，结果为：

$$\mathbf{A}(r)=\frac{\mu_0\mathrm{e}^{-\mathrm{j}kr}}{4\pi r}\int_S \boldsymbol{J}(r')\mathrm{e}^{-\mathrm{j}kz'\cos\theta}\mathrm{d}r'$$

因此，$\boldsymbol{E}$、$\boldsymbol{H}$ 可以通过把线性天线分割为许多基本偶极子，再进行积分来确定，对于偶极子元长度 $\mathrm{d}z$ 有

$$E_\theta=\eta H_\varphi=\mathrm{j}\,\frac{I_\mathrm{m}\eta k\sin\theta\mathrm{e}^{-\mathrm{j}kr}}{4\pi r}\int_{-h}^{h}\sin[k(h-|z|)]\mathrm{e}^{\mathrm{j}kz\cos\theta}\mathrm{d}z$$

再利用欧拉公式 $\cos(kz\cos\theta)+\mathrm{j}\sin(kz\cos\theta)=\mathrm{e}^{\mathrm{j}kz\cos\theta}$ 得

$$E_\theta=\eta H_\varphi=\mathrm{j}\,\frac{I_\mathrm{m}\eta k\sin\theta\mathrm{e}^{-\mathrm{j}kr}}{2\pi r}\int_{0}^{h}\sin[k(h-z)]\cos(\mathrm{j}kz\cos\theta)\mathrm{d}z$$

场 $\boldsymbol{E}$、$\boldsymbol{H}$ 的最终结果为：$E_\theta=\eta H_\varphi=\dfrac{\mathrm{j}60I_\mathrm{m}\mathrm{e}^{-\mathrm{j}kr}}{r}F(\theta)$，这里 $F(\theta)=\dfrac{\cos(kh\cos\theta)-\cos kh}{\sin\theta}$

因子 $|F(\theta)|$ 是线性偶极子天线的 E 面模式功能。辐射模式外形依赖于 $kh=2\pi h/\lambda$ 的值。

3.2.2 半波偶极子

如果偶极子长度是半个波长，则称为半波偶极子（图 3.7），对于半波偶极子，$2h=\lambda/2$

并且 E、H 给定如下：

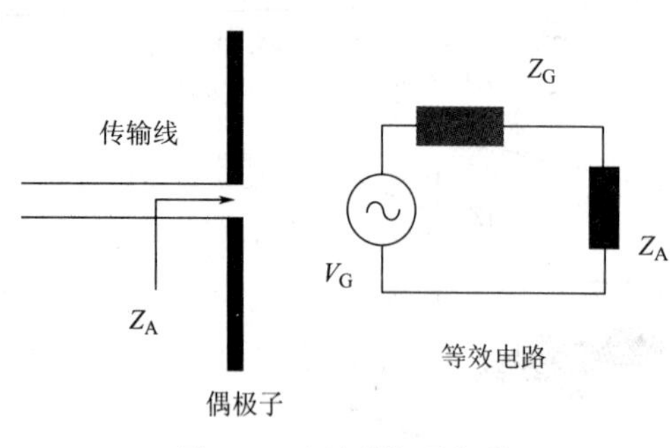

图 3.7 半波偶极子辐射

$$E_\theta=\eta H_\varphi=\frac{\mathrm{j}60I_m e^{-\mathrm{j}kr}}{r}\times\frac{\cos[(\pi/2)\cos\theta]}{\sin\theta}$$

对时间求平均的坡印廷矢量的大小为

$$P_{av}(\theta)=\frac{1}{2}E_\theta H_\varphi^*=\frac{15I_m^2 e^{-\mathrm{j}kr}}{\pi r^2}\left\{\frac{\cos[(\pi/2)\cos\theta]}{\sin\theta}\right\}^2$$

这里 $\lambda/2$ 偶极子辐射总功率等于 P_{av} 在球体表面的积分，结果为 $P_r=36.54I_m^2$，半波偶极子产生的辐射电阻 $R_r=\frac{2P_r}{I_m^2}=73.41$（Ω）

对于半波偶极子，由于传导损耗电阻 R_l 比辐射电阻 R_r 小，说明半波偶极子相比短偶极子是更有效的散热器。它的输入电抗接近 0，即使它的长度比 $\lambda/2$ 稍短一点接近为 0，电流辐射产生的近场和远场的幅度包含：$\frac{1}{kr}$、$\frac{1}{(kr)^2}$、$\frac{1}{(kr)^3}$。

过渡距离定义为 $kr=1$ 或 $r=\frac{\lambda}{2\pi}$，其中这三项都等于 1。当距离满足 $kr\ll1$ 或 $r\ll\frac{\lambda}{2\pi}$时定义为近场区域，当 $kr>1$ 或 $r>\frac{\lambda}{2\pi}$时定义为中间区域，当 $kr\gg1$ 或 $r\gg\frac{\lambda}{2\pi}$时为远场或辐射区域（图 3.8）。

$$H_r=H_\theta=E_\varphi=0$$

$$H_\varphi=\frac{k^2I_0l\sin\theta}{4\pi}\left[\frac{\mathrm{j}}{kr}+\frac{1}{(kr)^2}\right]e^{-\mathrm{j}kr}$$

$$E_r=\eta\frac{k^2I_0l2\cos\theta}{4\pi}\left[\frac{1}{(kr)^2}-\frac{\mathrm{j}}{k^2r^3}\right]e^{-\mathrm{j}kr}$$

$$E_\theta=\eta\frac{k^2I_0l\sin\theta}{4\pi}\left[\frac{\mathrm{j}}{kr}+\frac{1}{(kr)^2}-\frac{\mathrm{j}}{(kr)^3}\right]e^{-\mathrm{j}kr}$$

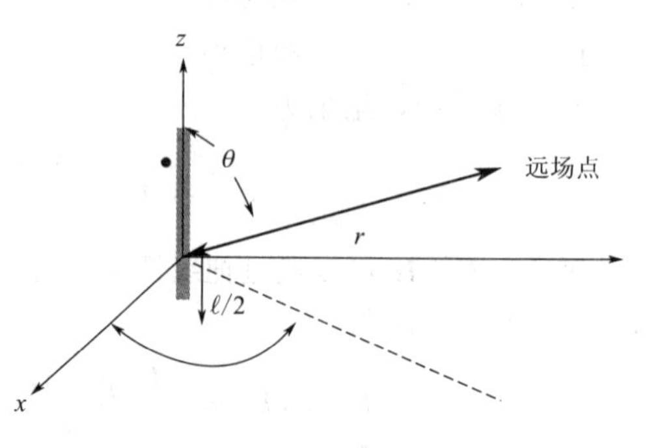

图 3.8 场的计算

近场和远场项是对赫兹偶极子而言的。对远场区的实际定义，可以把远场区域定义为一个天线场区，其中天线的角场分布基本上与距离无关，近似为平面波，在这个区域内，场分量基本上是横向的［图 3.9(a)］。

理想情况下，在远场区域内线偶极子辐射的波可以看作平面波。实际上是如图 3.9(b) 观察到的球面波，它们在偶极子的不同部分有不同的相位。实际情况下，假设相位差应该小于 22.5°，这个条件下就可以看成平面波，也即令

$$\Delta\Phi=k\ (R_2-R_1)\ =k\ (\sqrt{R^2+D^2/4}-R)\ \approx kR\ \frac{1}{2}\left(\frac{D}{2R}\right)^2$$

$$\Delta\Phi=\frac{\pi}{\lambda}\times\frac{D^2}{4R}\leqslant\frac{\pi}{8}=22.5^\circ\qquad R\geqslant\frac{2D^2}{\lambda}$$

远场区的标准是最大相位误差小于 22.5°，也就是距离 $R>2D^2/\lambda$，其中 D 是天线的最大尺寸，λ 是波长。

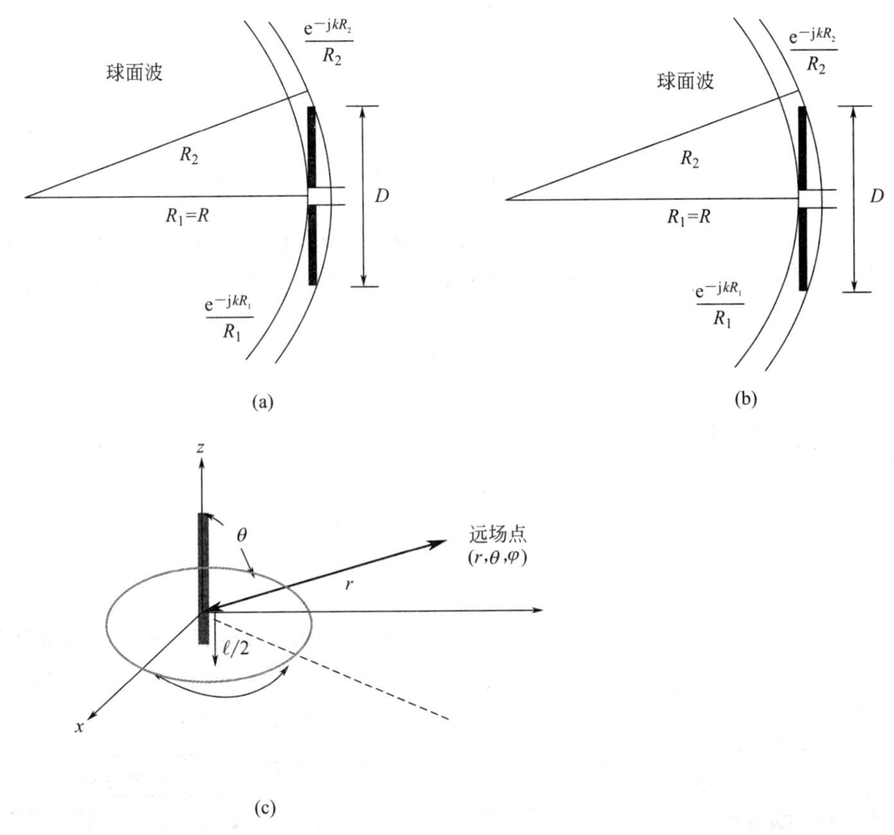

图 3.9 场的计算

3.2.3 波阻抗-短偶极子的情况

本节讨论波阻抗，为简单起见，这里讨论短偶极子的波阻抗。在远场区域内，由短电流元产生的波是球面波且电磁场分量与 $r=R$ 的球体相切。这种波的波阻抗被定义为这种比例：$Z_w=\frac{E_\theta}{H_\varphi}$，距离的 Z_w 的特性给定为

$$Z_w=\eta\frac{\frac{j}{kr}+\frac{j}{(kr)^2}+\frac{j}{(kr)^3}}{\frac{j}{kr}+\frac{j}{(kr)^2}}$$

在近场区（$kr\ll1$）：Z_w 具有电容特性且比较大，$Z_w=-j\frac{\eta}{kr}$。

在远场区（$kr\gg1$）：Z_w 是实值 $Z_w=\eta$，对于小电流环路的近区和远区，场幅度包含：$\frac{1}{kr}$、$\frac{1}{(kr)^2}$、$\frac{1}{(kr)^3}$

如果定义 $kr=1$ 或 $r=\frac{\lambda}{2\pi}$，上面三项都等于 1，$kr\ll1$ 或 $r\ll\frac{\lambda}{2\pi}$ 时定义为近场区，中间区域为 $kr>1$ 或 $r>\frac{\lambda}{2\pi}$，远场或辐射区为 $kr\gg1$ 或 $r\gg\frac{\lambda}{2\pi}$，且 $H_r=H_\theta=E_\varphi=0$。

$$H_{\varphi}=\frac{k^2 I_0 l\sin\theta}{4\pi}\left[\frac{\mathrm{j}}{kr}+\frac{1}{(kr)^2}\right]\mathrm{e}^{-\mathrm{j}kr}$$

$$H_r=\frac{2k^2\omega\mu(\pi a^2)I_0\cos\theta}{4\pi\eta}\left[\frac{\mathrm{j}}{(kr)^2}+\frac{\mathrm{j}}{(kr)^3}\right]\mathrm{e}^{-\mathrm{j}kr}$$

$$H_{\theta}=\frac{k^2\omega\mu(\pi a^2)I_0\sin\theta}{4\pi\eta}\left[-\frac{1}{kr}+\frac{\mathrm{j}}{(kr)^2}+\frac{1}{(kr)^3}\right]\mathrm{e}^{-\mathrm{j}kr}$$

近场和远场的表达式是对一个小环天线-磁力赫兹偶极子而言的。对于小环的波阻抗情况，在远场区，由电流小环产生的波是球面波，且电磁场分量与 $r=R$ 的球体相切。这种波的波阻抗被定义为如下的比例：

$$Z_w=\frac{E_{\theta}}{H_{\varphi}}$$

所有距离的 Z_w 特性给定为

$$Z_w=\eta\frac{\mathrm{j}\left[\frac{\mathrm{j}}{(kr)^2}+\frac{\mathrm{j}}{kr}\right]}{\frac{1}{(kr)^3}+\frac{1}{(kr)^2}-\frac{1}{kr}}$$

显然在近场区（$kr\ll1$）：Z_w 具有电感特性且很小，$Z_w=\mathrm{j}\eta kr$；在远场区（$kr\gg1$）：Z_w 是实值，$Z_w=\eta$。

场分区示意图如图 3.10 所示。

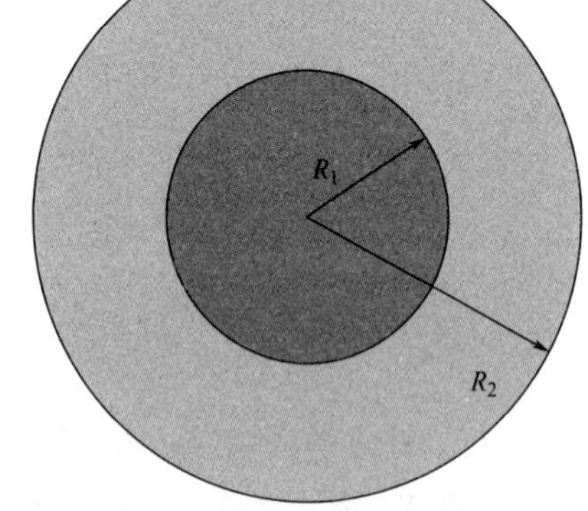

图 3.10 场的分区

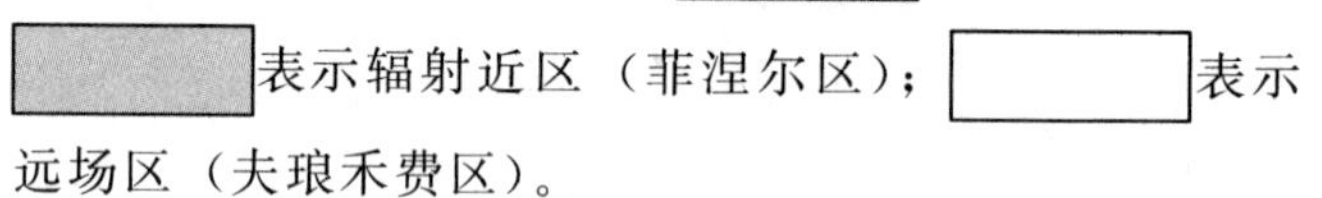
对于 $D\gg\lambda$ 的天线，[深灰色框]表示反应近区；[浅灰色框]表示辐射近区（菲涅尔区）；[白色框]表示远场区（夫琅禾费区）。

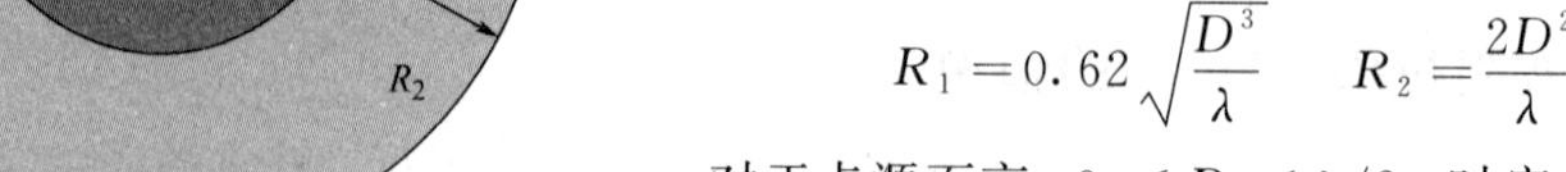

$$R_1=0.62\sqrt{\frac{D^3}{\lambda}}\qquad R_2=\frac{2D^2}{\lambda}$$

对于点源而言，$0<R<\lambda/2\pi$ 时定义为近区，或对于 $D\ll\lambda$ 的小型天线 $\lambda/2\pi<R<\infty$ 时定义为辐射远区。

【例 3.3】 估计微波炉的射频发射场范围。

解：微波炉工作在 $f=2.45\text{GHz}$ 或 $\lambda=0.122\text{m}$，假设其有效辐射长度为 $D=0.5\text{m}$，可以看出 $D\gg\lambda$，所以我们就用当 $D\gg\lambda$ 时的公式计算。区域定义分为近区、过渡区和远区

$$R_1=0.62\sqrt{\frac{D^3}{\lambda}}=0.5\text{m}\qquad R_2=\frac{2D^2}{\lambda}=4.2\text{m}$$

近区：　$0\leqslant r<0.5\text{m}$

辐射过渡区域（菲涅尔）：　$0.5\text{m}\leqslant r<4.2\text{m}$

远区（夫琅禾费）：　$r\geqslant4.2\text{m}$

【例 3.4】 估计个人电脑的射频发射场范围。考虑由开关电源提供的两种频率 150MHz 和 1.5MHz，假设 $D=1.5\text{m}$。

解：当 $f=150\text{MHz}$，$\lambda=2\text{m}$，$R_1=0.62\sqrt{\frac{D^3}{\lambda}}=0.81\text{m}$，$R_2=\frac{2D^2}{\lambda}=2.25\text{m}$

近区：　$0\leqslant r<0.81\text{m}$

菲涅尔区域：$0.81\text{m} \leqslant r < 2.25\text{m}$

远区（夫琅禾费）：$r \geqslant 2.25\text{m}$

当 $f=1.5\text{MHz}$，$\lambda=200\text{m}$ 以及 $D \ll \lambda$，我们假设一个点源

近区：$0 \leqslant r < 31.8\text{m}$

远区（夫琅禾费）：$r \geqslant \lambda/2\pi = 31.8\text{m}$

3.3 天线的基本特性参数

这一节介绍天线性能的一些特性参数和基本概念，天线是按规定方式为辐射（有效地）电磁能量构造的。一方面，它们可以作为能产生特定辐射波的来源（即电荷和电流）；另一方面，它们可被视为传输线和周围介质（空间）之间的传感器。我们将考虑所有天线的共性作为开始，它们都来源于电荷和电流的运动［图 3.11(a)］。

电势是由电荷和电流产生的，由天线上的电荷和电流辐射产生的场可用关于电势的方法来确定。这样思考的优点是，这两个麦克斯韦曲线方程可分离（解耦），它们更容易与源连接，而且更容易得到横电波/横磁波的解。缺点是电势不是物理量，大部分被视为数学工具。

天线具有定向特性，这是通过引用一个立体角来描述的，这个立体角限定了辐射场的范围。如图 3.11(b) 所示，立体角就是用一个三维角来等效二维的角度。

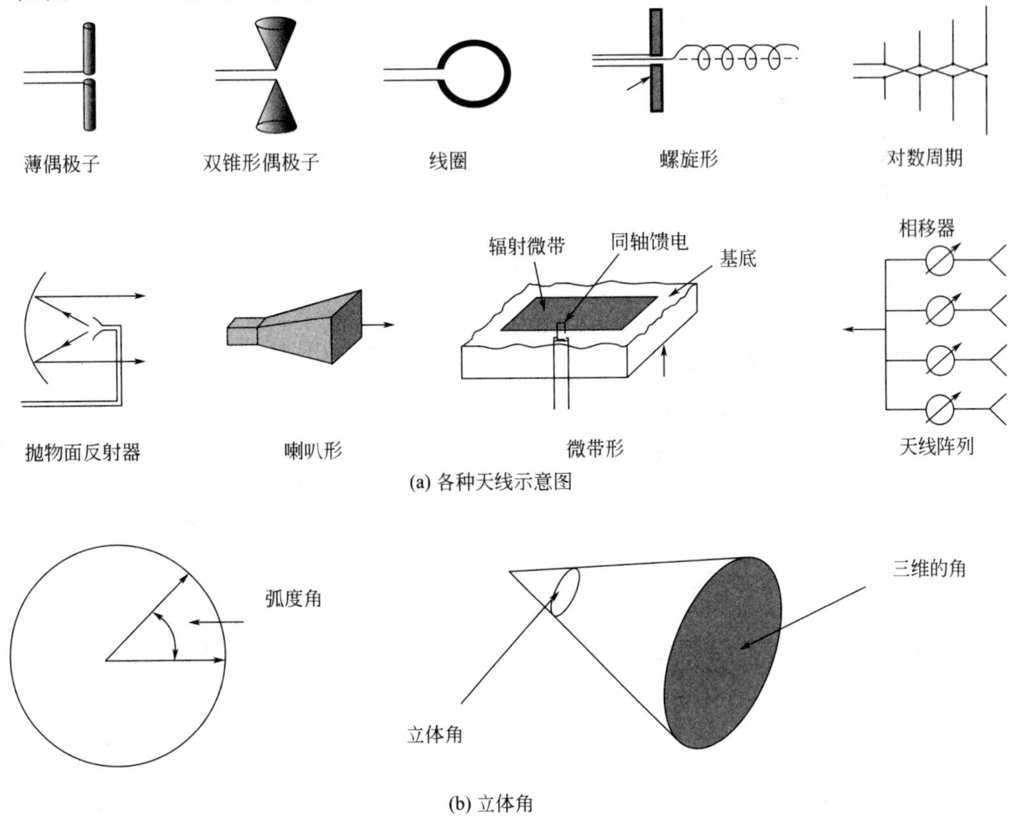

(a) 各种天线示意图

(b) 立体角

图 3.11

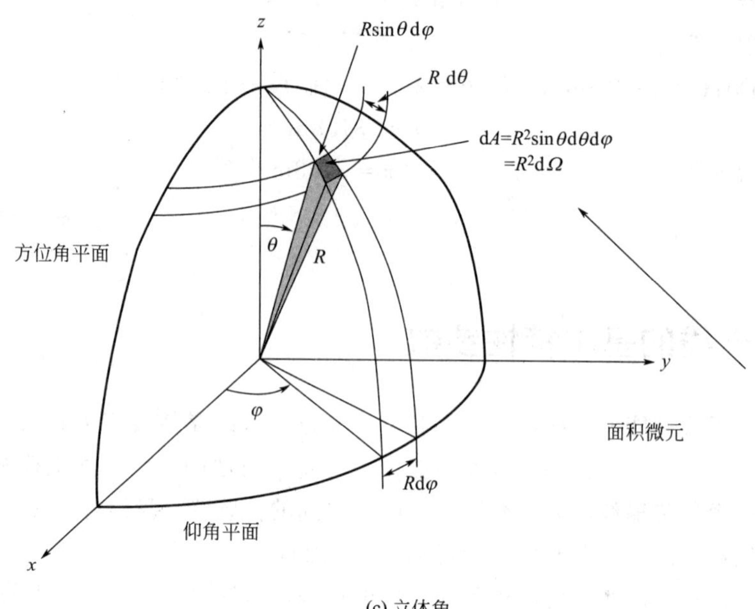

(c) 立体角

图 3.11　天线示意图及立体角

二维角度被视为一个物体从中心往单位圆周上的一个投影，最大角度为 2π 弧度。三维角度被视为一个物体从中心往单位半径的球面上看的一个投影，最大面积/角度等于 4π 的球面度。立体角定义示意图如图 3.11(c) 所示。

下面介绍辐射强度：

$$U=r^2P_{av}\ (\mathrm{W/unit})$$

这就是常说的分布函数。对于一个短偶极子有 $U=\frac{\eta}{2}\left(\frac{kI_0l}{4\pi}\right)^2\sin^2\theta=\frac{r^2}{2\eta}|E_\theta(r,\theta,\varphi)|^2$，注意 $U\rightarrow\infty$ 时此项为 E^2。辐射模型如图 3.12 所示。

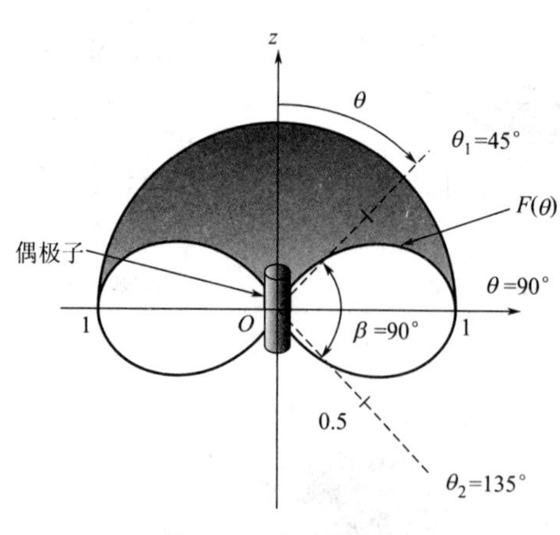

图 3.12　辐射波瓣图

短偶极子的三维辐射模型像一个甜甜圈。天线辐射模型可以用图形实现可视化。下面讨论天线的方向性系数。

短偶极的辐射模型告诉我们在 xy 平面（这种情况是 H 面）上有个全方位模式以及在 zx 平面上投影（这种情况下是 E 平面）。当 $\theta=90°$ 时有最大辐射值，故

$$U_{max}=\frac{\eta}{2}\left(\frac{kI_0l}{4\pi}\right)^2$$

定义方向性系数 D 为

$$D=4\pi\frac{U_{max}}{P_{av}}=\frac{U_{max}}{P_{av}/4\pi}$$

对于全向天线有 $D=1$，这是一个给定的天线最大辐射强度与假设的全向天线强度之比。

下面讨论几种常见天线的方向系数，对于赫兹偶极子，计算其方向系数。显然有

$$D=4\pi\frac{U_{\max}}{P_{\mathrm{rad}}}=\frac{U_{\max}}{P_{\mathrm{rad}}/4\pi}$$

$$U=\frac{\eta}{2}\left(\frac{kI_0l}{4\pi}\right)^2\sin^2\theta\qquad U_{\max}=\frac{\eta}{2}\left(\frac{kI_0l}{4\pi}\right)^2$$

$$P_{\mathrm{rad}}=\int_0^{2\pi}\int_0^{\pi}U(\theta)\sin\theta\mathrm{d}\varphi\mathrm{d}\theta=\frac{\eta}{2}\left(\frac{kI_0l}{4\pi}\right)^2\times 2\pi\times\int_0^{\pi}\sin^3\theta\mathrm{d}\theta$$

$$P_{\mathrm{rad}}/(4\pi)=\frac{\eta}{2}\left(\frac{kI_0l}{4\pi}\right)^2\times\frac{1}{2}\int_0^{\pi}\sin^3\theta\mathrm{d}\theta$$

$$D=\frac{U_{\max}}{P_{\mathrm{rad}}/4\pi}=\frac{\frac{\eta}{2}\left(\frac{kI_0l}{4\pi}\right)^2}{\frac{\eta}{2}\left(\frac{kI_0l}{4\pi}\right)^2\times\frac{2}{3}}=\frac{3}{2}\int_0^{\pi}\sin^3\theta\mathrm{d}\theta=\int_0^{\pi}\sin^2\theta\times\sin\theta\mathrm{d}\theta=\int_0^{\pi}(1-\cos^2\theta)\times\sin\theta\mathrm{d}\theta$$

$$=\left[-\cos\theta+\frac{1}{3}\cos^3\theta\right]_0^{\pi}=-\cos\theta\left[1-\frac{1}{3}\cos^2\theta\right]_0^{\pi}=\frac{4}{3}$$

对于偶极子天线的方向系数，利用赫兹偶极子的辐射功率表达式，我们可以计算得到$D=1.5$，这是定向（增益）系数的最大值。天线增益将在下面介绍。增益通过天线效率与方向系数有关。

【例3.5】　确定电磁场在距离赫兹偶极子10km处最大强度15kW的输入功率和70%的辐射效率。

解：

$$P_{\mathrm{av}}=\frac{DP_r}{4\pi R^2}=\frac{D\zeta_rP}{4\pi R^2}=\frac{1.5\times0.7\times15\times10^3}{4\pi\times10\times10^3}=\frac{E_0^2}{2\eta_0}$$

或 $E_0^2=\dfrac{\eta_0DP_r}{2\pi R^2}$，这里 $D=1.5$ 且 $P_r=\zeta_rP=0.7\times15\times10^3\mathrm{W}$

$$E_0=0.0972\mathrm{V/m}\qquad H_0=\frac{E_0}{\eta_0}=0.258\mathrm{mA/m}$$

在实际应用中，对于天线，可能还有辐射能量损失，因此定义辐射功率与输入功率之间的关系为

$$P_{\mathrm{rad}}=e_{\mathrm{cd}}P_{\mathrm{in}}$$

式中，e_{cd} 是天线辐射效率。总效率包含失配损耗：$e_0=e_{\mathrm{cd}}(1-|\Gamma|^2)$

天线增益定义为

$$G=4\pi\frac{U_{\max}}{P_{\mathrm{in}}}=e_{\mathrm{cd}}D$$

波束宽度（图3.13）是另一项描述天线辐射特性的指标。基本上，它保留的是产生铅笔类型辐射模式的高增益天线。束宽不能与带宽混淆！

【例3.6】　无损耗天线辐射方向图函数为$U=B_0\sin^3\theta$。计算该天线的方向性系数和增益。

解：由于 $U_{\max}=B_0$　且　$P_{\mathrm{rad}}=\int_0^{2\pi}\int_0^{\pi}U(\theta,\varphi)\sin\theta\mathrm{d}\theta\mathrm{d}\varphi$

这里再运用立体角的一般公式 $P_{\mathrm{rad}}=\oiint_s U\mathrm{d}\Omega$，单位立体角为 $\mathrm{d}\Omega=\sin\theta\mathrm{d}\theta\mathrm{d}\varphi$

通过运用这个公式：　$P_{\mathrm{rad}}=2\pi B_0\int_0^{\pi}\sin^4\theta\mathrm{d}\theta=B_0\dfrac{3\pi^2}{4}$

方向性系数为 $$D_0=\frac{4\pi U_{max}}{P_{rad}}=\frac{16}{3\pi}=1.697$$

因为天线无损耗⇒ $e_{cd}=1$⇒$G=1.697$ 相当于 2.29dB

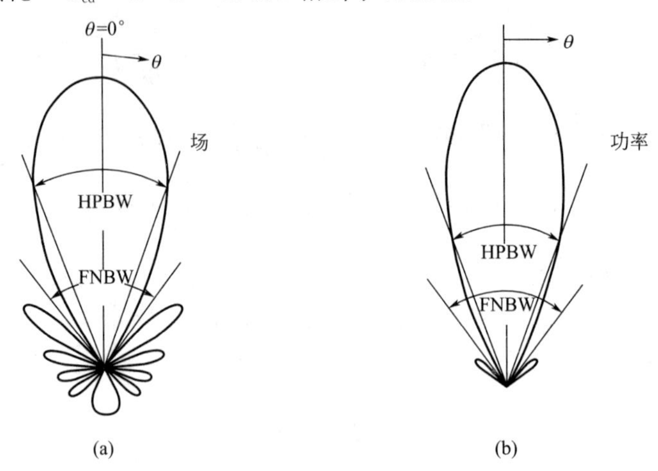

图 3.13 波束宽度

【例 3.7】 确定半波偶极子的方向性系数。与赫兹偶极子相对比并做适当的解释。

解： 半波偶极子的方向性系数按以下方法可以得出。用时间坡印廷矢量表达式并确定最大强度

$$P_{av}(\theta)=\frac{15I_m^2e^{-jkr}}{\pi r^2}\left\{\frac{\cos[(\pi/2)\cos\theta]}{\sin\theta}\right\}^2 \qquad U_{max}=r^2\{P_{av}\}_{max}=\frac{15}{\pi}I_m^2$$

$$D=\frac{4\pi U_{max}}{P_r}=\frac{60}{36.54}=1.64 \quad 或 \quad 2.15\text{dB}$$

对于 $\lambda/2$ 偶极子 $D=1.64$，只是稍微比赫兹偶极子 $D=1.5$ 大了一点。

到目前为止，我们讨论了传输模型中线天线的问题。在这个模型中，适用于天线输入终端的电压源（V_G）产生电荷和电流，它们交替辐射电磁能量。接收天线从入射电磁波中获取能量并传输到负载上，如图 3.14 所示。

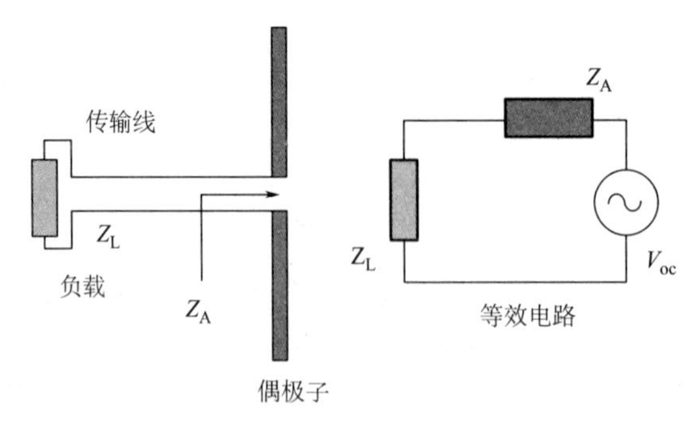

图 3.14 有效面积

在讨论接收天线时，为了方便，定义有效面积 A_e，即 A_e 是传递到匹配荷载上的平均功率 P_L 与天线上入射电磁波的平均功率密度 P_{av} 的比。这里平均是对于时间而言的。

$$A_e=\frac{P_L}{P_{av}}$$

匹配条件下有 $Z_L = Z_A^* = R_r - jX_A$

$$P_L = \frac{1}{2}\left(\frac{|V_{oc}|}{2R_r}\right)^2 \qquad R_r = \frac{|V_{oc}|^2}{8R_r}$$

平面载波的时间平均功率密度 $P_{av} = \frac{1}{2} \times \frac{E_i^2}{\eta} = \frac{E_i^2}{240\pi}$

【例 3.8】 确定一个长度为 $dl \ll \lambda$ 的基本偶极子的有效面积 $A_e(\theta)$ 以及它和它的增益之间的关系。假设偶极子轴与入射电磁波的电场之间的角度为 θ。

解： 短偶极子包含的电压为 $V_{oc} = E_i dl \sin\theta$；$R_r = 80\pi^2\left(\frac{dl}{\lambda}\right)^2$

$$P_L = \frac{1}{2}\left(\frac{|V_{oc}|}{2R_r}\right)^2 \qquad R_r = \frac{|V_{oc}|^2}{8R_r} = \frac{E_i^2 (dl)^2 \sin^2\theta}{8 \times 80\pi^2 (dl)^2/\lambda^2} = \frac{E_i^2 \sin^2\theta \times \lambda^2}{640\pi^2}$$

$$P_L = \frac{E_i^2}{640\pi^2}(\lambda \sin\theta)^2 \qquad P_{av} = \frac{1}{2} \times \frac{E_i^2}{\eta} = \frac{E_i^2}{240\pi}$$

因此 $A_e = \frac{P_L}{P_{av}} = \frac{E_i^2 \times 240\pi}{640\pi^2 \times E_i^2} = \frac{3}{8\pi}(\lambda \sin\theta)^2$

A_e 与 G 之间的关系：

一个长度 $dl \ll \lambda$ 的基本偶极子的有效面积 $A_e(\theta)$ 为

$$A_e = \frac{P_L}{P_{av}} = \frac{3}{8\pi}(\lambda \sin\theta)^2$$

一个长度 $dl \ll \lambda$ 的基本偶极子在 θ 方向上的增益为

$$G_D = \frac{3}{2}\sin^2\theta$$

所以

$$A_e = \frac{\lambda^2}{4\pi}G$$

注意最后这个关于有效孔径和增益之间的关系式对于任何类型的天线都适用。

工程上，当天线工作频率为 f 时，如果反射参数 $S_{11} < -10\text{dB}$，我们认为这个频率是天线的工作频率。天线工作的频段范围，称为天线的带宽。

天线极化是通过它产生的波的极化来定义的。它是在天线的远场区确定的并且可以在 $r=R$ 的球面上随位置的变化而变化。

$$E(R) = \boldsymbol{a}_\varphi |E_{01}| e^{j\psi_1} e^{-jkR} + \boldsymbol{a}_\theta |E_{02}| e^{j\psi_2} e^{-jkR}$$

$$\begin{aligned}\boldsymbol{E}(R,t) &= Re[E(R)e^{j\omega t}] \\ &= \boldsymbol{a}_\varphi |E_{01}| \cos(\omega t - kR + \psi_1) + \boldsymbol{a}_\theta |E_{02}| \cos(\omega t - kR + \psi_2)\end{aligned}$$

它是由时变向量 E（$r=R$，t）的尖端在时间轴上画的图来确定的。常见的几种极化如下：

① 电场矢量满足下列条件时，称为圆极化

$$|E_{01}| = |E_{02}| \text{ 和 } \psi_1 - \psi_2 = \pi/2 + n\pi$$

② 电场矢量满足下列条件时，为线性极化

$$|E_{01}|、|E_{02}| \text{ 任意}, \psi_1 - \psi_2 = n\pi$$

③ 电场矢量轨迹为椭圆，称为椭圆极化。

对于一个传播的平面波的线性极化，在一个给定的平面（即 z=常数）上，电场的尖端是沿直线传播的。

对于在 z=常数的平面上观察到的（椭）圆极化均匀平面波，电场矢量轨迹是个（椭）圆形（图 3.15）。

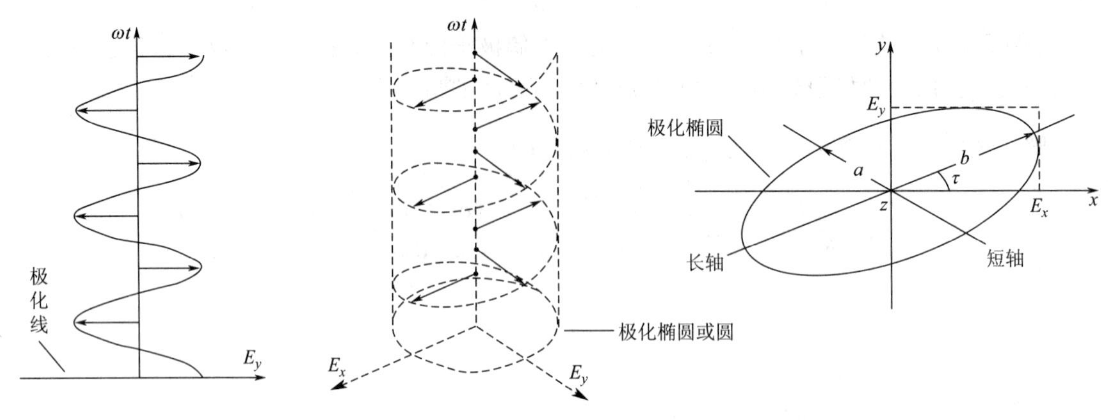

图 3.15 电磁波（椭）圆极化

【例 3.9】 已知 $E(z)=\frac{E_0}{2}(a_x-\mathrm{j}a_y)=(\boldsymbol{a}_x+\mathrm{e}^{-\mathrm{j}\frac{\pi}{2}}\boldsymbol{a}_y)\mathrm{e}^{-\mathrm{j}kz}$，判断电磁波极化类型。

解： 从先前推出的定义极化类型的表达式中确定此项，这里由于

$$E(z)=\boldsymbol{a}_x|E_{01}|\mathrm{e}^{\mathrm{j}\omega_1}\mathrm{e}^{-\mathrm{j}kz}+\boldsymbol{a}_y|E_{02}|\mathrm{e}^{\mathrm{j}\omega_2}\mathrm{e}^{-\mathrm{j}kz}$$

可以得出：

$$|E_{01}|=|E_{02}|\text{且 }\psi_1-\psi_2=\pi/2$$

电场旋转方向与传播方向构成右手系，称为右极化，所以是右圆极化。

$$E(z)=(\boldsymbol{a}_x+\mathrm{j}2\boldsymbol{a}_y)\mathrm{e}^{-\mathrm{j}kz}=(\boldsymbol{a}_x+2\mathrm{e}^{\mathrm{j}\frac{\pi}{2}}\boldsymbol{a}_y)\mathrm{e}^{-\mathrm{j}kz}$$

得到 $\psi_1-\psi_2=-\frac{\pi}{2}$ 且 $|E_{01}|\neq|E_{02}|$

电场旋转方向与传播方向构成左手系，称为左极化，所以是椭圆（左）极化。

$$\begin{aligned}\boldsymbol{E}(z,t)&=\boldsymbol{a}_x\cos(\omega t-kz)+\boldsymbol{a}_y\sqrt{2}\sin(\omega t-kz)\\&=\boldsymbol{a}_x\cos(\omega t-kz)+\boldsymbol{a}_y\sqrt{2}\cos(\omega t-kz-\pi/2)\end{aligned}$$

容易得出 $\psi_1-\psi_2=\pi/2$ 且 $|E_{01}|\neq|E_{02}|$

因此得到椭圆（右）极化。

3.4 阵列天线

前面讨论了电（磁）基本振子天线的辐射、偶极子天线、天线的基本特性参数以及基本概念问题，工程上常常遇到若干个天线组成的一组阵列，我们称之为阵列天线。最简单的是

二元阵列，含有三个及以上阵元的天线阵列是多元阵列天线。

3.4.1 二元天线阵列

微元线性天线 Δl 往往通过宽带波束传播辐射能量。对于小的有效孔径，G 和 A_e 之间存在关系式 $A_e=\frac{\lambda^2}{4\pi}G$，所以它们具有低方向性系数特点，且它们的主光束指向固定的方向，但是通过在各种立体基阵（直线、圆、三角形等）中给定适当的幅度和相位，可以使得阵列天线符合某些特定要求的辐射特性，因此阵列天线可以克服这些限制条件（具有低方向性特点，主光束指向固定的方向）。天线元排成的阵列称为阵列天线。我们假设二元共线天线（如偶极子）沿 x 轴放置，如图 3.16 所示。

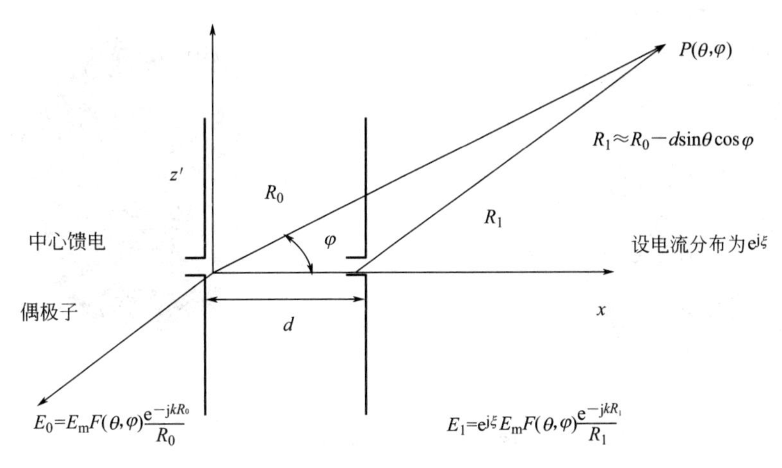

图 3.16 二元共线天线

二元阵列的电场 E 是 E_0 与 E_1 之和，由电磁波有关知识得到

$$E=E_0+E_1=E_mF(\theta,\varphi)\left(\frac{e^{-jkR_0}}{R_0}+e^{j\xi}\ \frac{e^{-jkR_1}}{R_1}\right)$$

远场条件下对 $\frac{e^{-jkR_1}}{R_1}$ 项取近似，可以获得：

$$E=E_mF(\theta,\ \varphi)\ \frac{e^{-jkR_0}}{R_0}(1+e^{j\xi}e^{jkd\sin\theta\cos\varphi})\text{ 或}$$

$$E=E_m\ \frac{F(\theta,\ \varphi)}{R_0}e^{-jkR_0}e^{j\psi/2}\left(2\cos\frac{\psi}{2}\right)\quad\text{这里}\quad\psi=kd\sin\theta\cos\varphi+\xi$$

二元阵列的电场 E 的大小可以写成：

$$|E|=\frac{2E_m}{R_0}|F(\theta,\ \varphi)|\left|\cos\frac{\psi}{2}\right|$$

式中，$|F(\theta,\ \varphi)|$ 称为基本单元因子，而 $\left|\cos\frac{\psi}{2}\right|$ 是标准阵列因子。从上面的表达式可以总结出，一个相同元素的阵列模式用单元因子和阵列因子的乘积来描述（阵列因子可以通过把天线当作点源处理获得）。这个性质称为天线阵列的乘法原理。

【例 3.10】 确定并画出下列两种情况下两平行偶极子的 H 平面辐射图：① $d=\lambda/2$，$\xi=0$；② $d=\lambda/4$，$\xi=-\pi/4$。

解：我们假设偶极子方向为 z 方向且沿 x 轴方向放置。在 H 平面（$\theta=\pi/2$），每个偶极子是全方位的，因此，该阵列天线的标准阵列因子是 $|A(\varphi)|$

$$|A(\varphi)|=\left|\cos\frac{\psi}{2}\right|=\left|\cos\frac{1}{2}(kd\sin\theta\cos\varphi+\xi)\right|=\left|\cos\frac{1}{2}(kd\cos\varphi+\xi)\right|$$

① $d=\lambda/2$，$kd=\pi/2$，$\xi=0$　$|A(\varphi)|=\left|\cos\left(\frac{\pi}{2}\cos\varphi\right)\right|$

图 3.17(a) 在 $\varphi_0=\pm\pi/2$ 处取得最大值且在 $\varphi=0$，π 处为 0，它是一种宽边阵。

② $d=\lambda/4$，$kd=\pi/2$，$\xi=-\pi/4$　$|A(\varphi)|=\left|\cos\left(\frac{\pi}{4}(\cos\varphi-1)\right)\right|$

图 3.17(b) 在 $\varphi_0=0$ 处取得最大值且在 $\varphi=\pi$ 处为 0，这是一种端射阵。

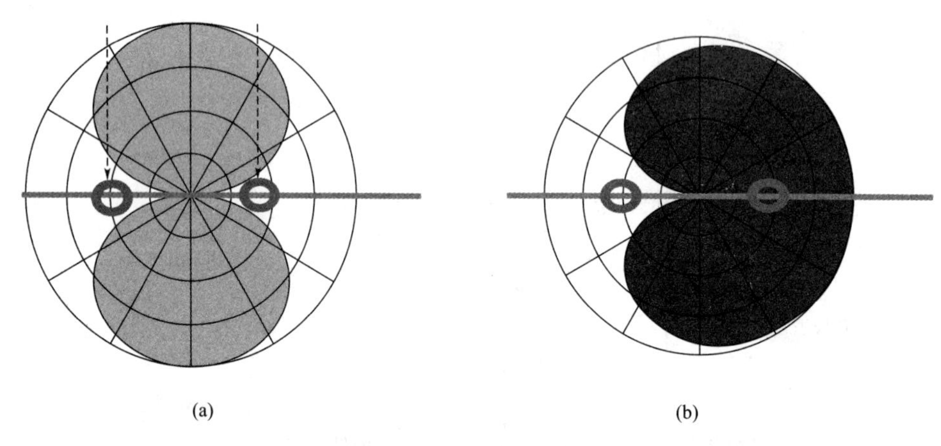

图 3.17　H 平面辐射图

【例 3.11】　确定半波偶极子的方向性系数。把它与赫兹偶极子方向性系数作对比并作适当说明。

解：半波偶极子的方向性系数可按如下方法得出。首先，利用按时间求平均的坡印廷矢量表达式，求得最大强度，即

$$P_{\mathrm{av}}(\theta)=\frac{15I_{\mathrm{m}}^2\mathrm{e}^{-\mathrm{j}kr}}{\pi r^2}\left\{\frac{\cos[(\pi/2)\cos\theta]}{\sin\theta}\right\}^2$$

$$U_{\max}=r^2\{P_{\mathrm{av}}\}_{\max}=\frac{15}{\pi}I_{\mathrm{m}}^2$$

$$D=\frac{4\pi U_{\max}}{P_r}=\frac{60}{36.54}=1.64\text{ 或 }2.15\mathrm{dB}$$

对于半波长 $\lambda/2$ 的偶极子，$D=1.64$ 只是稍微比赫兹偶极子 $D=1.5$ 大了一点。

3.4.2　一般均匀线性天线阵列

沿直线等间距排列的 $n\geqslant3$ 个相同天线阵元所组成的阵列，称为均匀线性阵列，如图 3.18 所示，从上节的二元阵列中得出的结论可以推广到均匀线性阵列。均匀线性阵列的阵列函数为阵元函数和阵列因子的乘积。即

$$E=E_{\mathrm{m}}F(\theta,\varphi)\frac{\mathrm{e}^{-\mathrm{j}kR_0}}{R_0}[1+\mathrm{e}^{\mathrm{j}(\xi+kd\sin\theta\cos\varphi)}+\cdots]$$

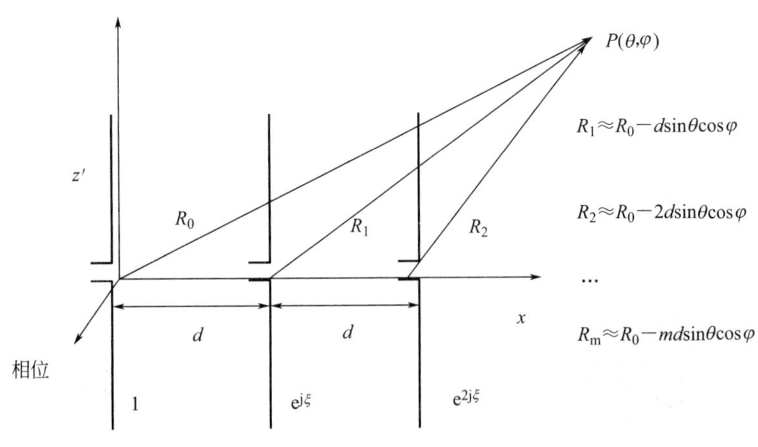

图 3.18 均匀线性阵列

$$E=N\times E_{\mathrm{m}}F(\theta,\ \varphi)\frac{\mathrm{e}^{-\mathrm{j}kR_0}}{R_0}\left[\frac{1}{N}(1+\mathrm{e}^{\mathrm{j}\psi}+\mathrm{e}^{\mathrm{j}2\psi}+\cdots)\right]$$

$$|E|=N\times|E_{\mathrm{m}}|\frac{|F(\theta,\ \varphi)|}{R_0}\times\frac{1}{N}|1+\mathrm{e}^{\mathrm{j}\psi}+\mathrm{e}^{\mathrm{j}2\psi}+\cdots|$$

式中，$\psi=kd\sin\theta\cos\varphi+\xi$，阵列因子可写成：$|A(\psi)|=\frac{1}{N}|1+\mathrm{e}^{\mathrm{j}\psi}+\mathrm{e}^{\mathrm{j}2\psi}+\cdots|=\frac{1}{N}\left|\frac{1-\mathrm{e}^{\mathrm{j}N\psi}}{1-\mathrm{e}^{\mathrm{j}\psi}}\right|=\frac{1}{N}\left|\frac{\sin(N\psi/2)}{\sin(\psi/2)}\right|$

其主方向沿着 $\psi=0$ 或 $\psi=kd\cos\varphi_0+\xi=0$ 或 $\cos\varphi_0=-\frac{\xi}{kd}$，阵列常见的有宽边阵即 $\varphi_0=\pm\frac{\pi}{2}$，这就要求 $\xi=0$ 或所有元素在相位内。其次，有端射阵 $\varphi_0=0$，这要求 $\xi=-kd\cos\varphi_0=-kd$，显然，阵列函数有主瓣和旁瓣，对于旁瓣，最大最小值点大约发生在阵列因子的分子最大值处：$|\sin(N\psi/2)|=1$ 或 $N\psi/2=\pm(2m+1)\pi/2$，四元宽边阵，单元间距 $d=\lambda/2$；四元端射阵，单元间距 $d=\lambda/2$。图 3.19 为四元阵旁瓣示意图。

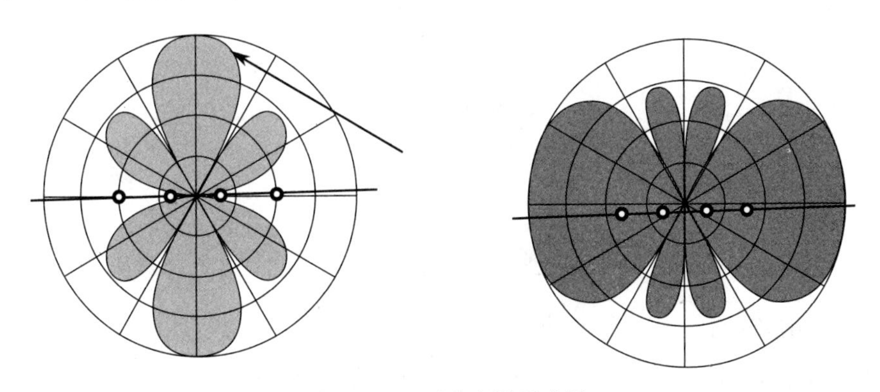

图 3.19 四元阵旁瓣示意图

与宽边阵相比，一般主瓣是较窄的。

均匀线性阵列有一个重要的性质，即乘法原理，阵列函数等于阵元函数（即单元因子）与阵列因子的乘积。如图 3.20 所示，图 3.20(c) 所展示的辐射图或者说阵列函数等于图

3.20(a) 偶极子的阵元函数乘以图 3.20(b) 阵列因子，产生旁瓣。

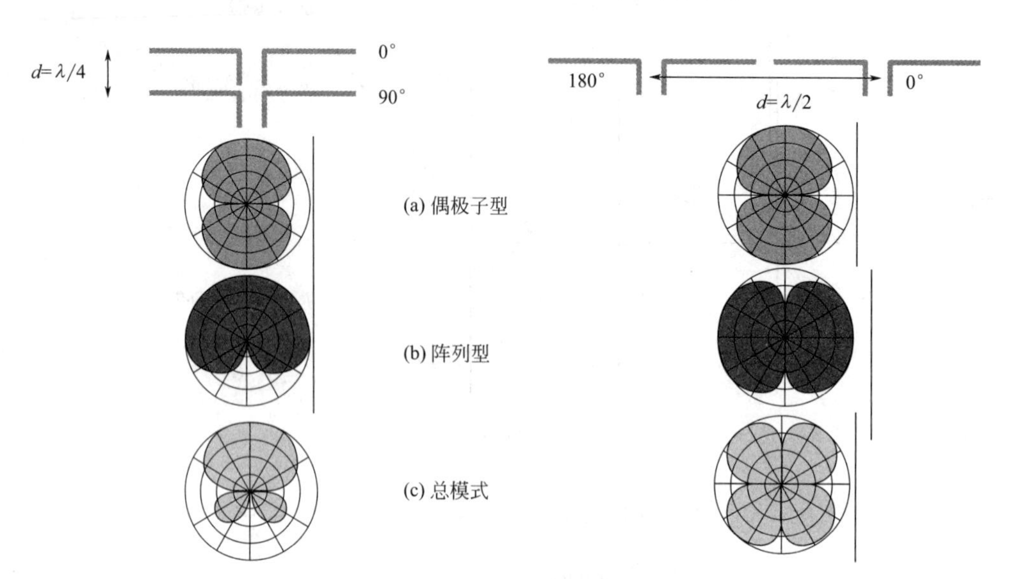

图 3.20 乘法原理示意图

【例 3.12】 确定一个三线阵列的辐射模型，各向同性源的间距为 $\lambda/2$。源的激励是同向的且幅度比为 1∶2∶1（三元宽边双向阵）。

解： 这个三元阵列等效于间距为 $\lambda/2$ 的二元阵列。每个二元阵列可以视为一个具有单元因子 $|A(\varphi)|=\left|\cos\dfrac{\psi}{2}\right|=\left|\cos\dfrac{1}{2}(\beta d\cos\varphi+\xi)\right|=\left|\cos\dfrac{1}{2}\left(\dfrac{2\pi}{\lambda}\times\dfrac{\lambda}{2}\cos\varphi+0\right)\right|$ 的辐射源。

图 3.21 为三线阵列辐射模型。

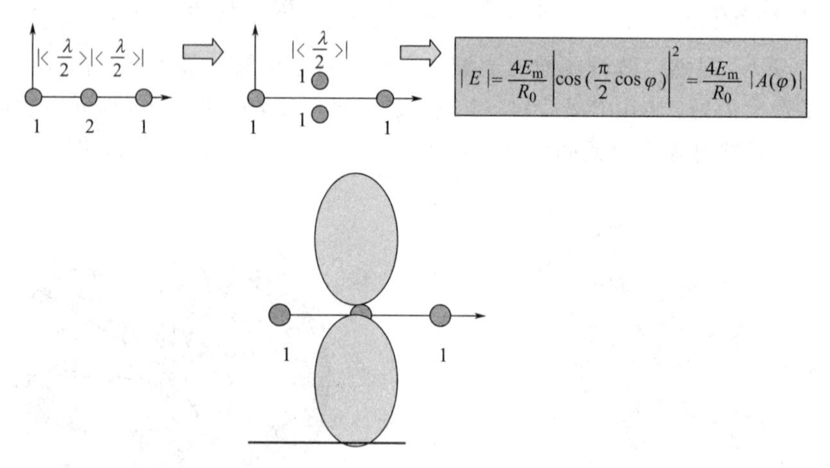

图 3.21 三线阵列辐射模型

到目前为止，我们已经考虑了工作在无限区域的简单介质中的天线。几乎所有天线工作在地球表面及其以上，这个表面称为地面。我们假设地面是平坦的且在某种程度上是无限的。地面是一种损耗介质，它的有效传导率随频率的减小而增大，低于 50MHz 时，地面可被视为完美介质，而高于 50MHz 时，则表现为有损介质。因此，当 $f<50$MHz 时，我们可以运用镜像原理。在有损地面的情况下，涉及更复杂的理论，在这里不做介绍。

镜像原理把出现在传导的地面（GRD）中且在 $z>0$ 半平面的电流辐射，等效于起始源的辐射加上它去除 GRD 之后的镜像（图 3.22）。

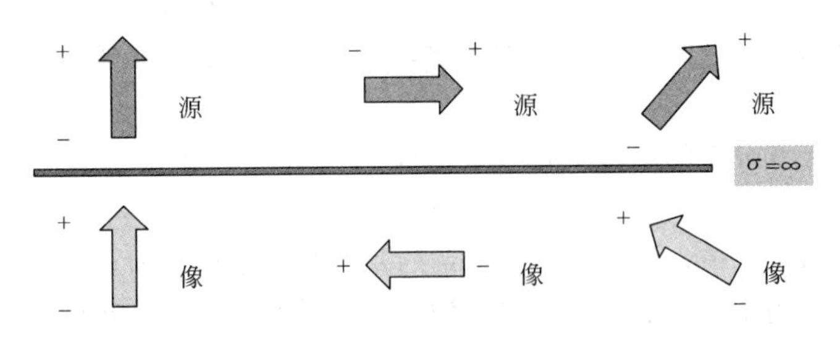

图 3.22　电流元的镜像

中心在高于 PEC 地面 h 的顶点的垂直偶极子可以看成是两个间距为 $2h$ 的偶极子（原始的及它的镜像）在 $z>0$ 半平面中的辐射。这两个偶极子的好处是具有相同的电流（图 3.23）。

中心在高于 PEC 地面 h 的顶点的水平偶极子可以看成是两个间距为 $2h$ 的偶极子（原始的及它的镜像）在 $z>0$ 半平面中的辐射。这两个偶极子的好处是具有相反的电流（图 3.24）。

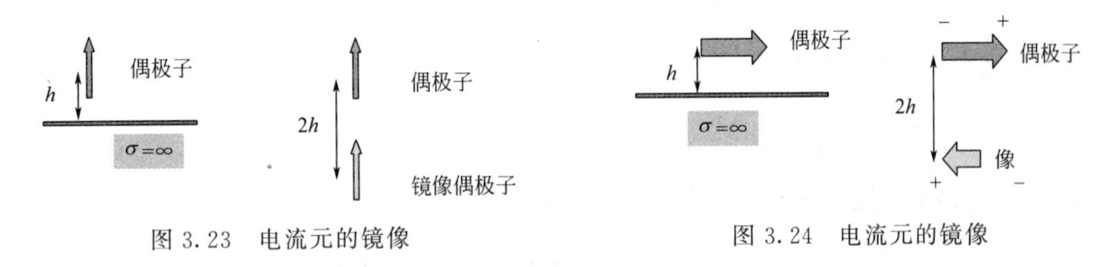

图 3.23　电流元的镜像　　　　图 3.24　电流元的镜像

【例 3.13】　假设水平偶极子位于高出传导地面半个波长（$z=\lambda/4$）处，确定它在 $z>0$ 半平面中的辐射图。

解：我们利用镜像原理，由于单元的辐射图是已知的，必须先得到 AF 图，接着得出乘积，最后得出限制在 $z>0$ 中的辐射图（图 3.25）。

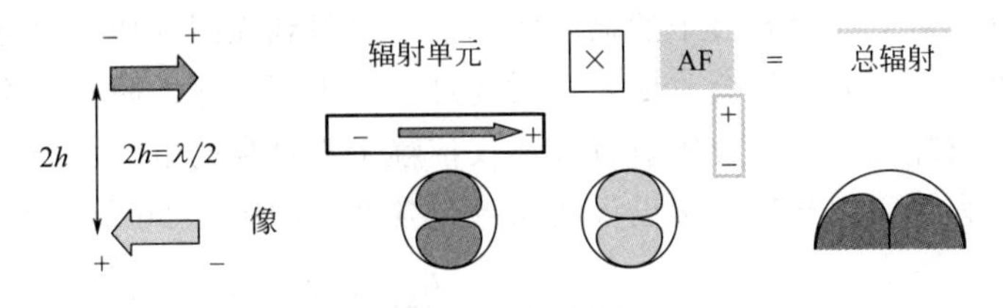

图 3.25　辐射图

前面我们假设天线单元之间不发生相互耦合作用，一般来说这都是不符合实际的。辐射天线单元之间是相互影响的，这种现象称为耦合，下一节假设有两根导线平行放置，构成二元天线阵，讨论耦合问题。

3.4.3　二元阵列天线的固有阻抗、互阻抗和耦合问题

前面讨论了二元阵列与多元均匀线性阵列天线，本节来考虑一个细长偶极子天线并定义

它的固有阻抗、互阻抗以及耦合问题。当在没有其他任何干扰时天线的辐射，它的固有阻抗 Z_A 与所谓的输入阻抗是一致的。为了确定 Z_A（固有阻抗），必须解一个已知激励电压的积分方程。对于一个给定激励电压的电流分布，可以通过解一个积分方程（即 pockligton 积分方程）来确定。有很多的计算方法可以用来求解，其中一种方法就是矩量法，另一种比较熟悉的方法是 EMF 法。

矩量法：沿线天线分布的电流 I 可以表示成 N 项的线性组合

$$I = a_1 I_1 + a_2 I_2 + \cdots + a_N I_N$$

每个 I_m（$m=1$，2，…，N）项表示所谓的基函数，全域（即正弦函数）或子域（平方或三角函数）经常采用这种方法。a_i 是未知的表达式系数，它有待我们去确定。它们是通过产生电磁场的激励电压满足某种边界条件来计算的。包含加权函数的标量积用于把积分方程转化为 $\{a_i\}$ 的线性代数方程。在实验中，矩量法经常用来计算一个偶极子天线的输入阻抗。

细长偶极子的固有阻抗—EMF 法：感生电动势法是计算固有和互阻抗的一种典型的方法。该方法基本上限于直线、平行线和梯形的形状，而且如果要准确计算导线半径就更困难了，但它给出了封闭形式的解，为天线设计提供了良好的数据支持。

对于直线偶极子辐射的电场，EMF 法求解时，表面电流假设为正弦函数的形式

$$I_z = 2\pi a J_z = I_m \sin\left[k\left(\frac{l}{2} - |z'|\right)\right]$$

固有阻抗由下列公式给出：

$$Z_m = -\frac{1}{I_m^2}\int_{-l_2/2}^{l_2/2} I_z(\rho = a, \ z = z') E_z(\rho = a, \ z = z') \mathrm{d}z'$$

通过运用 EMF，输入阻抗的实部和虚部给定为：

$$R_m = \frac{\eta}{2\pi}\Big\{C + \ln(kl) - C_i(kl) + \frac{1}{2}\sin(kl)\left[S_i(2kl) - 2S_i(kl)\right] + \frac{1}{2}\cos (kl)\left[C + \ln(kl/2) + C_i(2kl) - 2C_i(kl)\right]\Big\}$$

$$X_m = \frac{\eta}{4\pi}\left\{2S_i(kl) + \cos(kl)\left[2S_i(kl) - S_i(2kl)\right] - \sin(kl)\left[2C_i(kl) - C_i(2kl) - C_i\,\frac{2ka^2}{l}\right]\right\}$$

两个平行线偶极子之间的互阻抗：

在前面的部分，一个线性偶极子的输入阻抗是它辐射到无限介质时推导出来的。

如果有障碍物，电流分布就会改变，辐射场且交换天线的输入阻抗也会改变，这个障碍物可能是另一个天线阵元，而天线辐射特性不仅依赖于它自身的电流分布，还依赖于相邻元线上的电流分布。为了简化分析，假设天线系统包含 2 个如图 3.26 所示的线元。

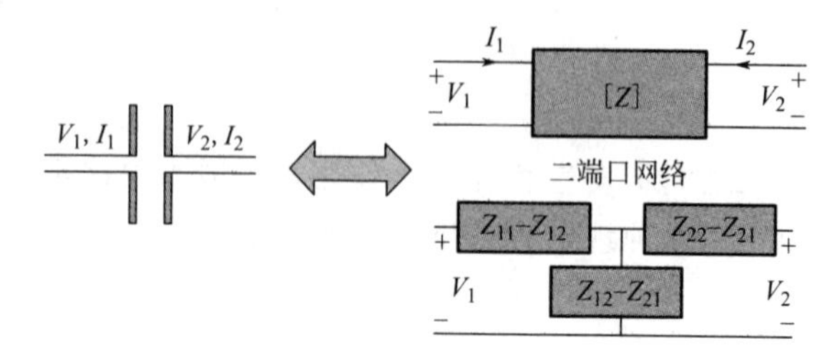

图 3.26　T 网等效电路

可以看出，电压-电流关系为：

$$V_1 = Z_{11}I_1 + Z_{12}I_2$$
$$V_2 = Z_{21}I_1 + Z_{22}I_2$$

这是一个联立方程组，可以得到

$$Z_{11} = \left.\frac{V_1}{I_1}\right|_{I_2=0}$$ 是端口＃2 开路时端口＃1 的输入阻抗

$$Z_{12} = \left.\frac{V_1}{I_2}\right|_{I_1=0}$$ 是由于端口＃2 的电流引起的端口＃1 处的互阻抗（端口＃1 开路）

$$Z_{21} = \left.\frac{V_2}{I_1}\right|_{I_2=0}$$ 是由于端口＃1 的电流引起的端口＃2 处的互阻抗（端口＃2 开路）

$$Z_{22} = \left.\frac{V_2}{I_2}\right|_{I_1=0}$$ 是端口＃1 开路时端口＃2 的输入阻抗

这里考虑两个平行偶极子之间的互阻抗，可以用感应电动势法或矩量法来确定，如图 3.27 所示。两个偶极子相互平行，一般假设它们的中心连线与偶极子不垂直。

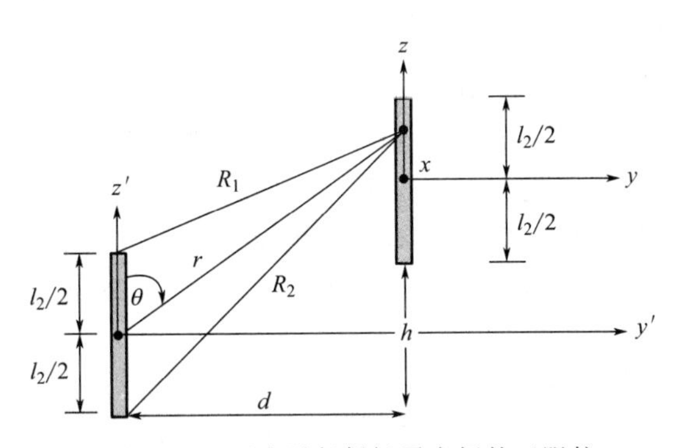

图 3.27　两个平行偶极子之间的互阻抗

接着讨论求解积分方程的矩量法，基于前面的方程，为了用此方法求互阻抗，必须构建一个积分方程来确定 E_{z21}，它是天线 1 辐射到天线 2 任意点的电场。这个积分方程必须是天线 1 上未知电流的函数，且它可以用类似于形成 Pocklingotn 积分方程或 Hallen 积分方程的步骤来推导。其次，讨论一下感生电动势法，这种方法是基于先前提到的方程，除了 $I_2(z)$ 外，它给出了假定的理想电流分布。对于线性偶极子的一个二元阵列，互阻抗为

$$Z_{21i} = \mathrm{j}\frac{30}{\sin\left(\frac{kl_1}{2}\right)\sin\left(\frac{kl_2}{2}\right)}\int_{-l_2/2}^{l_2/2}\sin\left[k\left(\frac{l_2}{2} - |z|\right)\right]\left[\frac{\mathrm{e}^{-\mathrm{j}kR_1}}{R_1} + \frac{\mathrm{e}^{-\mathrm{j}kR_2}}{R_2} - 2\cos\left(k\,\frac{l_1}{2}\right)\frac{\mathrm{e}^{-\mathrm{j}kr}}{r}\right]\mathrm{d}z$$

用矩量法和感应电动势法可以分别计算出并行和共线的两个 $\lambda/2$ 偶极子间的结果。

【例 3.14】　两个相同的线性 $\lambda/2$ 偶极子并行放置。假设两线元之间的间距 $d=0.35\lambda$，试求每个驱动阻抗的值。

解： $Z_{1\mathrm{d}} = \frac{V_1}{I_2} = Z_{11} + Z_{12}\frac{I_2}{I_1}$，因为偶极子是完全相同的，$I_1 = I_2$，所以

$$Z_{1\mathrm{d}} = Z_{11} + Z_{12}$$

从二端口网络的图中可以得出，$Z_{12} \approx 25 - \mathrm{j}38\Omega$，因为 $Z_{11} = 73 + \mathrm{j}42.5\Omega$，可变为 $Z_{1\mathrm{d}} \approx 98 + \mathrm{j}4.5\Omega$，它也等于 $Z_{2\mathrm{d}}$。

当发射机与传输天线之间的阻抗共轭匹配时，能量传输值最大。这对于接收器和接收电线是同样的。在实践中，一个天线输入阻抗取决于连接到天线的负载。匹配负载和最大的耦

合可以使用林维尔方法计算，该方法用在射频放大器设计中。使用这种方法，可以由以下公式计算最大耦合：

$$C_{max}=\frac{1}{L}[1-(1-L^2)^{1/2}]$$

这里
$$L=\frac{|Y_{12}Y_{21}|}{2Re(Y_{11})Re(Y_{22})-Re(Y_{12}Y_{21})}$$

最后讨论阵列中的**互耦合**，当两天线互相接近时，不管是在发射还是接收，主要用于其中一根天线的部分能量将因为另一根天线而产生损失。这个损失的多少主要依赖于每根天线的辐射特性、它们之间的相对距离及它们之间的相对位置，在传输过程中相互耦合的寄生激励可明显地促进阵列的远场模式以及输入激励。每个天线元吸收和再辐射的能量取决于终端阻抗的匹配。

如图 3.28 所示，可以依次从⓪～⑤观察到耦合“阵列中一个特殊天线元的远场的总贡献不仅取决于其本身的发射机所提供的激励，还取决于总寄生激励，而寄生激励则依赖于另一发射机的离合器与激励”。

如图 3.29 所示，耦合效应可以依次从⓪～④观察到。天线阵列每个线元吸收的能量是直达波和那些耦合在其他寄生线元上的矢量和。至于阵列特性上的互耦效应，取决于天线类型及其设计参数、在阵列中线元的相对定位以及阵列线元的反馈。如果一个阵列天线是由最初的设计忽视了互耦的影响，那么天线的实际特性将显示出以下非理想的特点，即主瓣的扩大、空的地方较浅以及旁瓣较高等。可见，互耦的影响在天线的设计中，一般不可忽略。

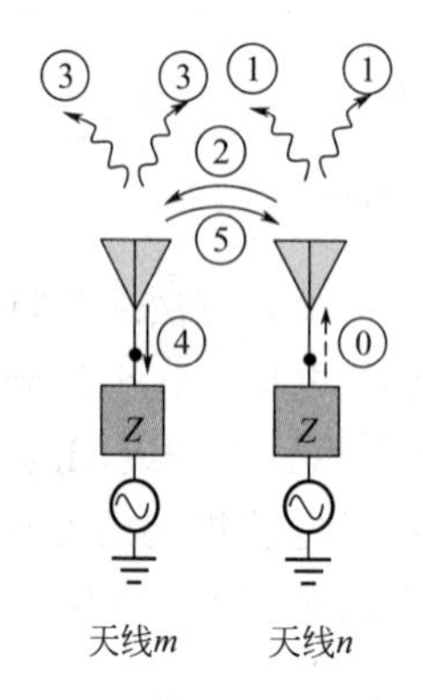

图 3.28 传输模式中的耦合

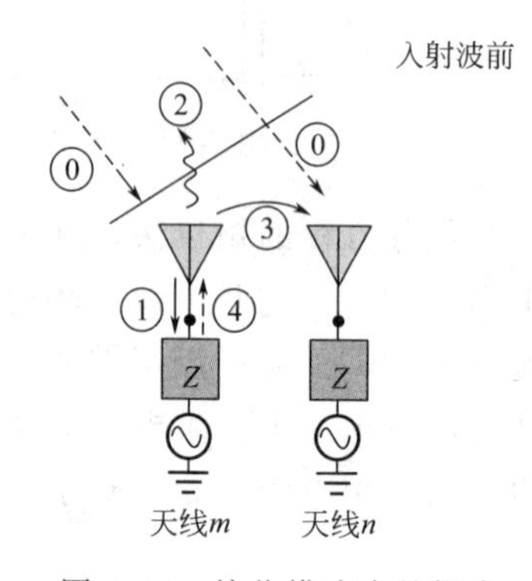

图 3.29 接收模式中的耦合

习题与思考题

3.1 自由空间共轴线排列的半波对称振子构成了三元侧射式天线阵，元间距 $d=0.5\lambda$，各单元天线电流等振幅。求：①写出单元天线的归一化方向性函数 $F_1(\theta,\varphi)$ 的表达式；②写出归一化阵因子 $F_a(\theta)$ 的表达式。

3.2 计算题 3.1 共轴线排列的三元侧射式天线阵中的各单元天线辐射阻抗 $Z_{\Sigma i}$、天线阵的总辐射阻抗 Z_Σ 和天线阵的方向性系数 D。

3.3 自由空间共轴线排列的半波对称振子构成了三元侧射式天线阵，元间距 $d=0.5\lambda$，各单元天线电流振幅为 1∶2∶1 的分布。试求：①写出单元天线的归一化方向性函数 F_1

(θ, φ) 的表达式；②写出归一化阵因子 $F_a(\theta)$ 的表达式。

3.4 自由空间中用半波对称阵子构成的齐平排列的四元端射式均匀直线天线阵，间距 $d=0.25\lambda$。试分别写出单元天线、阵因子和天线阵的归一化方向性函数。

3.5 无线电波的工作波长是 $\lambda=3\text{m}$，位于自由空间的接收天线是半波对称振子。已知其输入电阻为 $R_{in}=75\Omega$，电磁波射线与振子轴的夹角为 $\theta=60°$，电场矢量与入射面的夹角为 $\delta=30°$，来波电场振幅值为 $E=2\pi\text{mV/m}$。试求：①来波电场的极化匹配分量 E_θ；②接收天线感应电动势的振幅值 e；③把天线调整为极化匹配，并从最大接收方向做接收时的感应电动势振幅值 e_{max}；④天线与负载实现共轭匹配时向负载输出的最大功率 P_{max}。

3.6 已知自由空间中某接收天线的方向性系数为 $D=2\pi^2/5$，来波电场的振幅值为 $E=3\sqrt{2}\ \text{mV/m}$，来波的工作波长为 $\lambda=2\text{m}$。试求：①接收天线的最佳输出功率 P_{opt}；②当天线的效率 $\eta_A=0.98$ 时，能够向负载输出的最大功率 P_{max}；③来波电场 E 与入射面夹角 $\delta=30°$，匹配系数 $\gamma=0.8$，接收天线向负载输出功率。

3.7 自由空间某接收天线的工作频率 $f=15\text{GHz}$，最大有效面积为 $A_{emax}=2/\pi\text{m}^2$，来波电场极化匹配，电场强度有效值为 $E_{有效}=6\text{mV/m}$。试求：①天线增益 G；②接收天线向负载输出的最大功率 P_{max}；③如果来波电场矢量 $\boldsymbol{E}$ 与入射面夹角 $\delta=45°$，该状态下接收天线有效面积 A_e 和向负载输出功率。

3.8 试求长度为 $2l=0.75\lambda$ 的对称振子子午面的若干个方向的方向性函数值（小数点后至少要保留3位有效数字），并按极坐标描点的方法绘出其子午面方向性图。

3.9 对称振子子午面归一化方向性函数值如下

θ	0°～180°	15°～165°	30°～150°	45°～135°	58°～122°	60°～120°	75°～105°	90°
$F(\theta)$	0	0.134	0.298	0.507	0.707	0.737	0.926	1

画出相应的图。

3.10 已知一臂长度为 $l=\lambda/3$ 的对称振子以馈电点电流 I_{in} 作参照的辐射电阻为 $R_{\Sigma in}=186.7\Omega$，假设对称振子上的电流 $I(z)$ 呈纯驻波正弦分布。试求：①指出对称振子上是否存在电流波腹点？②如果存在波腹电流 I_M，求以它作参照的辐射电阻 R_Σ。

3.11 对于题3.1中给出的对称振子，试求：①以波腹电流 I_M 作参照的有效长度 l_{eM}；②以馈电点电流 I_{in} 作参照的有效长度 l_{ein}；③分别通过 f_{max}、l_{eM} 和 l_{ein} 三个参数计算这个对称振子的方向性系数 D。

天线仿真：一个分形天线的例子

本章主要内容

- 一般天线的建模步骤
- 一般天线仿真的优化流程
- 一个例子：树枝型分形天线建模过程与优化仿真
- 与 Matlab 仿真结果的比较分析

天线的仿真软件有很多，Ansoft 公司的 HFSS、Matlab、CST、ADS、IE3D 等软件也可以进行仿真。本章以一个简单的分形天线为例介绍 HFSS 软件的天线仿真。

4.1 一般天线的建模步骤

HFSS 电磁仿真软件为我们提供了几种仿真求解的模式：模式驱动求解、终端驱动求解、本征模求解，通常采用模式驱动求解模式，这种模式其内部的算法是按照天线端口电磁波的输入与反射功率方式来计算 S 参数。在 HFSS 实际操作中，基本仿真步骤如下：①创建仿真项目和几何模型；②设置边界条件和激励；③确定材料属性；④检查；⑤仿真。

4.2 一般天线仿真的优化流程

HFSS 软件优化仿真主要支持五种优化算法，要结合 Optimetrics 模块，在一定的约束条件下根据特定的优化算法进行相应的优化，从所有可能的设计中，寻找出一个满足要求的设计。优化设计时，首先要弄清楚设计要求、设计目标，然后根据设计要求创建初始结构模型、定义优化变量并构造目标函数，最后利用优化算法进行优化，HFSS 软件提供了参数扫描与参数优化功能达成对设定变量的优化求解。注意，如果几次优化无法达到预定的目标，则要更多次优化。天线的优化流程如下：

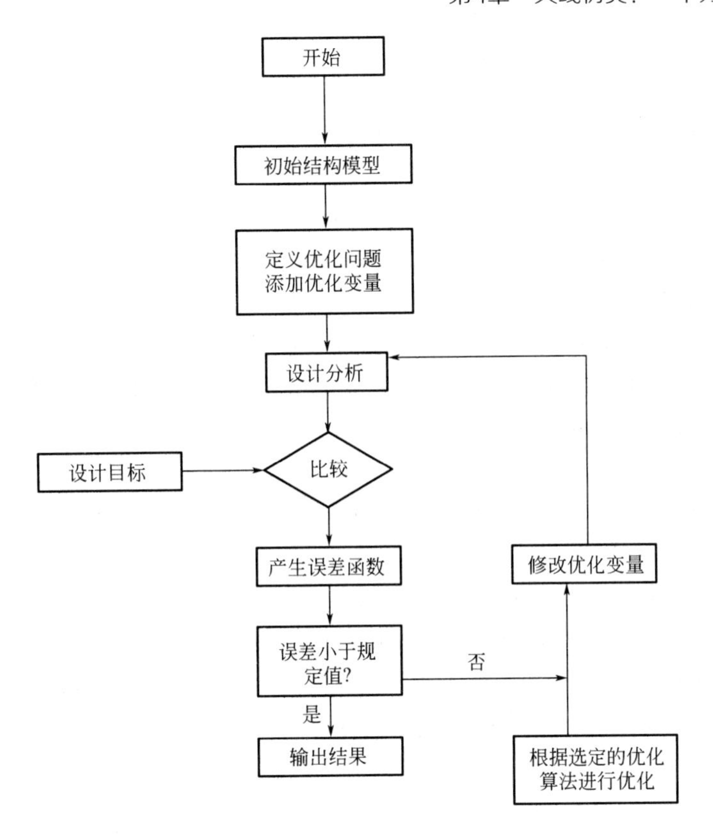

4.3 一个例子：树枝型分形天线建模过程与优化仿真

天线 1 的初始模型建立：如图 4.1 所示，首先构建一个圆柱体。从主菜单栏中选择【Draw】—【cylinder】，并在三维模型窗口中，确定好圆柱的起始点，在物体属性对话框中，选择 Command 选项卡，在 Center Position 中输入圆柱的坐标（0mm，0mm，gap/2），并在 Radius 和 Height 中分别输入圆柱的半径和高度（分别为 0.5mm 和 23.88mm），一切完成后单击确定退出对话框。

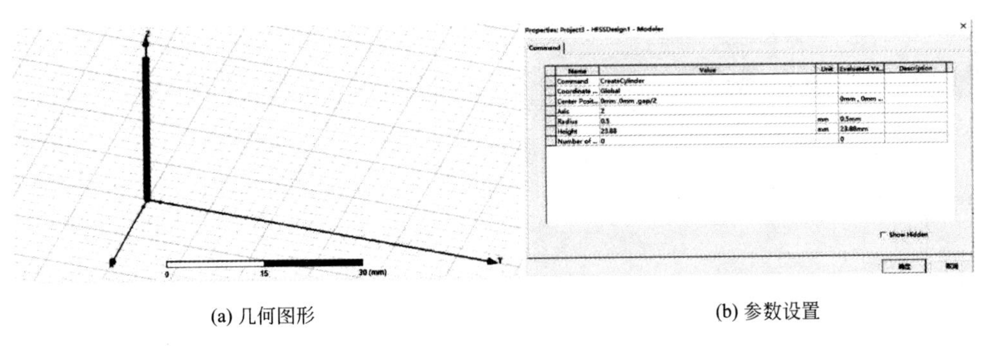

(a) 几何图形　　(b) 参数设置

图 4.1　天线模型

建好几何模型后，创建一个求解设置项目，并设置此模型相关的仿真求解参数。由于

HFSS 软件是基于有限元算法开发的，对于场的计算的精度要求越高，所需要的时间越多。

设置边界条件：单击操作历史树 Sheets 节点下的 Patch，选中该面模型，然后单击右键，从菜单栏中选择【Assign Boundary】—【Perfect E】命令，打开对话框并保留对话框相关设置不变，点一下 OK。再创建一个 airbox，设置为 radiation。

设置激励：点工作界面中 Sheets 图标下的 Port，选定这个端口平面。再单击右键，从右侧菜单栏中选定【Assign Excitation】—【Lumped Port】指令，在端口设置对话框中输写进端口名称，端口阻抗保留默认 50Ω 不变。单击下一步后，在 Modes 界面，单击 Integration Line 的 none，从下拉列表中单击 New Line，进入三维模型窗口设置积分线。设置好各坐标后，单击回车确认回到 Modes 界面，Integration Line 项由 none 变为 Defined，再次单击下一步，在 Post processing 界面选中 Renormalized All Modes，将 Full Port Impedance 项定为 50Ω，最后点完成，此时激励方式的设置已经完毕。从 HFSS 的主菜单栏中选择 HFSS 的 Validation Check 命令进行设计的检查，通过之后，选择 Analyze 命令进行仿真计算。

仿真完成后，其信息管理窗口会给出相关提示，然后观察各仿真结果图的情况（S 参数、驻波比等），一般刚开始仿真的时候，得到的结果图会出现天线谐振频率明显偏移、阻抗匹配也不是很正确或者 S 参数没有达到理想的值等问题，因此需要认真考虑并对设计参数进行优化调整。图 4.2、图 4.3 是对图 4.1 所示天线的仿真所得到的 S11 参数、驻波比等。图 4.4 为波瓣图。

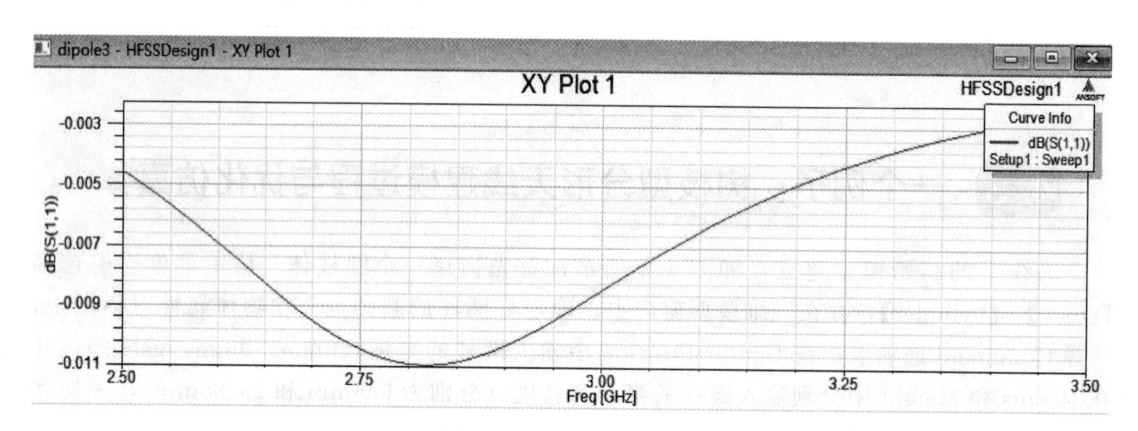

图 4.2　天线 S11 参数图

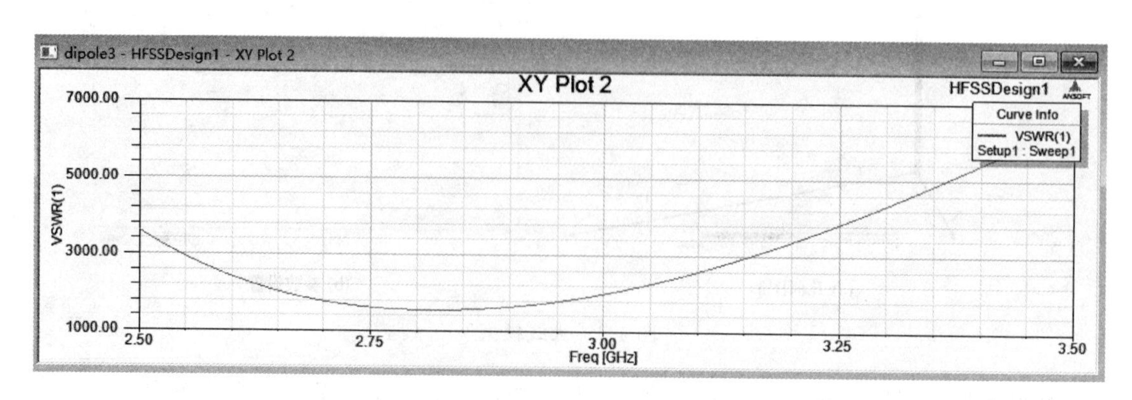

图 4.3　电压驻波比图

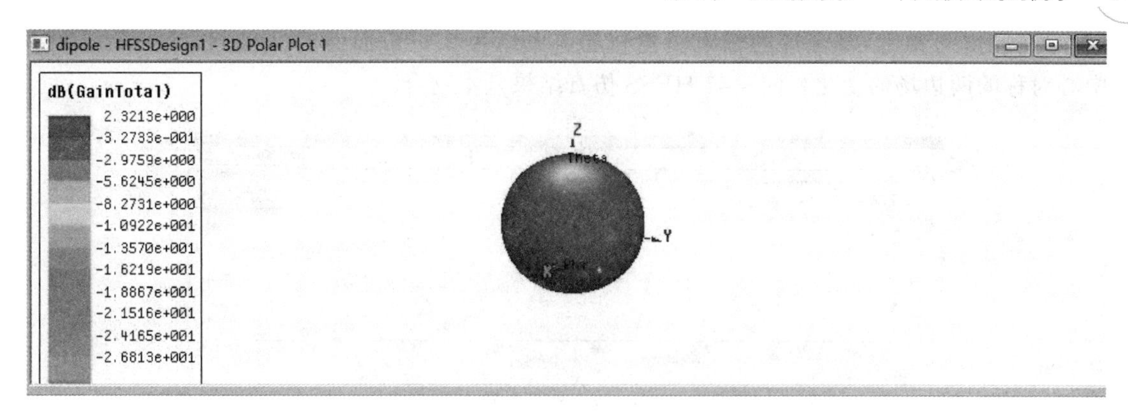

图 4.4 波瓣图（3D polar plot）

可以看出，此天线 S 参数和 VSWR 的参数都不理想，因此需要建立一个新的结构，这里采用分形结构，再对天线的分形结构模型的长度与角度参数进行相关的优化。这里首先将导线的半径定为 0.5mm，长度分别为 23.88mm，建立图 4.5 所示的天线 2。

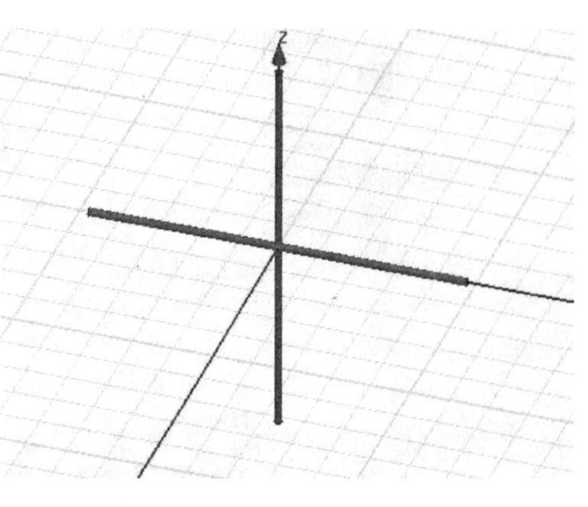

图 4.5 天线 2

进一步进行分形天线建模，在图 4.5 所示天线 2 的基础上，添加夹角为 θ 的树枝，得到图 4.6 所示的天线 3，称为树枝结构分形，令 θ 由 22.5°～90°变化，对 S11 参数进行优化。

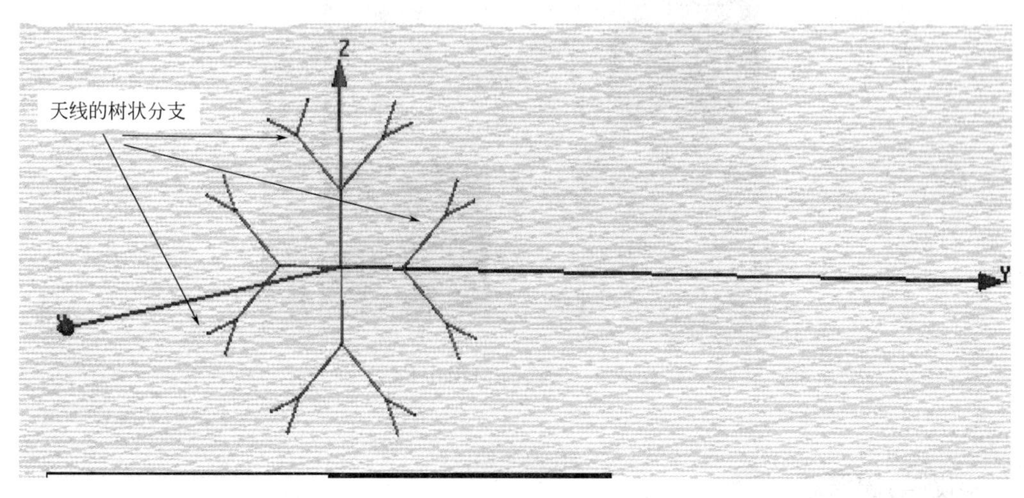

图 4.6 天线 3

优化之后最优 S11 参数结果如图 4.7 所示，波瓣如图 4.8 所示，符合应用的要求。

结论：HFSS 天线仿真能很好地计算天线的辐射场。

与此同时，也可用 Matlab 编写代码 code 对天线进行仿真，代码比较简单，经计算得到电场和磁场最初的分布图如图 4.9 所示。

如图 4.9 所示，从左上角第一张图中我们可以看出，算法迭代开始时，天线周围的场开始向外辐射，TM-Ez 部分场的辐射变化较弱，大约为 0.02，而此时 TM-Hx 和 TM-Hy 由中心对称的两边场的变化相同。与 HFSS 仿真结果基本吻合。

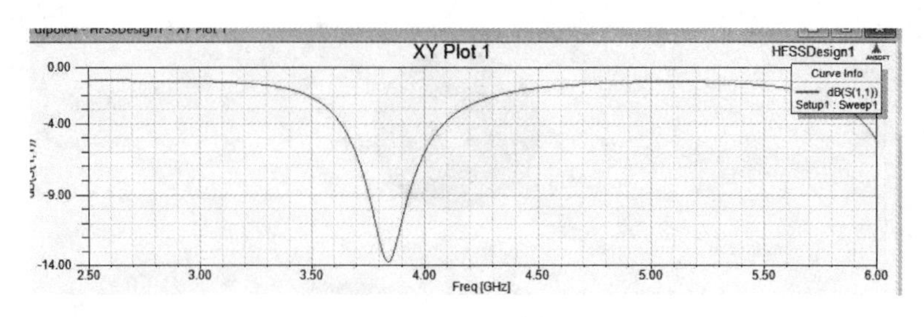

图 4.7　S11 参数

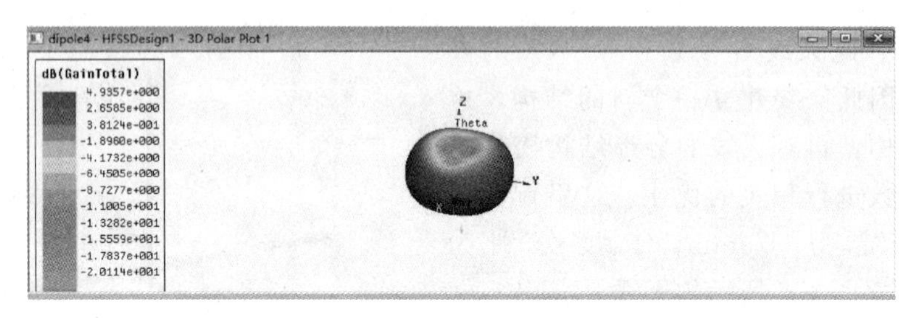

图 4.8　波瓣图（3D polar plot）

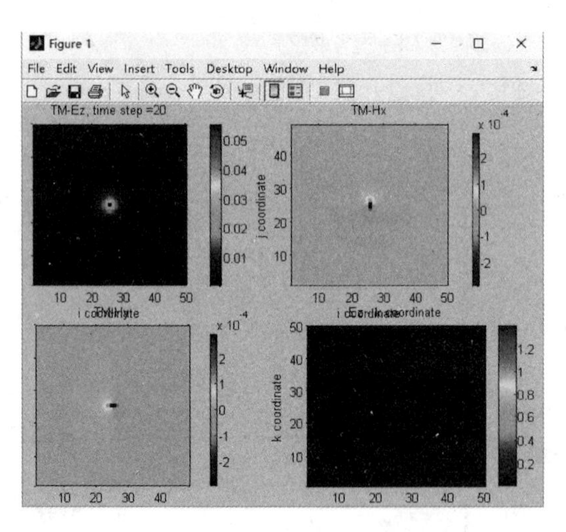

图 4.9　天线的 Matlab 仿真

习题与思考题

4.1　什么叫电小天线？线天线有哪些类型？

4.2　平面波来波方向与 $2L$ 长的对称振子天线夹角为 45°，求天线的有效长度。

4.3　HFSS 天线仿真的激励有哪几种类型？如何设置？

4.4　边界条件如何设置？

4.5　HFSS 仿真是基于什么算法的？

第5章 面天线

本章主要内容

- 基本面元天线的辐射
- 反射面天线

前面讲到的电基本振子天线、磁基本振子天线等属于线天线，适用的最高频段只能是超短波段即米波波段，对于频率更高的微波段来说，微波在传播过程中其绕射能力很弱，主要以直射方式传播，遇到冰雹、树木等物体容易产生较强的反射和折射，从而改变电波的传播方向，影响通信质量。所以，在微波段要实现有效通信，就必须采用方向性很强的面状天线。本章就面状天线的结构特点、辐射原理、分析方法等问题进行讨论。面天线也叫口径面天线，天线所载电流沿天线体的金属表面分布。天线的口径尺寸远大于工作波长，比线天线增益高得多，在微波频段工作，主要由初级馈点和反射组成。面天线的辐射满足：①惠更斯-菲涅尔原理，即空间任一点场是包围天线封闭面上各点的电磁扰动产生的次级辐射在该点叠加的结果。②等效原理，某一区域内产生电磁场的实际场源，可以用一个能在同一区域内产生相同电磁场的等效场源代替。而电磁波满足电磁理论的唯一性定理，若某区域边界上的切向场确定，区域内的散度给定的情况下，区域内的场唯一确定。

5.1 基本面元天线的辐射

面天线求解时，由口径场求解辐射场，每一个面元的次级辐射可以用**等效电流元**与**等效磁流元**来代替，口径场的辐射场就是由所有等效电流元（**等效电基本振子**）和等效磁流元（**等效磁基本振子**）所共同产生的。由于口径面上存在着口径场 E_S 和 H_S，根据惠更斯原理，将口径面分割成许多面元，这些面元称为**惠更斯元或二次辐射源**。所有惠更斯元的辐射之和即得到整个口径面的辐射场。惠更斯元是分析面天线辐射问题的基本辐射元。如图 5.1 所示，空间任一点场是由包围天线的封闭面上的场所产生的辐射在该点的叠加结果。在 S_1 面上，金属表面切向电场为 0，所以空间辐射场由 S_2 面上的场产生，将 S_2 叫作面天线 S_1 的口径面，将 S_2 看作由许多微分面元 dS 构成。根据等效原理，找到合适的等效源直接进行求解即可，不必知道具体的场源，这样求解问题可以大为简化。

在同一区域 V_2 产生电磁场的实际场源 $\boldsymbol{J}_1^e$、$\boldsymbol{J}_1^m$ 可以用在同一区域产生相同电磁场的等

效源 $\boldsymbol{J}_S^e$、$\boldsymbol{J}_S^m$ 代替。根据边界上场的连续性，有

$$\begin{cases}\boldsymbol{J}_S^e=\hat{n}\times(\boldsymbol{H}_1-\boldsymbol{H}_p)\\ \boldsymbol{J}_S^m=-\hat{n}\times(\boldsymbol{E}_1-\boldsymbol{E}_p)\end{cases}\qquad \begin{cases}\boldsymbol{J}_S^e=\hat{n}\times\boldsymbol{H}_1\\ \boldsymbol{J}_S^m=-\hat{n}\times\boldsymbol{E}_1\end{cases}$$

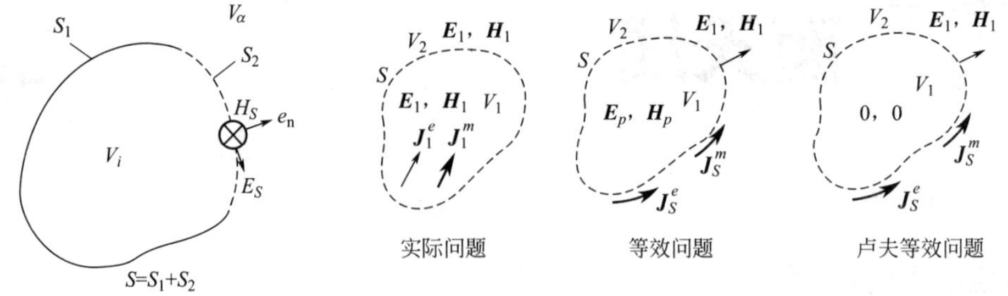

(a) 面天线辐射的计算　　(b) 等效原理图

图 5.1　基本面元天线的辐射

设平面口径面（xOy 面）上的一个惠更斯元 $\mathrm{d}S=\mathrm{d}x\mathrm{d}y$，其上有着均匀的切向电场 E_y 和切向磁场 H_x，面元上的等效电流为 $J=e_{\mathrm{n}}\times H_x=J_y$，相应的**等效电基本振子电流**的方向沿 y 轴方向，其长度为 $\mathrm{d}y$，电流 $I=J_y\mathrm{d}x=H_x\mathrm{d}x$。面元上的**等效面磁流密度**为 $J^m=-e_{\mathrm{n}}\times E_y=J_x^m$，相应的**等效磁基本振子磁流**的方向沿 x 轴方向，其长度为 $\mathrm{d}x$，电流为 $I^m=J_x^m\mathrm{d}y=E_y\mathrm{d}y$。这样惠更斯元的辐射就是相互正交放置的等效电基本振子和等效磁基本振子的辐射场之和。如图 5.2 所示，在 yOz 平面内**电基本振子产生的辐射场**为

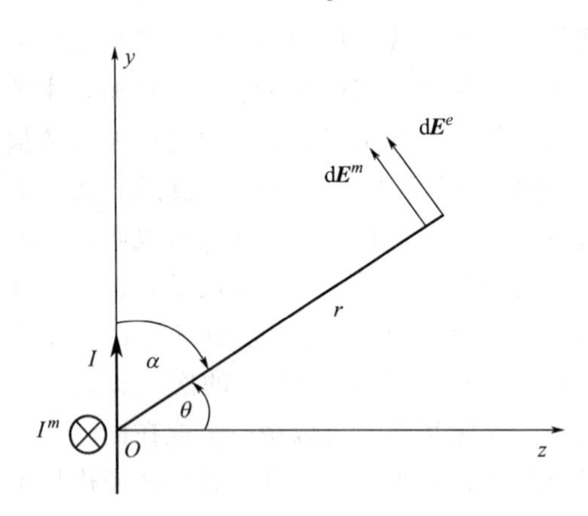

图 5.2　电基本振子与磁基本阵子的辐射场

$$\mathrm{d}E^e=\mathrm{j}\,\frac{60\pi(H_x\mathrm{d}x)\mathrm{d}y}{\lambda r}\sin\alpha\,\mathrm{e}^{-\mathrm{j}kr}e_\alpha$$

磁基本振子产生的辐射场为

$$\mathrm{d}E^m=-\mathrm{j}\,\frac{(E_y\mathrm{d}y)\mathrm{d}x}{2\lambda r}\mathrm{e}^{-\mathrm{j}kr}e_\alpha$$

不难得到**惠更斯元**在 E 平面上的辐射场为 $\mathrm{d}E_E=\mathrm{j}\,\dfrac{1}{2\lambda r}(1+\cos\theta)E_y\mathrm{e}^{-\mathrm{j}kr}\mathrm{d}Se_\theta$。

类似地，在 H 平面，可以得到**电基本振子**产生的辐射场为

$$\mathrm{d}E_e=\mathrm{j}\,\frac{1}{2\lambda r}E_y\mathrm{e}^{-\mathrm{j}kr}\mathrm{d}Se_\varphi$$

磁基本阵子产生的辐射场为

$$\mathrm{d}E_m=\mathrm{j}\,\frac{1}{2\lambda r}E_y\cos\theta\,\mathrm{e}^{-\mathrm{j}kr}\mathrm{d}Se_\varphi$$

可见惠更斯元的最大辐射方向与其本身相互垂直。如果平面口径由这样的面元组成，并且各面元**同相激励**，则此同相口径面的最大辐射方向垂直于该口径面。一般地，可以把惠更斯元的主平面辐射场积分，从而得到平面口径在远区的两个主平面辐射场，即

$$E_M = \mathrm{j}\,\frac{1}{2\lambda r}(1+\cos\theta)\iint_S E_y(x_S, y_S)\mathrm{e}^{-\mathrm{j}kR}\mathrm{d}x_S\mathrm{d}y_S$$

在 E 平面（即 yOz 平面），$\varphi=\frac{\pi}{2}$，$R\approx r-y_S\sin\theta$，辐射场为

$$E_E = E_\theta = \mathrm{j}\,\frac{1}{2\lambda r}(1+\cos\theta)\mathrm{e}^{-\mathrm{j}kr}\iint_S E_y(x_S, y_S)\mathrm{e}^{\mathrm{j}ky_S\sin\theta}\mathrm{d}x_S\mathrm{d}y_S$$

在 H 平面（即 xOz 平面），$\varphi=0$，$R\approx r-x_S\sin\theta$，辐射场为

$$E_H = E_\varphi = \mathrm{j}\,\frac{1}{2\lambda r}(1+\cos\theta)\mathrm{e}^{-\mathrm{j}kr}\iint_S E_y(x_S, y_S)\mathrm{e}^{\mathrm{j}ky_S\sin\theta}\mathrm{d}x_S\mathrm{d}y_S$$

一般把面天线的方向性系数（即方向性增益）定义为最大辐射强度（每立体弧度内的瓦数）与平均辐射强度之比，也就是

$$G_D=\frac{\text{最大辐射强度}}{\text{平均辐射强度}}=\frac{\text{每立体弧度内的最大功率}}{\text{辐射的总功率}/4\pi}$$

也可以用远场距离 R 处的最大辐射功率密度（每平方米的瓦数）与同一距离上的平均密度之比表示，即

$$G_D=\frac{\text{最大辐射功率密度}}{\text{辐射的总功率}/4\pi R^2}=\frac{P_{\max}}{P_t/4\pi R^2}$$

方向性系数就是实际的最大辐射功率密度 $P_{\max}$ 除以辐射功率为各向同性分布时的功率密度 P_0 的值。这个定义不包含天线中的耗散损耗，只与辐射功率的集中度有关，方向系数计算一般由下式决定

$$D=\frac{S_{\max}}{S_0},\ S_0=\frac{P_\Sigma}{4\pi r^2},\ P_\Sigma=\iint_\alpha\frac{|\boldsymbol{E}|^2}{2\eta}\mathrm{d}S$$

$$S_0=\frac{P_\Sigma}{4\pi r^2}=\frac{1}{4\pi r^2}\times\frac{1}{2\eta}\iint_\alpha|\boldsymbol{E}|^2\mathrm{d}S$$

如果口径是对称的，则有 $S_{\max}\Rightarrow\theta=0°$。我们定义天线的增益为方向系数与天线效率的乘积，即

$$G=\eta D$$

由于增益（功率增益）包含天线的损耗，并且我们用天线输入端收到的功率 P_0 来定义，而不用辐射功率 P_t，即

$$G=\frac{\text{最大辐射功率密度}}{\text{收到的总功率}/4\pi R^2}=\frac{P_{\max}}{P_0/4\pi R^2}$$

对于实际的天线，即非理想的天线，辐射功率 P_t 等于收到功率 P_0 乘以天线辐射效率因子 η，即 $P_t=\eta P_0$。比如一个典型天线的耗散损耗为 1.0dB，则 $\eta=0.80$，即输入功率的 80%被辐射，其余部分 $(1-\eta)$ 即 20%被转化为热能。对反射面天线，大部分的损耗都发生在连接到馈源的传输线上，可以做到小于 1dB。方向性系数与波束宽度间有近似关系 $G_D\approx\frac{40000}{B_{az}B_{el}}$，式中，$B_{az}$ 和 B_{el} 分别为主平面内的方位和俯仰半功率波束宽度。这一关系与方向性系数为 46dB 的 1°×1°的波束等价。有效孔径是它在与主波束方向垂直的平面上的投影的实际面积。有效孔径的概念在天线分析，即在工作于接收方式时是很有用的。对面积为 A、工作波长为 λ 的理想（无耗）、均匀照射孔径，方向性增益为 $G_D=4\pi A/\lambda^2$，孔径 A 可提供最大增益，并推出天线有理想的同相位、等振幅的分布。为了减小方向图的副瓣，通常天线并不是均匀照射，而是渐变照射，换句话说，孔径中心最大而边缘较小，天线的方向性增益

$G_D=4\pi A_e/\lambda^2$，式中，A_e 是天线的有效孔径或捕获面积，等于几何孔径与一个小于 1 的因子 ρ_a 的乘积：$A_e=\rho_a A$，其中，ρ_a 称为孔径效率，实际上这是孔径效能，因为它不包括转化为热能的射频功率，即不含耗散效应，而只是给定孔径被利用的有效程度的量度。如果孔径效率为 50%（$\rho_a=0.5$）的天线比均匀照射孔径的增益低 3dB，则并不是耗散了一半的功率。有效孔径表示一个均匀照射孔径，它比实际的非均匀照射孔径小却具有相同的增益。天线的接收功率是 $P_r=P_i A_e$，天线辐射方向图是电磁能在三维角空间中的分布表示成相对（归一化）基础上的曲线。这种分布可用极坐标或直角坐标、电压强度或功率密度、单位立体角内功率（辐射强度）等各种方式绘制成曲线。由于 $D=\frac{4\pi}{\lambda^2}A_e$，若电流理想均匀分布，天线的面积为 A，则天线的有效面积可以通过下式计算

$$A_e=\frac{\left|\iint_S E_x\,\mathrm{d}S\right|^2}{\iint_S |E_x|^2\mathrm{d}S}=\frac{|E_x|^2A^2}{|E_x|^2A}=A$$

天线的口径效率为 $\eta_a=\frac{A_e}{A}$，天线的面积利用系数为

$$\eta_a=\frac{\left|\iint_S E_y(x_S,\ y_S)\mathrm{d}x_S\mathrm{d}y_S\right|^2}{A\iint_S |E_y(x_S,\ y_S)|^2\mathrm{d}x_S\mathrm{d}y_S}$$

这里我们注意到 $D=\frac{4\pi}{\lambda^2}A\eta_a$

5.2 反射面天线

上一节讲了面元的辐射基础理论，本节讨论实际的一类重要的面天线，即反射面天线。面天线通常用于探测目标，如果不论在哪个方向上都能探测到目标，必须使反射面天线能实现大范围的角度覆盖，必须要求窄波束快速往复地在空域内扫描。反射面天线有各种各样的形状，因此照射表面的馈源也各种各样，每一种都用于特定的不同场合。图 5.3 所示为最常用的几种。图 5.3(a) 中的抛物面天线将焦点处的馈源的辐射聚焦成笔形波束，从而获得高增益和小波束宽度。图 5.3(b) 中的抛物柱面天线在一个平面内实现平行校正，在另一平面则允许线性阵列的使用，这样可以使该平面内的波束能够赋形，可灵活控制。使波束在一个平面内赋形的另一方法示于图 5.3(c)，图中的表面不再是抛物面。这是一种较简单的结构，但由于孔径上只有波的相位变化，而抛物面既可调整线性阵列的振幅，又可调整其相位，因而对波束形状的控制不如抛物柱面灵活。

工程上我们常需要多个波束来实现空域覆盖或进行角度测量。如图 5.3(d) 所示，多个不同位置馈源产生的一组二次波束，角度是不同的。它们离开焦点越远，散焦越严重，而且对孔径的遮挡越大。单脉冲天线是更常见的多波束设计，如图 5.3(e) 所示，它是用单个脉冲来确定角度的。这里第二个波束通常是差波束，它的零点正好在第一个波束的峰值处。

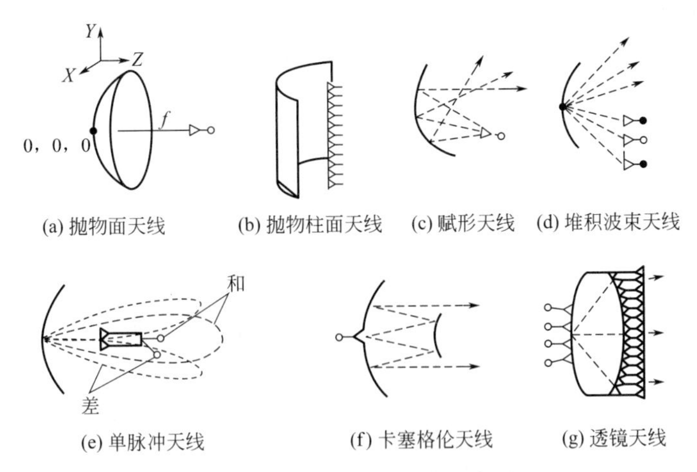

(a) 抛物面天线 (b) 抛物柱面天线 (c) 赋形天线 (d) 堆积波束天线

(e) 单脉冲天线 (f) 卡塞格伦天线 (g) 透镜天线

图 5.3 反射面天线的常用类型

卡塞格伦天线如图 5.3(f) 所示，是典型的多反射体系统，它是从光学望远镜发展起来的，目前广泛用于卫星通信、中继通信与天文学探究。它通过一次波束的赋形提供多一个自由度，并使馈源系统方便地置于主反射体的后面。它使用的偏置配置预期能够实现更好的性能，图示的对称配置有明显的遮挡。

卡塞格伦天线由主反射器、副反射器和辐射源三部分组成。主反射器为旋转抛物面，副反射器为旋转双曲面。双曲面的一个焦点与抛物面的焦点重合，双曲面焦轴与抛物面的焦轴重合，而辐射源位于双曲面的另一焦点上，辐射源发出的电磁波由副反射器进行一次反射，将电磁波反射到主反射器上，然后再经主反射器反射后，获得相应方向的平面波波束，以实现定向发射。

当辐射器位于旋转双曲面的实焦点处时，由焦点发出的射线经过双曲面反射后，就相当于由双曲面的虚焦点直接发射出的射线。只要双曲面的虚焦点与抛物面的焦点相重合，就可使得副反射面反射到主反射面上的射线被抛物面反射成平面波再辐射出去。

相对于抛物面天线来讲，卡塞格伦天线将馈源的辐射方式由抛物面的前馈方式改变为后馈方式，天线的结构变得更为紧凑，制作起来也比较方便。另外卡塞格伦天线可等效为具有长焦距的抛物面天线，而这种长焦距可以使天线从焦点至口面各点的距离接近于常数，因而空间衰耗对馈电器辐射的影响要小，使得卡塞格伦天线的效率比标准抛物面天线要高。与抛物面天线相比，卡塞格伦天线具有以下的优点：①以较短的纵向尺寸实现了长焦距抛物面天线的口径场分布，因而具有高增益、锐波束；②由于馈源后馈，缩短了馈线长度，减少了由传输线带来的噪声；③设计时自由度多，可以灵活地选取主射面、反射面形状，对波束赋形。卡塞格伦天线存在如下缺点：卡塞格伦天线的副反射面的边缘绕射效应较大，容易引起主面口径场分布的畸变，副面的遮挡也会使方向图变形。

如图 5.3(g) 所示是透镜天线，相控阵天线可提供透镜天线很多功能，透镜主要是能避免遮挡，而遮挡在有大尺寸馈源系统的反射面天线中可能是不允许的。各种类型的透镜以及这些基本类型的组合和变形已经被广泛应用，既可以减少损耗和副瓣，又能提供特定的波束形状和位置。

假定导体抛物反射面的焦距为 f，焦点 F 处有一个馈源。由几何光学原理可以证明，从 F 入射到反射面的球面波经反射后变成沿 $+z$ 方向传播的平面波，如图 5.4(a) 所示，这种天线称为抛物反射面天线。

如图 5.4(b) 所示，分析中可以用到两种坐标系，在直角坐标系（x，y，z）中，顶点在原点（0，0，0）的抛物面方程为

$$z=(x^2+y^2)/4f$$

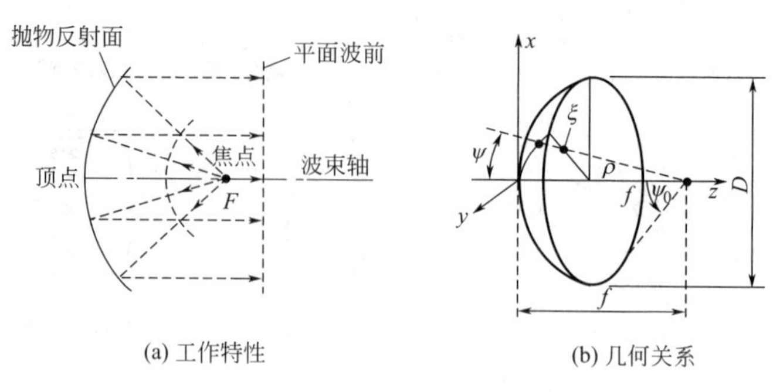

(a) 工作特性　(b) 几何关系

图 5.4　抛物反射体的几何表示

在馈源为原点的球坐标系（ρ，ψ，ξ）中，抛物面方程为

$$\rho=f\sec^2\frac{\psi}{2}$$

这种坐标系对设计馈源方向图是有用的，对于馈源至反射体边缘的张角可用 $\tan\frac{\psi_0}{2}=D/4f$ 求出。

将孔径角 $2\psi_0$ 绘制成 f/D 的函数。具有较长焦距的反射体较平坦，引起的极化畸变和偏轴波束畸变最小，它要求一次波束最窄，从而要求馈源最大。例如当 $f/D=1.0$ 时，反射体要求的喇叭口尺寸近似为 $f/D=0.25$，这是反射面要求的 4 倍。大多数反射体的焦距 f 都选在它的直径 D 的 0.25～0.5 倍之间。

当设计馈源以特定的渐变方式照射反射体时，必须考虑至表面的距离 ρ，因为球面波的功率密度是以 $1/\rho^2$ 下降的。由馈源方向图及这一“空间锥削”的乘积可知，反射面边缘的电平是低于反射体中心的，它的空间锥削用分贝表示为

$$\text{空间锥削(dB)}=20\lg\frac{(4f/D)^2}{1+(4f/D)^2}$$

这表明有意义的贡献出现在较小的焦距处。

抛物柱面天线：可以看到反射面轮廓线是 $z=y^2/4f$，馈源在焦线 FF' 上，反射面上的点相对馈源中心的位置为 x 和 $\rho=f\sec^2(\psi/2)$。除空间衰减外，抛物面的许多准则都能用于抛物柱面。由于馈源的能量发散到柱面，而不是到球面上，功率密度随 ρ 下降，而不是随 ρ^2 下降。抛物柱面的高度或长度必须与线性馈源阵的有限波束宽度、形状和扫描角相适应。在与侧射面的夹角为 θ 处，一次波束在距顶点 $f\tan\theta$ 处与反射面相交，如图 5.5 所示。来自受控线源的一次波束的峰值落在一个圆锥上，使之与反射体顶部的左右拐角的相应交线更远，即在 $f\sec^2(\psi_0/2)\tan\theta$ 处，因此抛物柱面的拐角实际上很少是圆的。如果抛物柱面对称，则受到的遮挡很大，因此常常制成偏置的，适当设计的多单元偏置线源馈电的柱面能够具有优良的性能。这种变形反射体的轴线是水平的，并由线阵馈电，以便获得低副瓣的方位方向图，在高度上被赋形，可以实现俯仰覆盖，这就替代了二维阵列的设计，成本也低。

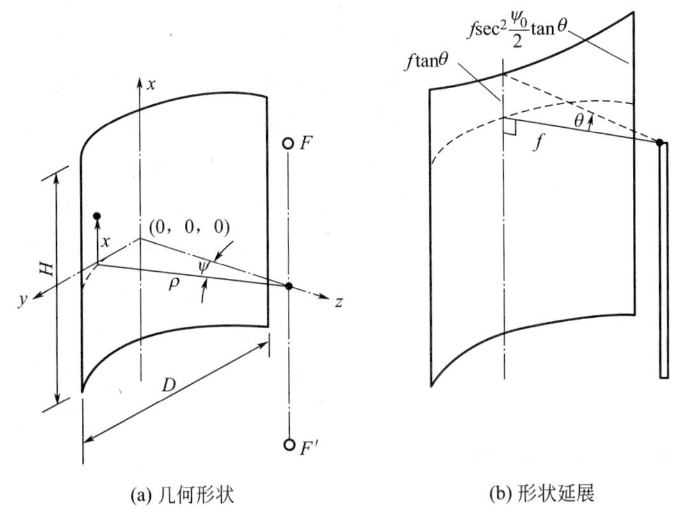

(a) 几何形状　　(b) 形状延展

图 5.5　抛物柱体

如图 5.6、图 5.7 所示，通过给反射面赋形来实现给波束赋形，反射面的每一部分指向一个不同的方向，且在几何光学的适用范围内该角度处的振幅是来自馈源在这一部分上的功率密度积分和。利用计算机辅助技术，能够通过对被反射的一次波束直接求积分而精确地逼近任意的波束形状。这样做时设计师可使近似达到任何所需的精度。特别是能考虑一次波束的方位渐变，对准仰角的那扇反射体能在方位面聚焦，以及从仰角看去能有适当的外形等，没有这些措施，偏轴副瓣就会由扇面所产生。

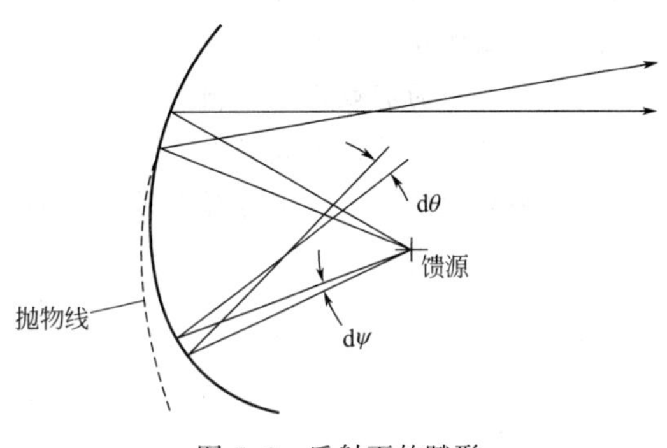

图 5.6　反射面的赋形

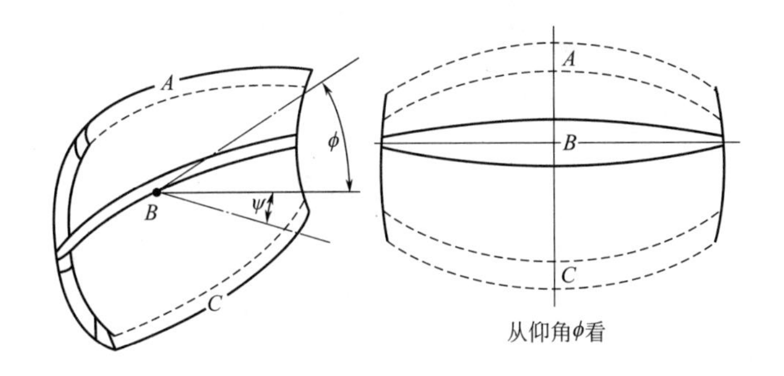

图 5.7　三维赋形反射面天线的设计

关于喇叭抛物面天线，如图 5.8 所示，我们知道无论抛物面天线还是卡塞格伦天线，都会有一部分由反射面返回的能量被馈源重新吸收，这种现象称为阴影效应。阴影效应不仅破坏了天线的方向图形状，降低了增益系数，加大了副瓣电平，而且破坏了馈源与传输线的匹配。尽管可以采用一些措施来加以改善，但是会由此缩小天线的工作带宽，很难做到宽频带

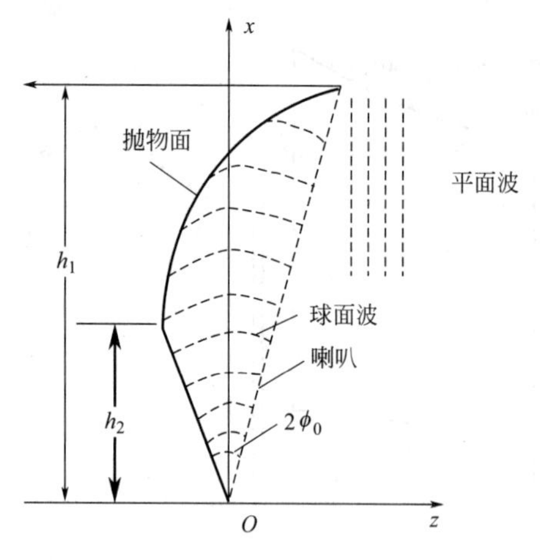

图 5.8 喇叭抛物面天线的工作原理

尤其是多频段。假如能把馈源移出二次场的区域，则上面所提到的阴影效应也就可以避免了。喇叭抛物面天线正是基于这种考虑提出的。喇叭抛物面天线是由角锥喇叭馈源及抛物面的一部分构成的。馈源喇叭置于抛物面的焦点，并将喇叭的三个面延伸与抛物面相接，在抛物面正前方留一个口，让经由抛物面反射的电波发射出来。喇叭抛物面天线的工作原理与一般抛物面天线的工作原理相同，即将角锥喇叭辐射的球面波经抛物面反射后变为平面波辐射出去。可以看出，喇叭抛物面天线的波导轴 x 与抛物面的焦轴 z 垂直，经抛物面的反射波不再回到喇叭馈源，从而克服了抛物面天线的前述缺点。

习题与思考题

5.1 面天线有哪些类型？

5.2 什么叫反射面天线？

5.3 面天线的有效面积如何计算？

5.4 贴片天线是面天线吗？

5.5 喇叭抛物面天线工作原理是怎样的？

矩量法

本章主要内容

- 积分方程与矩量法基础
- 格林函数
- 应用于拟静态问题、散射问题、辐射与吸收率 SAR 问题

6.1 引言

天线是辐射电磁波的工具，而对涉及辐射的很多电磁场问题，可以用数值方法对麦克斯韦方程求数值解来解决。矩量法就是一种数值方法。一般地，很多问题可以用一系列不同类型时的方程表示

$$L\Phi = g \tag{6.1}$$

式中，L 是一个算子，它可以是微分、积分或者是积分微分；g 是激励或源函数；Φ 是被定义的未知函数。L 有多种微分形式。本章将 L 作为积分和积分微分的形式来讨论。

状态法是解方程的常用手段。该方法是用一个符号通过乘以合适的权衡系数来记作当前状态。状态法来源于俄罗斯学者，而第一个使用者是 Harrington，他详细地记载了状态法的起源和发展。

状态法实质上是加权残值法，也适合解微分和积分方程。自 1965 年 Richmond 和 1967 年 Harrington 使用状态法后，在电磁场中受到广泛关注，变得非常流行。该方法成功地应用于多种类型的电磁场实际问题，比如细导线阵列辐射、离散问题，镜像分析和有耗结构，电磁波的非均匀传播，天线发射等。它的一种改进型方法是 Ney 提出的。关于状态法的专著已经非常多，其中学者 Adams 提供了部分可以参考的综合文献。应用状态法解方程的步骤通常分为四步。

① 建立合适的积分方程。

② 使用基础函数和加权函数把积分方程变成一个方程模型等式。

③ 代入模型元素的值。

④ 解模型方程和获取所需的参量。

第②步所要的基础公式很多，这里只是应用它们去解积分方程而不是偏微分方程。

6.2 积分方程

一个积分方程是任何涉及 Φ 表示的未知函数的方程，比如，傅里叶变换、拉普拉斯变换。

6.2.1 积分方程类型

在 Fredholm 和 Volterra 之后，人们频繁使用线性积分，大致分成两种类型。第一种类型是 Fredholm 等式，三种形式如下

$$f(x)=\int_a^b k(x,t)\Phi(t)\mathrm{d}t \tag{6.2}$$

$$f(x)=\Phi(x)-\lambda\int_a^b k(x,t)\Phi(t)\mathrm{d}t \tag{6.3}$$

$$f(x)=a(x)\Phi(x)-\lambda\int_a^b k(x,t)\Phi(t)\mathrm{d}t \tag{6.4}$$

λ 是一个标量参数，函数 $k(x,t)$、$f(x)$，区间 $[a,b]$ 是已知的，未知的是 $\Phi(x)$ 函数。函数 $k(x,t)$ 是积分方程的核心。有时标量 λ 是统一的。

第二种类型是 Volterra 积分方程，三种形式如下

$$f(x)=\int_a^x k(x,t)\Phi(t)\mathrm{d}t \tag{6.5}$$

$$f(x)=\Phi(x)-\lambda\int_a^x k(x,t)\Phi(t)\mathrm{d}t \tag{6.6}$$

$$f(x)=a(x)\Phi(x)-\lambda\int_a^x k(x,t)\Phi(t)\mathrm{d}t \tag{6.7}$$

它是用一个变量作为积分方程的上限。如果 $f(x)=0$，则积分方程式(6.2)～式(6.7)变为同一类型，而且它们都是线性积分方程。因为 Φ 成为一个线性相关的进入等式。如果积分 Φ 表示为 Φ^n 且 $n>1$，则不是线性积分方程。例如

$$f(x)=\Phi(x)-\int_a^b k(x,t)\Phi^2(t)\mathrm{d}t \tag{6.8}$$

是非线性方程。同样如果上限 a 或下限 b 或者中心函数 $k(x,t)$ 变为无穷，那么积分方程则被认为是异常的。如果 $k(x,t)=k(t,x)$，则中心函数被认为是对称的。

6.2.2 积分与微分的联系

很多微分方程可以用积分方程来表达，但是反过来就不一定能行。当多个微分方程中的值域条件被外部强加赋值时，可以合并成一个积分方程。

例如，考虑第一种常用典型微分方程

$$\frac{\mathrm{d}\Phi}{\mathrm{d}x}=F(x,\Phi) \qquad a\leqslant x\leqslant b \tag{6.9}$$

其中 $\Phi(a)=$常值，那么这个方程可以写成 Volterra 的第二种形式。式(6.9)写成

$$\Phi(x)=\int_a^x F(t,\ \Phi(t))\mathrm{d}t+c_1$$

当 $c_1=\Phi(a)$ 时，等式变为

$$\Phi(x)=\Phi(a)+\int_a^x F(t,\Phi)\mathrm{d}t \tag{6.10}$$

任何一个式(6.10) 的解都是式(6.9) 的解和边界条件。因此一个积分方程表达式都应包括微分和边界条件，类似地，考虑第二种常定义的微分方程式

$$\frac{\mathrm{d}^2\Phi}{\mathrm{d}x^2}=F(x,\Phi),\ a\leqslant x\leqslant b \tag{6.11}$$

两边进行一次积分得

$$\frac{\mathrm{d}\Phi}{\mathrm{d}x}=\int_a^x F(x,\Phi(t))\mathrm{d}t+c_1 \tag{6.12}$$

再对两边进行一次积分得

$$\Phi(x)=c_2+c_1x+\int_a^x (x-t)F(x,\ \Phi(t))\mathrm{d}t$$

当 $c_1=\Phi'(a)$，$c_2=\Phi(a)-\Phi'(a)a$

$$\Phi(x)=\Phi(a)+(x-a)\Phi'(a)+\int_a^x (x-t)F(x,\Phi)\mathrm{d}t \tag{6.13}$$

此外，我们注意到积分方程式(6.13) 包括了方程式(6.11) 和边界条件，仅仅考虑了一元积分方程式，积分方程式中未知函数是二维或多维情形将在后面考虑。

【例 6.1】 求解 Voletrra 积分方程：

$$\Phi(x)=1+\int_0^x \Phi(t)$$

解：可以通过找相对应的微分形式来直接或者是间接得到答案。我们选择直接法，主要是通过把一个已知的积分方程进行微分。一般来说，该积分方程积分形式如下

$$g(x)=\int_{a(x)}^{b(x)} f(x,t)\mathrm{d}t \tag{6.14}$$

积分上下限限定是变量，由 Leibnitz 规则得

$$g'(x)=\int_{\alpha(x)}^{\beta(x)} \frac{\partial f(x,t)}{\partial x}\mathrm{d}t+f(x,\beta)\beta'-f(x,\alpha)\alpha' \tag{6.15}$$

再由题目中给定的微分积分方程，我们得到

$$\frac{\mathrm{d}\Phi}{\mathrm{d}x}=\Phi(x) \tag{6.16a}$$

或

$$\frac{\mathrm{d}\Phi}{\Phi}=\mathrm{d}x \tag{6.16b}$$

由此得 $\ln\Phi=x+\ln c_0$ 即 $\Phi=c_0\mathrm{e}^x$

当 $\ln c_0$ 是一个常值时，我们可以得到 $\Phi(0)=1=c_0$，因此

$$\Phi(x)=\mathrm{e}^x \tag{6.17}$$

即为所求得的解。可以通过把结果代入等式检验。

间接法解方程是通过把方程与式(6.10) 比较得 $a=0$，$\Phi(a)=\Phi(0)=1$，同时 $F(x,\Phi)=\Phi(x)$。因此，由给定的微分方程得

$$\frac{\mathrm{d}\Phi}{\mathrm{d}x}=\Phi,\ \Phi(0)=1$$

这与式(6.16) 相同，结果就是式(6.17)。

【例 6.2】 给出下面积分相对应的微分方程

$$\Phi''' - 3\Phi'' - 6\Phi' + 8\Phi = 0 \text{ 已知 } \Phi''(0) = \Phi'(0) = \Phi(0) = 1$$

解：由题设得到

$$\Phi''' = F(\Phi,\ \Phi,\ \varphi,\ x) = 3\Phi'' + 6\Phi' - 8\Phi$$

对上式两边微分得到

$$\Phi'' = 3\Phi' + 6\Phi - 8\int_0^x \Phi(t)\mathrm{d}t + c_1 \tag{6.18}$$

c_1 可以由初始值计算出

$$1 = 3 + 6 + c_1 \Rightarrow c_1 = -8$$

再对两边进行积分得

$$\Phi' = 3\Phi + 6\int_0^x \Phi(t)\mathrm{d}t - 8\int_0^x (x-t)\Phi(t)\mathrm{d}t - 8x + c_2 \tag{6.19}$$

$$1 = 3 + c_2 \Rightarrow c_2 = -2$$

最后将两边积分得

$$\Phi(x) = 1 - 2x - 4x^2 + \int_0^x [3 + 6(x-t) - 4(x-t)^2]\Phi(t)\mathrm{d}t$$

当 $c_3 = 1$，积分方程就相当于

$$\Phi(x) = 1 - 2x - 4x^2 + \int_0^x [3 + 6(x-t) - 4(x-t)^2]\Phi(t)\mathrm{d}t \tag{6.20}$$

6.3 格林函数

如果要从偏微分方程中得到积分方程，我们可以运用辅助方程即格林函数解决问题，格林函数也被称为源函数，它是解决线性值域问题的核心函数，也是积分方程和微分方程的重要联系形式，它也提供了一种解决偏微分方程的方法（$L\Phi = g$ 中的 g ）。换句话说，它提供了一种可选择的途径，即一系列扩展的方法解非对称的边界值问题，通过将非对称问题转化为容易求解的问题。

为了获得某种激励产生的磁场，我们可以用格林函数来求解，找到所有相关源并把它们累加起来。如果 $G(r,\ r')$ 是在观察点 r 的场（由在 r' 点的单一激励源引起），那么在整个 r' 的辐射范围内被发散源 $g(r')$ 引起的场 r 点是 g（r'）与 $G(r,\ r')$ 的积分形式，函数 G 就是格林函数。在物理学上，格林函数 $G(r,\ r')$ 表示在 r' 处对 r 处辐射的位置。例如，解 Dirichelt 问题 $\nabla^2\Phi = g$ 定义域是 B

$\Phi = f$ 值域是 R

$$\Phi = \int_R g(r')G(r,r')\mathrm{d}v' + \oint_b f\,\frac{\partial G}{\partial n}\mathrm{d}S \tag{6.21}$$

式中，n 表示在边界为 B 的 R 值域内法向量。可以看到，源函数 Φ 由已知函数 G 决定，因而解决问题的根本是构建格林函数而不是找源激励。

考虑第二个线性偏微分定义

$$L\Phi = g \tag{6.22}$$

定义格林函数相对应的微分算子 L 作为一个点源激励非对称方程

$$LG(r, r') = \delta(r, r) \tag{6.23}$$

式中，r 和 r' 分别是场点（x，y，z）和源点（x'，y'，z'），$\delta(r, r')$ 是 δ 冲激函数，在 $r \neq r'$ 时 $\delta(r, r')$ 为 0，同时也满足

$$\int \delta(r, r') g(r') \mathrm{d}v' = g(r) \tag{6.24}$$

从式(6.23) 中，可以得到格林函数 $G(r, r')$ 被认为是已给边界问题的答案，通过用独立的激励函数代替源项 g，由此物理意义上 $G(r, r')$ 认为是线性系统单一激励的响应，对于点 $r = r'$，格林函数有如下几个特征：

a. 除了激励点 r' 外，满足 $LG = 0$ 即

$$LG(r, r') = \delta(r, r') \tag{6.25}$$

b. G 满足对称，$G(r, r') = G(r', r)$

c. G 满足边界值 f 在 B 的规定

$$G = f, f \in B \tag{6.26}$$

d. 方向导数 $\dfrac{\partial G}{\partial n}$ 有一个不连续的点在 r'，这是方程的特性。

$$\lim_{\varepsilon \to 0} \oint_S \frac{\partial G}{\partial n} \mathrm{d}S = 1 \tag{6.27}$$

n 是外法线，指向半径为 ε 的范围内，如图 6.1 所示

$$|r - r'| = \varepsilon^2$$

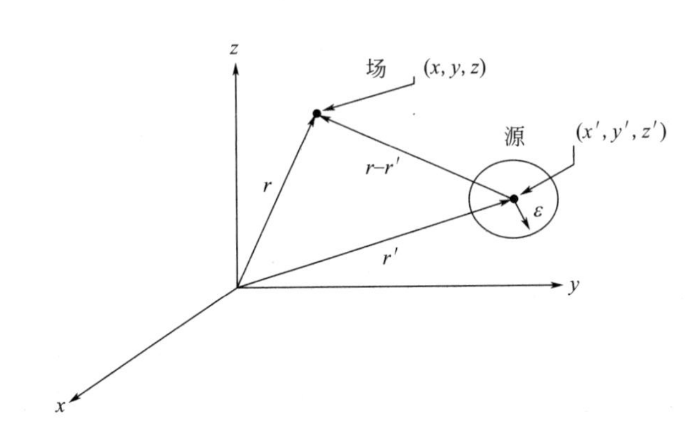

图 6.1 格林函数

6.3.1 自由空间

现在讨论如何构建与微分方程相对应的自由空间关于格林函数的方程 G。它很方便地让 G 用于对非对称方程 $LG = g$ 的偏积分求累加和，以及应用于相伴齐次方程 $LG = 0$。可以令

$$G(r, r') = F(r, r') + U(r, r') \tag{6.28}$$

当 $F(r, r')$ 作为一个自由格林方程或者基础解时，满足

$$LF = \delta(r, r'), r \in R \tag{6.29}$$

以及

$$LU = 0, r \in R \tag{6.30}$$

整合式 $G=F+U$ 满足要求，同时 $G=f$，在边界 B 上要求

$$U=-F+f \quad \text{值域是 } B \tag{6.31}$$

注意 F 不满足边界条件，这里举例来说明，考虑二维空间问题

$$L=\frac{\partial^2}{\partial x^2}+\frac{\partial^2}{\partial y^2}=\nabla^2 \tag{6.32}$$

相对应的格林函数 $G(x, y, x', y')$ 满足

$$\nabla^2 G(x,y,x',y')=\delta(x-x')\delta(y-y') \tag{6.33}$$

因此，F 必须满足

$$\nabla^2 F=\delta(x-x')\delta(y-y')$$

由于 $\rho=[(x-x')^2+(y-y')^2]^{\frac{1}{2}}>0$，且 $x\neq x'$，$y\neq y'$，所以有

$$\nabla^2 F=\frac{1}{\rho}\times\frac{\partial}{\partial\rho}\left(\rho\frac{\partial F}{\partial\rho}\right)=0 \tag{6.34}$$

两边积分得

$$F=A\ln\rho+B \tag{6.35}$$

代入方程式 (6.27)

$$\lim_{\varepsilon\to 0}\oint\frac{\mathrm{d}f}{\mathrm{d}\rho}\mathrm{d}l=\lim_{\varepsilon\to 0}\int_0^{2\pi}\frac{A}{\rho}\rho\,\mathrm{d}\varphi=2\pi A=1$$

故 $A=\frac{1}{2\pi}$，由于 B 是任意的，可以选择 $B=0$，于是

$$F=\frac{1}{2\pi}\ln\rho$$

$$G=F+U=\frac{1}{2\pi}\ln\rho+U \tag{6.36}$$

选择 U 是为了使得 G 满足边界条件。这里再讨论第三个问题，令

$$L=\nabla^2=\frac{\partial^2}{\partial x^2}+\frac{\partial^2}{\partial y^2}+\frac{\partial^2}{\partial z^2} \tag{6.37}$$

相对应的格林公式 $G(x, y, z, x', y', z')$ 满足

$$LG(x,y,z,x',y',z')=\delta(x-x')\delta(y-y')\delta(z-z') \tag{6.38}$$

且 F 必须满足

$$\nabla^2 F=\delta(x-x')\delta(y-y')\delta(z-z')=\delta(r-r')$$

当 $r\neq r'$

$$\nabla^2 F=\frac{1}{r^2}\times\frac{\mathrm{d}}{\mathrm{d}r}\left(r^2\frac{\mathrm{d}F}{\mathrm{d}r}\right)=0 \tag{6.39}$$

对等式进行两次积分

$$F=-\frac{A}{r}+B \tag{6.40}$$

代入到式(6.27)

$$1=\lim_{\varepsilon\to 0}\oint\frac{\mathrm{d}F}{\mathrm{d}r}\mathrm{d}S=\lim_{\varepsilon\to 0}\int_0^{2\pi}\int_0^{\pi}\frac{A}{r^2}\sin\varphi\,\mathrm{d}\theta\,\mathrm{d}\varphi=4\pi A$$

或 $A=\frac{1}{4\pi}$。当 $B=0$ 时，$F=-\frac{1}{4\pi r}$ 以及

$$G = F + U = -\frac{1}{4\pi r} + U \tag{6.41}$$

这里选择U是为了让函数G满足边界条件。常用的解决电磁场与电磁波相关问题的函数可以在有关书中找到，解稳态波问题的格林函数有三种形式，经常使用的是格林函数用来解拉普拉斯方程，当微波参数k是0，这些函数可以用多种形式表示。比如

$$F = -\frac{\mathrm{j}}{4} H_0^{(1)}(k|\rho - \rho'|) = -\frac{\mathrm{j}}{4} H_0^{(1)}(k[\rho^2 + \rho'^2 - 2\rho\rho'\cos(\varphi - \varphi')]) \tag{6.42}$$

可以写为

$$F = \begin{cases} -\frac{\mathrm{j}}{4}\sum\limits_{n=-\infty}^{\infty} H_n^{(1)}(k\rho') J_n(k\rho) \mathrm{e}^{-\mathrm{j}n(\varphi-\varphi')}, \rho < \rho' \\ -\frac{\mathrm{j}}{4}\sum\limits_{n=-\infty}^{\infty} H_n^{(1)}(k\rho) J_n(k\rho') \mathrm{e}^{-\mathrm{j}n(\varphi-\varphi')}, \rho > \rho' \end{cases} \tag{6.43}$$

这是 Hankel 函数，从有关定理可以推导出来。这表明除了在很简单的应用领域外，试图建立格林函数的表述形式非常困难。

在格林公式的辅助下，我们能写出与积分方程相对应的泊松方程。

$$\nabla^2 V = -\frac{\rho_v}{\varepsilon}, V = \int \frac{\rho_v}{\varepsilon} G(r, r') \mathrm{d}v' \tag{6.44}$$

$$V = \int \frac{\rho_v \mathrm{d}v'}{4\pi\varepsilon r} \tag{6.45}$$

类似地，与积分方程相对应的 Helmholtz's 方程也有三种形式

$$\nabla^2 \Phi + k^2 \Phi = g \tag{6.46}$$

于是得

$$\Phi = \int g G(r, r') \mathrm{d}v' \tag{6.47}$$

或

$$\Phi = \int \frac{g\,\mathrm{e}^{\mathrm{j}kr} \mathrm{d}v'}{4\pi r}$$

该输出波形就可以得到。

6.3.2　应用域的范围

如果应用区域是自由空间，则格林函数很容易得到。当应用域被限制为一个或者几个平面时，有两种方式可以获得格林函数：镜像法和特征函数扩展法。

(1) 镜像法

镜像法是求解场分布非常有用的技术手段，由于一个或多个源被放在指定的平面场上，假如一个点电荷q放在距地平面h处，边界条件被暂时忽略，通过在所在平面之外放置镜像电荷$-q$，位置与原电荷q构成镜像。怎样使用这种方法求得格林函数，下面看几个实例。

考虑$y=0$和$y=h$的地面区域，格林函数$G(x, y, x', y')$是点(x, y)处的电位，它是一个线性单位电荷 1C/m 放在（x'，y'）的结果。如果没有地平面存在，由线电荷在距离为ρ上产生的电位是

$$V(\rho)=\frac{1}{4\pi\varepsilon}\ln\rho^2 \tag{6.48}$$

为了满足地平面的边界条件，可以考虑无限个镜像，某点电位是由一连续的线电荷（包括原始端）引起的所有无限个镜像电荷，对于该点的贡献的叠加，即

$$\begin{aligned}G(x,y,x',y')=&\frac{1}{4\pi\varepsilon}(\ln[(x-x')^2+(y+y')^2]-\ln[(x-x')^2+(y+y')^2]\\&+\sum_{n=1}^{\infty}(-1)^n\left\{\begin{matrix}\ln[(x-x')^2+(y+y'-2nh)^2]-\ln[(x-x')^2+(y-y'-2nh)^2]\\+\ln[(x-x')^2+(y+y'-2nh)^2]-\ln[(x-x')^2+(y-y'-2nh)^2\end{matrix}\right\}\\=&\frac{1}{4\pi\varepsilon}\sum_{n=\infty}^{\infty}\ln\frac{(x-x')^2+(y+y'-2nh)^2}{(x-x')^2+(y-y'-2nh)^2}\end{aligned} \tag{6.49}$$

这个合并过程很慢并且用数值方法计算起来非常复杂，可以写成总和的形式

$$G(x,y,x',y')=\frac{1}{4\pi\varepsilon}\ln\frac{\sinh^2\frac{\pi(x-x')}{2h}+\sin^2\frac{\pi(y+y')}{2h}}{\sinh^2\frac{\pi(x-x')}{2h}+\sin^2\frac{\pi(y-y')}{2h}} \tag{6.50}$$

可以看出，它满足相应的水平面边界条件，在 $y=0$ 或 $y=h$ 时，G（x，y，x'，y'）$=0$。

注意在 $x=x'$，$y=y'$（$0\leqslant y\leqslant h$）处 G 有唯一的值，一个单一的电荷放在两个平面之间会产生和放上一系列的镜像电荷而没有平面同样的电位。

对于 $G(x,y,x',y')$ 的积分方程，设有单一的源函数，即

$$G(x,y,x',y')=-\frac{1}{4\pi\varepsilon}\ln[(x-x')^2+(y+y')^2]+g(x,y,x',y') \tag{6.51}$$

$$g(x,y,x',y')=\frac{1}{4\pi\varepsilon}\ln\frac{[(x-x')^2(y-y')^2]\left[\sinh^2\frac{\pi(x-x')}{2h}+\sin^2\frac{\pi(y+y')}{2h}\right]}{\sinh^2\frac{\pi(x-x')}{2h}+\sin^2\frac{\pi(y-y')}{2h}} \tag{6.52}$$

注意，$g(x,y,x',y')$ 是有限的，在 $0\leqslant y\leqslant h$ 范围内，积分 g 是可以用数值方法来估计的，其中的对数函数部分可以用积分表加以估算分析。此外利用镜像法，格林函数可以解决多导体传输线以及曲面微波问题。

(2) 特征函数扩展法

这种方法是用对称微分方程来求得格林函数。格林函数是一系列满足有关相对应的微分方程的标准正交函数，进一步，为了获得特征函数，假定格林函数的微分等式为

$$\frac{\partial^2\psi}{\partial x^2}+\frac{\partial^2\psi}{\partial y^2}+k^2\psi=0 \tag{6.53}$$

已知条件 $$\frac{\partial\psi}{\partial n}=0 \text{ 或者 } \psi=0 \tag{6.54}$$

要使式(6.53) 中的特征函数以及特征值满足式（6.54），则 ψ_j 和 k_j 可满足

$$\nabla^2\psi_j+k_j^2\psi_j=0 \tag{6.55}$$

假定 ψ_j 是一个完全正交形式

$$\int \psi_j^* \psi_i \mathrm{d}x\mathrm{d}y = \begin{cases} 1, j = i \\ 0, j \neq i \end{cases} \tag{6.56}$$

这里的 * 指的是有复共轭，$G(x, y, x', y')$ 可以改写成由一系列 ψ_j 组成的形式。

由此，格林公式就必须满足

$$(\nabla^2 + k^2) G(x, y, x', y') = \delta(x - x')\delta(y - y') \tag{6.57}$$

把式(6.55) 和式(6.56) 代入到式(6.57) 得

$$\sum_{j=1}^{\infty} a_j (k^2 - k_j^2)\psi_j = \delta(x - x')\delta(y - y') \tag{6.58}$$

两边同时乘以 ψ_i^* 并在 S 域上进行积分

$$\sum_{j=1}^{\infty} a_j (k^2 - k_j^2) \int_S \psi_j \psi_i^* \mathrm{d}x\mathrm{d}y = \psi_i^*(x', y') \tag{6.59}$$

再把正交等式（6.56）代入上式得

$$a_i (k^2 - k_i{}^2) = \psi_i^*(x', y'), a_i = \frac{\psi_i^*(x', y')}{k^2 - k_i^2} \tag{6.60}$$

因此得到

$$G(x, y, x', y') = \sum_{j=1}^{\infty} \frac{\psi_j(x, y)\psi_j^*(x', y')}{k^2 - k_j^2} \tag{6.61}$$

特征值法主要是利用求得的格林函数去解决平面边界问题，比如矩形框、棱镜、曲面上有关的微波和多层性电介质结构问题，此外还有波导以及表面磁化等。由于所需的特征函数被仅有的上述三种情况所决定，该方法只能用于分离的坐标系统情形。

【例 6.3】 构造格林函数，已知

$$\nabla^2 V = 0$$

并且 $V(a, \varphi) = f(\varphi)$，讨论的区域是 $\rho \leqslant a$ 。

解：由于 $g = 0$，代入方程式(6.21) 得

$$V = \oint_C f \frac{\partial G}{\partial n} \mathrm{d}l \tag{6.62}$$

圆环 C 是圆盘的边界区域，$G = F + U$，已知 F 的值为

$$F = \frac{1}{2\pi} \ln|\rho - \rho'|$$

因此

$$F(\rho, \varphi, \rho', \varphi') = \frac{1}{2\pi} \ln[\rho'^2 + \rho^2 - 2\rho\rho' \cos(\varphi - \varphi')] \tag{6.63}$$

关键问题是如何求出 U

$$\nabla^2 U = 0 \text{ 在 } R \text{ 内，同时 } U = -F \text{ 在环 } C \text{ 上} \tag{6.64}$$

$$U(a, \varphi, \rho', \varphi') = -\frac{1}{4\pi} \ln[a^2 + \rho'^2 - 2a\rho' \cos(\varphi - \varphi')] \tag{6.65}$$

$$U = \frac{A_0}{2} + \sum_{n=1}^{\infty} \rho^n (A_n \cos n\varphi + B_n \sin n\varphi) \tag{6.66}$$

根据已知条件式(6.65)，通过解微分方程式(6.64)，可以得到 U。为了将边界条件式(6.65) 应用到式(6.66) 中，首先做一个傅里叶级数变换

$$\sum_{n=1}^{\infty}\frac{z^n}{n}\cos n\theta=\int_0^z\frac{\cos\theta-\lambda}{1+\lambda^2-2\lambda\cos\theta}\mathrm{d}\lambda=-\frac{1}{2}\ln[1+z^2+2z\cos\theta] \tag{6.67}$$

于是，式(6.65b) 可以变为

$$\begin{aligned}U(a,\varphi,\rho',\varphi')&=-\frac{1}{4\pi}\ln a^2[1+(\rho'/a)^2-\frac{2\rho'}{a}\cos(\varphi-\varphi')]\\&=-\frac{1}{2\pi}\ln a+\frac{1}{2\pi}\sum_{n=1}^{\infty}\left(\frac{\rho}{a}\right)^2\frac{\cos n(\varphi-\varphi')}{n}\\&=-\frac{1}{2\pi}\ln a+\frac{1}{2\pi}\sum_{n=1}^{\infty}\left(\frac{\rho}{a}\right)^2\frac{\cos n\varphi\cos n\varphi'-\sin n\varphi\sin n\varphi')}{n}\end{aligned} \tag{6.68}$$

把式(6.66) 与式 (6.68) 相比较，在 $\rho=a$ 时很方便就可以得到 A_n 和 B_n

$$\frac{A_0}{2}=-\frac{1}{2\pi}\ln a$$

$$a^nA_n=\frac{1}{2\pi n}\left(\frac{\rho'}{a}\right)^n\cos n\varphi'$$

$$a^nB_n=\frac{1}{2\pi n}\left(\frac{\rho'}{a}\right)^n\sin n\varphi'$$

于是式(6.65) 变为

$$\begin{aligned}U(\rho,\ \varphi,\ \rho',\ \varphi')&=-\frac{1}{2\pi}\ln a+\frac{1}{2\pi}\sum_{n=1}^{\infty}\left(\frac{\rho'}{a}\right)^n\left(\frac{\rho}{a}\right)^n\frac{\cos n(\varphi-\varphi')}{n}\\&=-\frac{1}{2\pi}\ln a-\frac{1}{4\pi}\ln[1+\left(\frac{\rho\rho'}{a^2}\right)^2-\frac{2\rho\rho'}{a^2}\cos(\varphi-\varphi')]\end{aligned} \tag{6.69}$$

从式(6.64) 和式(6.69) 中可以得到格林函数

$$\begin{aligned}G=&\frac{1}{4\pi}\ln[\rho^2+\rho'^2-2\rho\rho'\cos(\varphi-\varphi')]\\&-\frac{1}{4\pi}\ln\left[a^2+\frac{\rho^2\rho'^2}{a^2}-2\rho\rho'\cos(\varphi-\varphi')\right]\end{aligned} \tag{6.70}$$

构造格林函数的另外一种不同寻常的方法是镜像法，对式(6.70) 利用镜像法得

$$G(P,\ P')=\frac{1}{2\pi}\ln r+U$$

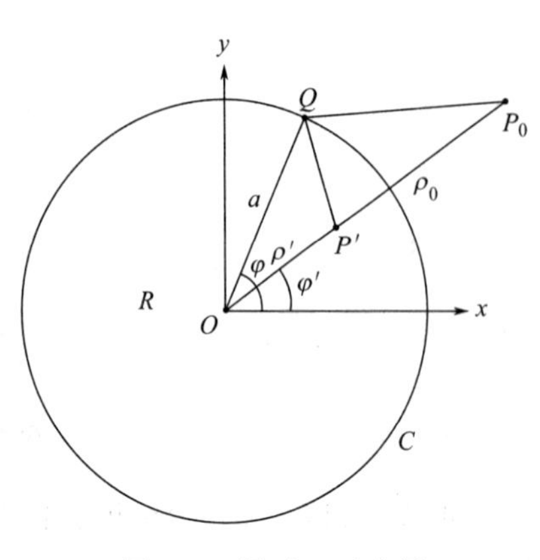

图 6.2 圆环 C 示意图

这样就不用再去找感应磁场 U 了，它是圆盘内的谐振波并且在圆环 C 上等于$-\frac{1}{2\pi}\ln r$，P 是格林函数的点，P_0 是 P'的镜像。关于圆环 C 如图 6.2 所示。

三角形 OQP'和三角形 OQP_0 是相似的。因为 O 点是公共点，且相近的边是成比例的。于是

$$\frac{\rho'}{a}=\frac{a}{\rho_0}\Rightarrow\rho_0\rho'=a^2 \tag{6.71}$$

也就是说，OP'与 OP_0 乘积等于半径 OQ 的平方。从图 6.2 可知，在环 C 上 Q 点有如下关系式

$$r_{QP} = \frac{\rho'}{a} r_{QP_0}$$

因此

$$U = -\frac{1}{2\pi} \ln \frac{\rho' r_{PP_0}}{a} \tag{6.72}$$

同时

$$G = \frac{1}{2\pi} \ln r_{PP'} - \frac{1}{2\pi} \ln \frac{\rho'}{a} r_{PP_0} \tag{6.73}$$

由于 $r_{PP'}$ 是点 $P(\rho,\ \varphi)$ 和 $P'(\rho',\ \varphi')$ 的距离，同时 r_{PP_0} 是 $P(\rho,\ \varphi)$ 和 $P_0(\rho'_0,\ \varphi)$ 的距离，并且有 $P_0(\rho'_0,\ \varphi) = P_0\left(\frac{a^2}{\rho},\ \varphi\right)$，于是得到

$$r_{PP'}^2 = \rho^2 + \rho'^2 - 2\rho\rho'\cos(\varphi - \varphi'), \quad r_{PP_0}^2 = \rho^2 + \frac{a^4}{\rho'^2} - 2\rho\frac{a^2}{\rho'}\cos(\varphi - \varphi')$$

把这两式代入式(6.73)中得

$$G = \frac{1}{4\pi} \ln[\rho^2 + \rho'^2 - 2\rho\rho'\cos(\varphi - \varphi')] - \frac{1}{4\pi} \ln\left[a^2 + \frac{\rho^2\rho'^2}{a^2} - 2\rho\rho'\cos(\varphi - \varphi')\right] \tag{6.74}$$

这与式(6.70)是一样的。由式(6.74)或式(6.70)，散度 $\frac{\partial G}{\partial n} = (\nabla G \cdot a_n)$ 在 C 环上的值是

$$\left.\frac{\partial G}{\partial \rho'}\right|_{\rho=a} = \frac{2a - 2\rho\cos(\varphi - \varphi')}{4\pi[a^2 + \rho^2 - 2a\rho\cos(\varphi - \varphi')]} - \frac{\frac{2\rho^2}{a} - 2\rho\cos(\varphi - \varphi')}{4\pi[a^2 + \rho^2 - 2a\rho\cos(\varphi - \varphi')]} = \frac{a^2 - \rho^2}{2\pi[a^2 + \rho^2 - 2a\rho\cos(\varphi - \varphi')]} \tag{6.75a}$$

所以式(6.63)的结果变为 ($\mathrm{d}l = a\,\mathrm{d}\varphi'$)

$$V(\rho,\varphi) = \frac{1}{2\pi}\int_0^{2\pi} \frac{(a^2 - \rho^2) f(\varphi')\mathrm{d}\varphi'}{a^2 + \rho^2 - 2a\rho\cos(\varphi - \varphi')} \tag{6.75b}$$

这就是泊松的积分形式。

【例 6.4】 求解拉普拉斯变换，设在有限的半空间内，$z \leqslant 0$ 且 $V(z=0) = f$

解：当 S 是非曲直 $z=0$ 的平面时，得

$$G = \frac{1}{4\pi|r - r'|} + U$$

故问题的关键是找到 U 的表达式，利用镜像法，很容易得到点 $P'(x', y', z')$ 的镜像是 $P_0(x', y', -z')$，于是

$$U = -\frac{1}{4\pi|r - r_0|} \quad 且 \quad G = \frac{1}{4\pi|r - r'|} - \frac{1}{4\pi|r - r_0|}$$

这里

$$|r-r'|=[(x-x')^2+(y-y')^2+(z-z')^2]^{1/2}$$
$$|r-r_0|=[(x-x')^2+(y-y')^2+(z+z')^2]^{1/2}$$

G 在 $z=0$ 平面上并且有一个规定的奇异点 $P'(x',y',z')$

$$\left.\frac{\partial G}{\partial z'}\right|_{z'=0}=\frac{1}{4\pi}\left(\frac{z-z'}{|r-r'|^3}+\frac{z+z'}{|r-r_0|^3}\right)\Bigg|_{z'=0}$$
$$=\frac{1}{2\pi[(x-x')^2+(y-y')^2+z^2]^{3/2}}$$

因此

$$V(x,y,z)=\frac{1}{2\pi}\int_{-\infty}^{\infty}\int_{\infty}^{\infty}\frac{zf(x',y')\mathrm{d}x'\mathrm{d}y'}{[(x-x')^2+(y-y')^2+z^2]^{3/2}}$$

【例 6.5】 利用格林函数，求泊松形式的解

$$\frac{\partial^2 V}{\partial x^2}+\frac{\partial^2 V}{\partial y^2}=f(x,y)$$

已知边界条件为

$$V(0,y)=V(a,y)=V(x,0)=V(x,b)=0$$

解： 根据式(6.21)，结果是

$$V(x,y)=\int_0^b\int_0^a f(x',y')G(x,y,x',y')\mathrm{d}x'\mathrm{d}y' \tag{6.76}$$

故问题的关键是求得格林函数 $G(x,y,x',y')$，而格林函数满足

$$\frac{\partial^2 G}{\partial x^2}+\frac{\partial^2 G}{\partial y^2}=\delta(x-x')\delta(y-y') \tag{6.77}$$

为了用扩展的方法求得函数 G，首先要求到关于特征函数 $\psi(x,y)$ 的拉普拉斯方程

$$\nabla^2\psi=\lambda\psi$$

这里 ψ 满足边界条件。故标准的特征值函数是

$$\psi_{mn}=\frac{2}{\sqrt{ab}}\sin\frac{m\pi x}{a}\sin\frac{n\pi y}{b}$$

相应的特征值是

$$\lambda_{mn}=-\left(\frac{m^2\pi^2}{a^2}+\frac{n^2\pi^2}{b^2}\right)$$

于是

$$G(x,y,x',y')=\frac{2}{\sqrt{ab}}\sum_{m=1}^{\infty}\sum_{n=1}^{\infty}A_{mn}(x',y')\sin\frac{m\pi x}{a}\sin\frac{n\pi y}{b} \tag{6.78}$$

将式(6.78) 代入式(6.77)，然后两边乘以 $\sin\frac{m\pi x'}{a}\sin\frac{n\pi y'}{b}$，再在域（$0<x<a$，$0<y<b$）内求积分，可求得扩展系数 A_{mn}，利用特征函数和三角函数的正交性质，整理得

$$-\left(\frac{m^2\pi^2}{a^2}+\frac{n^2\pi^2}{b^2}\right)A_{mn}=\frac{2}{\sqrt{ab}}\sin\frac{m\pi x'}{a}\sin\frac{n\pi y'}{b}$$

将得到的 A_{mn} 代入式(6.78)

$$G(x,y,x',y')=-\frac{4}{ab}\sum_{m=1}^{\infty}\sum_{n=1}^{\infty}\frac{\sin\frac{m\pi x}{a}\sin\frac{m\pi x'}{a}\sin\frac{n\pi y}{b}\sin\frac{n\pi y'}{b}}{m^2\pi^2/a^2+n^2\pi^2/b^2} \tag{6.79}$$

另一种求格林函数的方法是用单一累加和而不是式(6.79)中双个累加。

$$G(x,y,x',y')=\begin{cases}-\dfrac{2}{\pi}\sum\limits_{n=1}^{\infty}\dfrac{\sin\dfrac{n\pi x}{b}\sinh\dfrac{n\pi(a-x')}{b}\sin\dfrac{n\pi y}{b}\sinh\dfrac{n\pi y}{b}}{n\sinh\dfrac{n\pi a}{b}},x<x'\\-\dfrac{2}{\pi}\sum\limits_{n=1}^{\infty}\dfrac{\sin\dfrac{n\pi x'}{b}\sinh\dfrac{n\pi(a-x)}{b}\sin\dfrac{n\pi y}{b}\sinh\dfrac{n\pi y'}{b}}{n\sinh\dfrac{n\pi a}{b}},x>x'\end{cases}\tag{6.80}$$

通过傅里叶展开，可以看出式(6.79)和式(6.80)是相同的，除了因子$\frac{1}{\varepsilon}$不同外，式(6.79)或式(6.80)中给出的电位是由一个在区域$0<x<a$，$0<y<b$的某一点(x',y')的线元源产生的。

【例6.6】 一个无限长的线性源I_z位于扇形波导的点(ρ',φ')，如图6.3所示，求由线性源产生的电场。

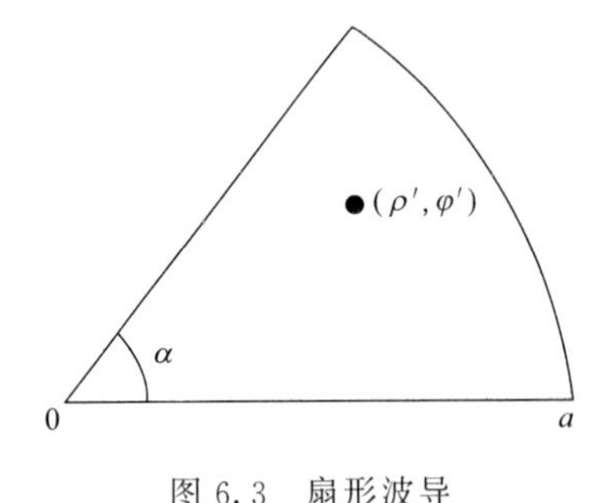

图6.3 扇形波导

解：假设时间因子是$e^{j\omega t}$，TE模型的电场满足波动方程

$$\nabla^2 E_z+k^2E_z=j\omega\mu I_z\tag{6.81}$$

且

$$\frac{\partial E_z}{\partial n}=0$$

波导中的线性源：已知$k=\omega\sqrt{\mu\varepsilon}$且$n$是扇形区域内的任何一点的外法向，在这个问题上格林函数满足

$$\nabla^2 G+k^2G=j\omega\mu\delta(\rho-\rho')\tag{6.82}$$

且

$$\frac{\partial G}{\partial n}=0$$

故式(6.81)的解是

$$E_z=j\omega\mu\int_S I_z(\rho',\varphi')G(\rho,\varphi,\rho',\varphi')\mathrm{d}S\tag{6.83}$$

为了确定格林函数$G(\rho,\varphi,\rho',\varphi')$，要找到$\psi_i$，这样就可以利用式(6.62)，边界条件$\frac{\partial G}{\partial n}=0$可以表示为

$$\frac{1}{\rho}\times\frac{\partial G}{\partial\varphi}\bigg|_{\varphi=0}=0=\frac{1}{\rho}\times\frac{\partial G}{\partial\varphi}\bigg|_{\varphi=a}=\frac{\partial G}{\partial\varphi}\bigg|_{\rho=a}\tag{6.84}$$

那些满足边界条件的函数是

$$\psi_{m\nu}(\rho,\varphi)=J_\nu(k_{m\nu}\rho)\cos\nu\varphi\tag{6.85}$$

这里$\nu=n\pi/\alpha$，$n=0$，1，2，…，$k_{m\nu}$满足

$$\frac{\partial}{\partial\rho}J_\nu(k_{m\nu}\rho)\big|_{\rho=a}=0\tag{6.86}$$

设m表示式(6.86)的第m个子式，在$n=0$时，m可以取0值。当且仅当ν是一个整数时函数$\psi_{m\nu}$是正交，这意味着ν是α的倍数。设$\alpha=\frac{l}{\pi}$，这里的l是一个正整数，保证$\Phi_{m\nu}$

是一个正交。为了求得式(6.62) 格林函数，在值域内这个特征值函数化为标准形式。

$$\int_0^a J_\nu^2(k_{m\nu})\mathrm{d}\rho=\begin{cases}\dfrac{a^2}{2}, & m=\nu \\ \dfrac{1}{2}[a^2-(v^2/k_{m\nu}^2)]J_\nu^2(k_{m\nu}a), & \text{其他}\end{cases} \tag{6.87a}$$

$$\int_0^a \cos^2\nu\varphi\mathrm{d}\varphi=\begin{cases}\dfrac{\pi}{e}, & v=0 \\ \dfrac{\pi}{2e}, & \text{其他}\end{cases} \tag{6.87b}$$

这里 $\nu=nl$，将特征函数标准化，得到

$$G(\rho,\varphi,\rho',\varphi')=\frac{\mathrm{j}2l}{\omega\varepsilon\pi a^2}-4\mathrm{j}l\omega\mu\sum_{n=1}^{\infty}\sum_{m=1}^{\infty}\frac{J_\nu(k_{m\nu}\rho)J_\nu(k_{m\nu}\rho')\cos\nu\varphi\cos\nu\varphi'}{\varepsilon_\nu\pi\left(a^2-\dfrac{v^2}{k_{m\nu}^2}\right)J_\nu^2(k_{m\nu}a)(k^2-k_{m\nu}^2)} \tag{6.88}$$

这里

$$\varepsilon_\nu=\begin{cases}2,\nu=0\\1,\nu\neq 0\end{cases} \tag{6.89}$$

使用条件 $\omega\mu/k^2=\dfrac{1}{\omega\varepsilon}$ 可以将等式右边进一步化简。

6.4 应用一 拟静态问题

状态法常常用于解决很多难解决的电磁场与电磁波的实际问题。本节将仅考虑一些相对简单的例子来说明该技术的实际应用。只要能掌握其基本的方法，就可以看懂更复杂问题的中心思想。

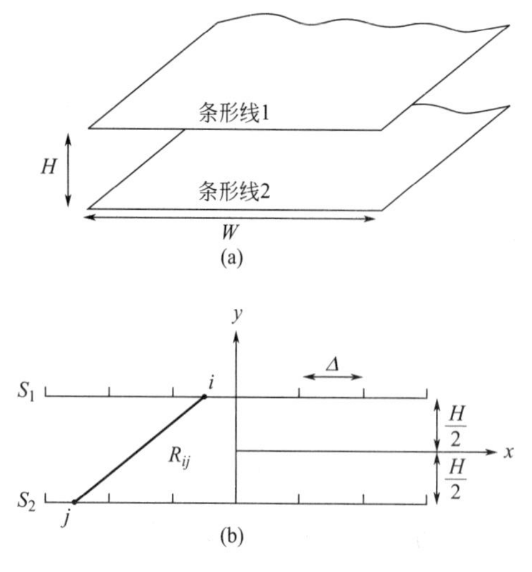

图 6.4 条形传输线与二维空间线性源

首先，使用状态法解决静态场问题，更多应用将在接下来的几节介绍。下面讨论一个关键问题即传输线上的特征阻抗 Z_0。

考察如图 6.4(a) 所示的条形传输形式，假定传输线是无限延长的，同时设定是在二维空间的 TEM 模型的线性源，如图 6.4(b) 所示。

设两个条形线之间的势差是 2V，即条形线 1 在 +1V 的位置，条形线 2 的位置在 −1V 处。我们的目标是求出条形线上的面密度 $\rho(x,y)$，故条形线上每单位 l 长的整个电荷量是

$$Q_l=\int\rho\,\mathrm{d}l \tag{6.90}$$

Q_l 是每个单位长的电荷，要与总长的电荷区分开，因为我们把三维空间降低为二维空间来

求解，一旦 Q 是已知的，那单位长的电容 C_l 也是可以求得的，即有

$$C_l=\frac{Q_l}{V_d} \tag{6.91}$$

最后特征阻抗为

$$Z_0=\frac{(\mu\varepsilon)^{1/2}}{C_l}=\frac{1}{\mu C_l} \tag{6.92}$$

这里 $u=\sqrt{\frac{1}{\mu\varepsilon}}$ 的 u 是两条形介质间无损耗的波速。显然，一旦式(6.90) 中的 $\rho=\rho(x, y)$ 被确定，使用状态法可以求得 ρ，同时把每个条形线分成 n 个相同的小区间 Δ，故条形线 1 的标号为 1，2，3，4，…，n，条形线 2 的标号为 $n+1$，$n+2$，$n+3$，…，$2n$，场的任意点的位函数是

$$V(x,y)=\frac{1}{2\pi\varepsilon}\int\rho(x',y')\ln\frac{R}{r_0}\mathrm{d}x'\mathrm{d}y' \tag{6.93}$$

R 是场点和源点的距离

$$R=[(x-x')^2+(y-y')^2]^{1/2} \tag{6.94}$$

由于式(6.93) 也可看作是一系列小矩形面积的整体积分，故中心典型面积 S_i 位函数是

$$V_i=\frac{1}{2\pi\varepsilon}\sum_{j=1}^{2n}\rho_j\int_{S_i}\ln\frac{R_{ij}}{r_0}\mathrm{d}x'$$

或者写成

$$V_i=\sum_{j=1}^{2n}A_{ij}\rho_j \tag{6.95}$$

其中

$$A_{ij}=\frac{1}{2\pi\varepsilon}\int_{S_i}\ln\frac{R_{ij}}{r_0}\mathrm{d}x' \tag{6.96}$$

R_{ij} 是第 i 个小面积与第 j 个小面积的距离。在式(6.95) 中，我们假定每一个区域的电荷密度是相同的常值。对于小面积 S_i($i=1$，2，3，…，$2n$) 有

$$V_1=\sum_{j=1}^{2n}\rho_jA_{1j}=1$$

$$V_2=\sum_{j=1}^{2n}\rho_jA_{2j}=1$$

$$\cdots$$

$$V_n=\sum_{j=1}^{2n}\rho_jA_{nj}=1$$

$$V_{n+1}=\sum_{j=1}^{2n}\rho_jA_{n+1,\ j}=1$$

$$\cdots$$

$$V_{2n}=\sum_{j=1}^{2n}\rho_jA_{2n,\ j}=1$$

于是，我们得到了 $2n$ 个同时存在的含有 $2n$ 个未知电荷密度 ρ_i 的等式，整个数学模

型是

$$\begin{bmatrix} A_{11} & A_{12} & \cdots & A_{1,2n} \\ A_{21} & A_{22} & \cdots & A_{2,2n} \\ \vdots & \vdots & \cdots & \vdots \\ A_{2n,1} & A_{2n,2} & \cdots & A_{2n,2n} \end{bmatrix} \begin{bmatrix} \rho_1 \\ \rho_2 \\ \vdots \\ \rho_{2n} \end{bmatrix} = \begin{bmatrix} 1 \\ 1 \\ \vdots \\ -1 \\ -1 \end{bmatrix}$$

简写为

$$[\boldsymbol{A}][\boldsymbol{\rho}]=[\boldsymbol{B}] \tag{6.97}$$

从上面可以看出，在式（6.96）中矩阵 **A** 中的元素可以写成

$$A_{ij}=\begin{cases} \dfrac{\Delta}{2\pi\varepsilon}\ln\dfrac{R_{ij}}{r_0}, & i\neq j \\ \dfrac{\Delta}{2\pi\varepsilon}\left(\ln\dfrac{\Delta}{r_0}-1.5\right), & i=j \end{cases} \tag{6.98}$$

其中 r_0 是一个常数（通常认为是表示某一个因数），从式(6.97）可以通过求行列式或利用矩阵的逆矩阵方式得到 $[\boldsymbol{\rho}]$

$$[\boldsymbol{\rho}]=[\boldsymbol{A}]^{-1}[\boldsymbol{B}] \tag{6.99}$$

一旦求出 $[\boldsymbol{\rho}]$，就可以从式(6.90）和式(6.91）得到

$$C_l=\sum_{j=1}^{n}\rho_j\Delta/V_d \tag{6.100}$$

其中 $V_d=2\text{V}$，再由式(6.92）和式(6.100）求得特性阻抗 Z_0。

【例 6.7】 写一个程序，用来求解高为 $H=2\text{m}$，宽为 $W=5\text{m}$，电参数为 $\varepsilon=\varepsilon_0$，$\mu=\mu_0$，电压为 $V_d=2\text{V}$ 的条形导体面的特性阻抗。

解： 用已知的数据，先计算矩阵 $[\boldsymbol{A}]$ 和 $[\boldsymbol{B}]$ 以及密度矩阵 $[\boldsymbol{\rho}]$。在已知电荷密度的情况下，用式(6.100）和特性阻抗，还可以计算单位长的电容。特性阻抗值结果大致在 50Ω。具体计算程序略。

6.5 应用二 散射问题

本节的主要内容是用两个实例说明状态法是如何来解决电磁波的离散问题的。第一个是光滑的圆柱导体的平面波散射；第二个是随机排列平行导体的平面波散射。

6.5.1 圆柱面导体散射

假若有一个无限长的、表面光滑的圆柱导体，并且远离辐射源。假定时谐电场的时间因子是 $e^{j\omega t}$，麦克斯韦方程可以写成矢量形式

$$\nabla\cdot\boldsymbol{E}_S=0 \tag{6.101a}$$

$$\nabla\cdot\boldsymbol{H}_S=0 \tag{6.101b}$$

$$\nabla\times\boldsymbol{E}_S=-j\omega\mu\boldsymbol{H}_S \tag{6.101c}$$

$$\nabla\times\boldsymbol{H}_S=\boldsymbol{J}_S+j\omega\varepsilon\boldsymbol{E}_S \tag{6.101d}$$

这里的下标 S 代表矢量或者是复数加法。在以后的介绍中，我们将把下标 S 简化。用同样的符号代表时域加法和频域加法，并假定读者可以区分这两种加法。对式(6.101c) 进行旋度计算并且代入式(6.101d) 可以求得

$$\nabla\times\nabla\times\boldsymbol{E}=-\mathrm{j}\omega\mu\nabla\times\boldsymbol{H}=-\mathrm{j}\omega\mu(\boldsymbol{J}+\mathrm{j}\omega\varepsilon\boldsymbol{E}) \tag{6.102}$$

引入矢量定理

$$\nabla\times\nabla\times\boldsymbol{A}=\nabla(\nabla\cdot\boldsymbol{A})-\nabla^2\boldsymbol{A}$$

式(6.102) 可以写成 $\nabla(\nabla\cdot\boldsymbol{E})-\nabla^2\boldsymbol{E}=-\mathrm{j}\omega\mu(\boldsymbol{J}+\mathrm{j}\omega\varepsilon\boldsymbol{E})$，观察式(6.101a) 有$\nabla(\nabla\cdot\boldsymbol{E})=0$，所以得到

$$\nabla^2\boldsymbol{E}+k^2\boldsymbol{E}=\mathrm{j}\omega\mu\boldsymbol{J} \tag{6.103}$$

这里 $k=\omega(u\varepsilon)^{1/2}=2\pi/\lambda$，是微波系数；$\lambda$ 是波长。方程式(6.103) 是亥姆霍兹波方程的矢量形式。如果假定有一个 TM 波（$H_z=0$），同时电场强度是 $\boldsymbol{E}=E_z(x,y)\boldsymbol{a}_z$，矢量等式(6.103) 可以变为标量方程

$$\nabla^2E_z+k^2E_z=\mathrm{j}\omega\mu J \tag{6.104}$$

其中 $J=J_za_z$，是当前电流源的密度，解的积分形式是

$$E_z(x,y)=E_z(\rho)=-\frac{kn_0}{4}\int_S J_z(\rho')H_0^{(2)}(k|\rho-\rho'|)\mathrm{d}S' \tag{6.105}$$

这里 $\rho=xa_x+ya_y$，是场点；$\rho'=x'a_x+y'a_y$，是源点；$n_0=(\mu_0/\varepsilon_0)^{1/2}\approx377\Omega$，是自由空间特性阻抗的阻值。同时由于向外传输的波是假定的 TM 波，故 $H_0^{(2)}$ 是汉克尔矩阵函数的第二类零点，式(6.105) 是圆柱形的剖面。

如场 E_z^i 表示的是一个光滑圆柱面导体的电场强度，那么它会产生表面的电流密度 J_z，这会产生一个扩散场 E_z^i。它的形式表达如方程式(6.105) 形式，在边界 C 上，整个场的切向方向将会消失，于是在环 C 上

$$E_z^i+E_z^S=0 \tag{6.106}$$

把式(6.105) 代到式(6.106) 中

$$E_z^i(\rho)=\frac{kn_0}{4}\int_C J_z(\rho')H_0^{(2)}(k|\rho-\rho'|)\mathrm{d}l' \tag{6.107}$$

在积分方程式(6.107) 中，极化产生的面电流密度 J_z 是唯一不知的参数。我们得用状态法求得面电流密度 J_z。

我们把边界 C 分为 N 个部分，采用点匹配技术。在段 C 上，式(6.107) 变为

$$E_i^z(\rho_n)=\frac{kn_0}{4}\sum_{m=1}^{N}J_z(\rho_m)H_0^{(2)}(k|\rho_n-\rho_m|)\Delta C_m \tag{6.108}$$

式(6.107) 里的积分被累加和所取代。再把式代入所有片段，得到一个系统的累加和结果。系统等式方程可以用矩阵的形式表示。

$$\begin{bmatrix}E_z^i(\rho_1)\\E_z^i(\rho_2)\\E_z^i(\rho_3)\\\vdots\\E_z^i(\rho_n)\end{bmatrix}=\begin{bmatrix}A_{11}&A_{12}&\cdots&A_{1N}\\A_{21}&A_{22}&\cdots&A_{2N}\\\vdots&\vdots&\cdots&\vdots\\A_{N1}&A_{N2}&\cdots&A_{NN}\end{bmatrix}\begin{bmatrix}J_z(\rho_1)\\J_z(\rho_2)\\\vdots\\J_z(\rho_N)\end{bmatrix} \tag{6.109a}$$

或

$$[\boldsymbol{E}]=[\boldsymbol{A}][\boldsymbol{J}] \tag{6.109b}$$

于是

$$[\boldsymbol{J}]=[\boldsymbol{A}]^{-1}[\boldsymbol{E}] \tag{6.110}$$

要得到矩阵 **A** 内每个元素的精确值是很难的，可以近似为

$$A_{mn}\approx\begin{cases}\dfrac{\eta_0 k}{4}\Delta C_n H_0^{(2)}\{k([x_n-x_m)^2+(y_n-y_m)^2]^{1/2}\}, & m\neq n\\ \dfrac{\eta_0 k}{4}\left(1-\mathrm{j}\,\dfrac{2}{\pi}\lg\dfrac{\gamma k\Delta C_n}{4\mathrm{e}}\right), & m=n\end{cases} \tag{6.111}$$

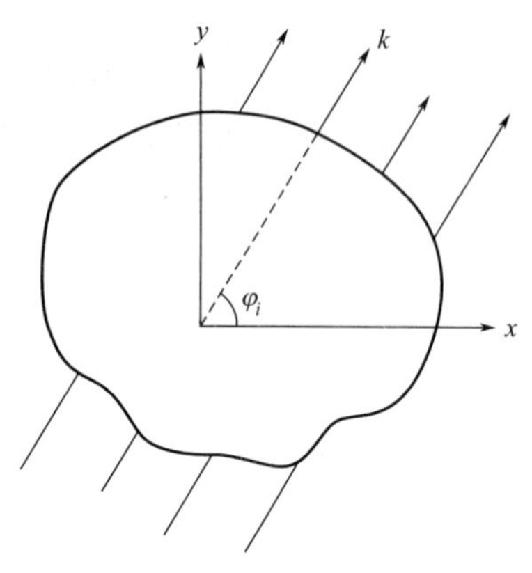

图 6.5　电波传播方向

(x_n, y_n) 是 ΔC_n 的中心点，$\mathrm{e}=2.718\cdots$，$\gamma=1.781\cdots$，于是对于已给的剖面和特殊入射场 E_i^z，产生的面电荷密度 J_z 可从式(6.110) 中求出。为了更具体地说明，先假定传播方向是图 6.5 所给的矢量方向，故得

$$E_z^i=E_0\mathrm{e}^{\mathrm{j}k\cdot r}$$

其中 $\boldsymbol{r}=x\boldsymbol{a}_x+y\boldsymbol{a}_y$，$\boldsymbol{k}=k(\cos\varphi_i\boldsymbol{a}_x+\sin\varphi_i\boldsymbol{a}_y)$，$k=2\pi/\lambda$，$\varphi_i$ 是范围角。如果 $E_0=1$，则有 $|E_z^i|=1$

$$E_z^i=\mathrm{e}^{\mathrm{j}k(x\cos\varphi_i+y\sin\varphi_i)} \tag{6.112}$$

任意给定的环 C 由圆柱剖面决定，把式(6.111) 和式(6.112) 代入到等式 (6.109)，利用式(6.110) 求得矩阵 $[\boldsymbol{J}]$。一旦得到极化电流密度，就能得到由下面式子定义的剖面散射

$$\rho(\varphi,\varphi_i)=2\pi\rho\left|\frac{E_z^S(\varphi)}{E_z^S(\varphi_i)}\right|^2$$
$$=\frac{k\eta_0}{4}\left|\int_C J_z(x',y')\mathrm{e}^{\mathrm{j}k(x'\cos\varphi+y'\sin\varphi)}\mathrm{d}l\right|^2 \tag{6.113}$$

其中，φ 是观察点的角度，在该点 σ 是可以估算的，在矩阵方程式中

$$\sigma(\varphi_i,\varphi)=\frac{k\eta^2}{4}\left|[V_n^S][Z_{nm}]^{-1}[V_m^i]\right|^2 \tag{6.114}$$

其中

$$V_m^i=\Delta C_m\mathrm{e}^{\mathrm{j}k(x_m\cos\varphi_i+y_m\cos\varphi_i)} \tag{6.115a}$$

$$V_n^S=\Delta C_n\mathrm{e}^{\mathrm{j}k(x_n\cos\varphi_i+y_n\cos\varphi_i)} \tag{6.115b}$$

$$Z_{mn}=\Delta C_m A_{mn}$$

波沿向量 $\boldsymbol{k}$ 方向传播。

6.5.2　随机阵列平行导体的散射

这个课题比上一个课题更紧扣自然，一个任意长的实际物体，导体光滑，材料很细，就是所谓的阵列导体的模型。由相同几何剖面组成的固定圆柱导体的随机导体阵列源产生的散射将会在下面讨论，同时假设导体的数量足够多而且排列成紧密的弧线，因此圆柱形导体产生的散射问题可以被构造成下面描述的模型。

假设一个有 N 个平行线，且是无限长的随机阵列被放在 z 轴上，有三个这样的导线如图 6.6 所示排列。让时谐波激励在该导线，假定时间因子是 $\mathrm{e}^{\mathrm{j}\omega t}$，波的矢量形式已给出。

三条平行的阵列线沿 z 轴摆放

$$E_z^i = E_I(x, y)\mathrm{e}^{-\mathrm{j}hz} \tag{6.116}$$

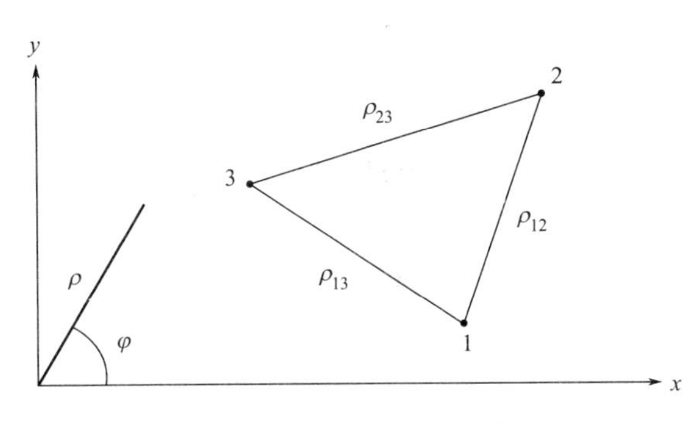

图 6.6 导线阵列

其中

$$E_i(x, y) = E_0\mathrm{e}^{-\mathrm{j}k}(x\sin\theta_i\cos\varphi_i + y\sin\theta_i\sin\varphi_i) \tag{6.117a}$$

$$h = k\cos\theta_i \tag{6.117b}$$

$$k = \frac{2\pi}{\lambda} = w(\mu\varepsilon)^{1/2} \tag{6.117c}$$

式中，θ_i 和 φ_i 是与传播 z 轴有关的夹角。电磁波是在线 n 表面上的波，电流密度仅在 z 方向矢量 $\boldsymbol{k}$ 的传播方向。由此可以得出，时谐电流 I_n 产生的电场均匀分布在半径为 a_n 的圆柱导体上，设电场是

$$\boldsymbol{E}_n = -\boldsymbol{I}'_n H_0^{(2)}(g\rho_n)\mathrm{e}^{-\mathrm{j}hz}, \rho_n \geqslant a_n \tag{6.118}$$

其中

$$\boldsymbol{I}'_n = \frac{wug^2}{4k^2}\boldsymbol{I}_n J_0(ga_n) \tag{6.119}$$

$$g^2 + h^2 = k^2 \tag{6.120}$$

J_0 是零阶贝塞尔函数。H_0 是汉克尔矩阵二阶零点，根据电磁感应定理，如果 $\boldsymbol{I}_n$ 是当前感应电流，那么式(6.118) 可以被看成是散射场

$$E_z^S = -\sum_{n=1}^{N}\boldsymbol{I}'_n H_0^{(2)}(ga_n)\mathrm{e}^{-\mathrm{j}hz} \tag{6.121}$$

这里是看作 N 条线的累加。每一个线表面的电场强度是

$$E_z^i + E_z^S = 0$$

或者写成

$$E_z^i = -E_z^i, \quad \rho = \rho_n \tag{6.122}$$

把式(6.116) 和式(6.121) 代入式(6.122) 得出

$$\sum_{n=1}^{N}\boldsymbol{I}'_n H_0^{(2)}(g\rho_{mn}) = \boldsymbol{E}_i(x_m, y_m) \tag{6.123}$$

其中

$$\rho_{mn} = \begin{cases}\sqrt{(x_m - x_n)^2 + (y_m - y_n)^2}, & m \neq n \\ a_m, & m = n\end{cases} \tag{6.124}$$

A_m 是第 m 个线的半径，在矩阵形式中，式(6.123) 可以写成

$$[\boldsymbol{A}][\boldsymbol{I}] = [\boldsymbol{B}]$$

或者是

$$[\boldsymbol{I}]=[\boldsymbol{A}]^{-1}[\boldsymbol{B}] \tag{6.125}$$

其中

$$I_n = I'_n \tag{6.126a}$$

$$A_{mn} = H_0^{(2)}(g\rho_{mn}) \tag{6.126b}$$

$$B_m = E_0 \mathrm{e}^{-\mathrm{j}k(x_m \sin\theta_i \cos\varphi_i + y_m \sin\theta_i \sin\varphi_i)} \tag{6.126c}$$

一旦 I'_n 从式(6.125) 中算出，那么散射场为

$$E_z^S = -\sum_{n=1}^{N} I'_n H_0^{(2)}(g\rho_n)\mathrm{e}^{-\mathrm{j}hz} \tag{6.127}$$

最后可以算出远距离的散射模型

$$E(\varphi) = \sum_{n=1}^{N} I'_n \mathrm{e}^{\mathrm{j}g(x_n \cos\varphi + y_n \sin\varphi)} \tag{6.128}$$

6.6 应用三　辐射问题

本节将讨论用状态法来解决多导线或者是圆柱天线问题，与前面散射问题的区别是辐射源的位置不同。如果远离辐射源，一个具体的物体可以作为一个散射体，而作为一个天线，则一般情况下激励源是在天线上。

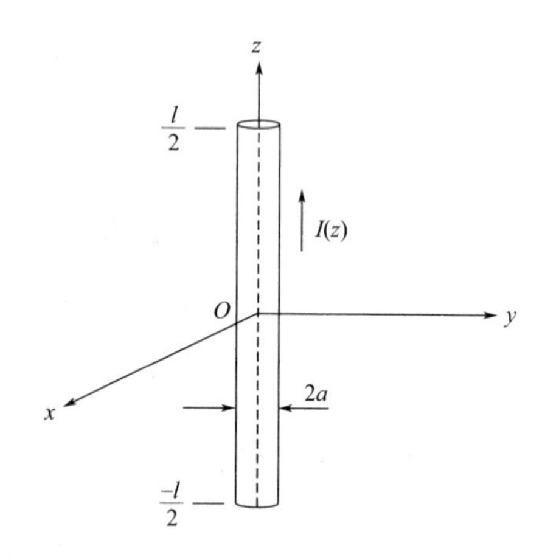

图 6.7　导电圆柱体

假设一个半径为 a 的光滑导电圆柱体，放在 $z=-l/2$，$z=l/2$ 之间，如图 6.7 所示。天线放在一个无损耗的均匀电介质（$\sigma=0$）中。假如给定一个激励在圆柱体上，沿 z 轴方向电流密度 $J=J_z a_z$，仅在对称轴产生电场强度 E_z。电场强度可用一组滞后位函数表示

$$E_z = -\mathrm{j}\omega A_z - \frac{\partial V}{\partial z} \tag{6.129}$$

利用洛伦兹条件，有

$$\frac{\partial A_z}{\partial z} = -\mathrm{j}\omega\mu\varepsilon V \tag{6.130}$$

那么式(6.129) 变为

$$E_z = -\mathrm{j}\omega\left(1 + \frac{1}{k^2} \times \frac{\partial^2}{\partial z^2}\right) A_z \tag{6.131}$$

其中，$k=\omega(u\varepsilon)^{1/2}=2\pi/\lambda$，$\omega$ 是受迫振动的时谐变化因子 $\mathrm{e}^{\mathrm{j}\omega t}$ 的角频率。可以看出

$$A_z = \mu\int_{-\frac{l}{2}}^{\frac{l}{2}} I(z')G(x,y,z,x',y',z')\mathrm{d}z' \tag{6.132}$$

其中，$G(x,y,z,x',y',z')$是自由空间的格林函数

$$G(x,y,z,x',y',z') = \frac{\mathrm{e}^{-\mathrm{j}kR}}{4\pi R} \tag{6.133}$$

假设 R 是观察点(x,y,z)和源点(x',y',z')的距离

$$R=[(x-x')^2+(y-y')^2+(z-z')^2]^{1/2} \tag{6.134}$$

结合等式(6.13) 和等式(6.132) 得

$$E_z=-\mathrm{j}\omega h\left(1+\frac{1}{k^2}\times\frac{\mathrm{d}^2}{\mathrm{d}z^2}\right)\int_{-l/2}^{l/2} I(z')G(x,y,z,x',y',z')\mathrm{d}z' \tag{6.135}$$

这个积分微分方程不方便用数值解法分析，因为它求二次导数值的同时，还要对 z 积分。现在我们考虑两种情况，即由式(6.135) 演变来的哈伦（磁矢量）以及波克林顿（电场）积分方程。任一个积分方程可以用来求当前的圆柱天线或者是散射体的分布问题，以及紧接着要讲的其他相关计算。

6.6.1 哈伦积分方程

简写式(6.135) 为

$$\left(\frac{\mathrm{d}^2}{\mathrm{d}z^2}+k^2\right)F(z)=k^2S(z),-l/2<z<l/2 \tag{6.136}$$

这里
$$F(z)=\int_{-l/2}^{l/2} I(z')G(z,z')\mathrm{d}z' \tag{6.137a}$$

$$S(z)=-\frac{E_z}{\mathrm{j}\omega\mu} \tag{6.137b}$$

方程式(6.136) 是二次线性微分方程式。对称方程的通解

$$\left(\frac{\mathrm{d}^2}{\mathrm{d}z^2}+k^2\right)F(z)=0$$

通常的边界条件是导体的两端处（$z=\pm l/2$）

$$F_h(z)=c_1\cos kz+c_2\sin kz \tag{6.138}$$

其中，c_1 和 c_2 是积分常数，式(6.136) 的特解不难得到。例如，利用拉格朗日参数，令

$$F_p(z)=k\int_{-l/2}^{l/2} S(z')\sin k\,|z-z'|\,\mathrm{d}z' \tag{6.139}$$

于是

$$\int_{-l/2}^{l/2} I(z')G(z,z')\mathrm{d}z'=c_1\cos kz+c_2\sin kz-\frac{\mathrm{j}}{\eta}\int_{-l/2}^{l/2} E_z(z')\sin k\,|z-z'|\,\mathrm{d}z' \tag{6.140}$$

这里 $\eta=\sqrt{\mu/\varepsilon}$ 是周围媒介的固有电阻，参照哈伦等式，用式(6.140) 解决光滑圆柱导体的天线或者散射体场的计算。哈伦（Hallen）方程由于它的内核只含有 l/r 项，所以计算量不大，它主要的优势就是很容易得到收敛解，同时它最大的缺点就是需要花另外的时间来计算积分常值 c_1、c_2。

6.6.2 波克林顿方程

通过在两边的积分符号中的括号内引入算子，即

$$\int_{-l/2}^{l/2} I(z')\left(\frac{\partial^2}{\partial z^2}+k^2\right)G(z,z')\mathrm{d}z'=\mathrm{j}\omega\varepsilon E_z \tag{6.141}$$

这就是我们所知的波克林顿方程，注意波克林顿的积分方程中有 E_z，这是由激励源产生的场，放在式子的右边。于是哈伦和波克林顿的积分方程法都可以不计算天线。第三种类型可以用式(6.135) 得到，它就是 Schelkunoff 的积分方程法。

6.6.3 扩展和加权函数

已经得到了所要的积分方程，现在可以求解各种各样的天线或者散射体有关问题，通常的方法是用状态法限定性地将积分方程改写成一系列同时存在的线性积分方程。由导体产生的电流可以用一个有限的基函数 $u_n(z)$ 的未知振幅（将在以后的章节介绍）来估算。

$$I(z)=\sum_{n=1}^{N}I_n u_n(z) \tag{6.142}$$

式中，N 是覆盖天线的基础函数的数量；极化电流的 I_n 需要自定义；函数 u_n 被认为是线性且不独立的。基函数通常用来求解天线和散射体两种类型的问题：整体函数和部分函数。整体基函数在整个域内都存在 $-l/2<z<l/2$，典型的例子有

① 傅里叶：
$$u_n(z)=\cos(n-1)v/2 \tag{6.143a}$$

② 切比雪夫：
$$u_n(z)=T_{2n-2}(v) \tag{6.143b}$$

③ Mauclaurin：
$$u_n(z)=v^{2n-2} \tag{6.143c}$$

④ 勒让德：
$$u_n(z)=P_{2n-2}(v) \tag{6.143d}$$

⑤ 赫密特：
$$u_n(z)=H_{2n-2}(v)$$

式中，$v=2z/l$，$n=1$，2，3，…，N，基函数的子区域存在于被划分好的不重叠的区域。此外还有：

① 分段常值函数

$$u_n(z)=\begin{cases}1, & z_{n-1}/2<z<z_{n+1}/2\\ 0, & 其他\end{cases} \tag{6.144a}$$

② 分段线性函数

$$u_n(z)=\begin{cases}\dfrac{\Delta-|z-z_n|}{0}, & z_{n-1}<z<z_{n+1}\\ 0, & 其他\end{cases} \tag{6.144b}$$

③ 分段正弦曲线函数

$$u_n(z)=\begin{cases}\dfrac{\sin k(z-|z-z_n|)}{\sin k\Delta}, & z_{n-1}\\ 0, & 其他\end{cases} \tag{6.144c}$$

其中，$\Delta=l/N$，假定区间数量相等（实际上是不可能的，只是近似实际情况的假设），图 6.8 将说明上述这些子域函数。由于全域基函数要求使用以前学过的非两两正交的函数，即普通函数，所以它的应用范围受到一定的限制。

子域函数是常用的技术手段，尤其是实际应用中，为方便普通的用户，常用计算机代码来解决导体导线问题，正由于这样的原因，本节将重点使用子域函数作为基函数。把式(6.142) 中估算的瞬时电流 $I(z)$ 代入波克林顿的积分方程法得

$$\int_{-l/2}^{l/2}\sum_{n=1}^{N}I_n u_n(z')K(z_m,z')\mathrm{d}z'\approx E_z(z_m) \tag{6.145}$$

其中

$$K(z_m,z')=\frac{1}{\mathrm{j}\omega\varepsilon}\left(\frac{\partial^2}{\partial z^2}+k^2\right)G(z_m,z')$$

这里 $z=z_m$，在段 m 的核心函数必须使得积分方程式是有效的，式(6.145) 可以写成

$$\sum_{n=1}^{N} I_n \int K(z_m, z') u_n(z') \mathrm{d}z' \approx E_z(z_m)$$

或者写成

$$\sum_{n=1}^{N} I_n g_m = E_z(z_m) \tag{6.146}$$

其中
$$g_m = \int_{\Delta z'_n} K(z_m, z') u_n(z') \mathrm{d}z' \tag{6.147}$$

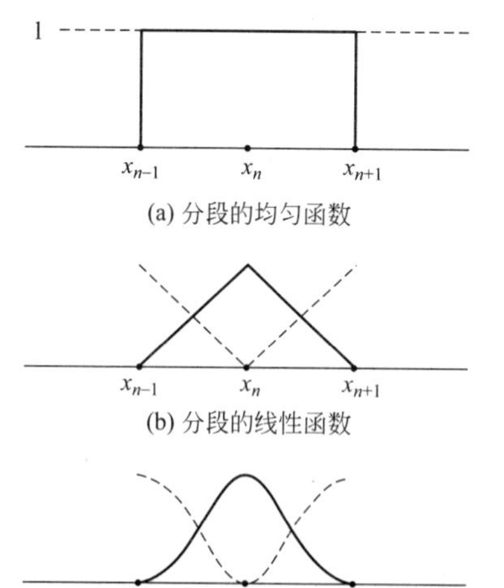

(a) 分段的均匀函数

(b) 分段的线性函数

(c) 分段的正弦函数

图 6.8　典型分域加权函数

为了求解未知的电流 $I_n(n=1,2,\cdots,N)$ 的振幅，N 的值在式(6.146) 中给定。为了完成这个工作，可以在式(6.146) 两边同时乘上加权函数 $w_n(n=0,1,2,3,\cdots,n)$，并同时在整个导线长度上进行积分。换句话说，我们得让式(6.146) 在整个域内的平均意义下成立。这将在加权函数和 g_m 中作内积，这时式(6.146) 可以变为

$$\sum_{n=1}^{N} I_m(\omega_n, g_m) = (\omega_n, E_z), \quad m=1,2,\cdots,N \tag{6.148}$$

于是可以得到一系列联立方程式，可以写成如下矩阵的形式

$$\begin{bmatrix} (w_1, g_1) & \cdots & (w_1, g_N) \\ (w_2, g_1) & \cdots & (w_2, g_N) \\ \vdots & \vdots & \vdots \\ (w_N, g_1) & \cdots & (w_N, g_N) \end{bmatrix} \begin{bmatrix} I_1 \\ I_2 \\ \vdots \\ I_N \end{bmatrix} = \begin{bmatrix} (w_1, E_{z1}) \\ (w_2, E_{z2}) \\ \vdots \\ (w_N, E_{zN}) \end{bmatrix} \tag{6.149}$$

或者

$$[\boldsymbol{Z}][\boldsymbol{I}]=[\boldsymbol{V}]$$

其中 $z_{mn}=(w_n,\ g_m)$，$V_m=(\omega_m,\ E_z)$。通过解系列等式或者将矩阵求逆阵，可以得到当前所要的解

$$[\boldsymbol{I}]=[\boldsymbol{Z}]^{-1}[\boldsymbol{V}] \tag{6.150}$$

由于式(6.150) 与网状方程类似，故矩阵 $[\boldsymbol{Z}]$、$[\boldsymbol{V}]$ 以及 $[\boldsymbol{I}]$ 分别参照广义电阻、电压和当前的矩阵，一旦分布电流由式(6.150) 或式(6.149) 计算得到，像输入阻抗和散射模型等一些实际参数就可以求得。

加权函数必须使式(6.148) 中每一个方程是线性非独立的，同时也使要计算的数值积分达到最小。估算式(6.149) 的积分方程的值通常是最耗时的，计算量很大，在计算散射或者辐射问题时，尤其复杂，为此我们选择一些性质与加权或扩展函数类似的函数作为加权或扩展函数。正如先前所讨论的，把 $w_n=u_n$ 条件代入伽辽金法中，这次把函数 $w_n=\delta(z-z_n)$ 代入点匹配方法中。点匹配技术比伽辽金法简单，并且可有效解决许多电磁场问题。但是它也往往是一种保守的方法，通用的规则是选择加权函数。

【例 6.8】　求解哈伦积分方程

$$\int_{-l/2}^{l/2} I(z') G(z, z') \mathrm{d}z' = -\frac{\mathrm{j}}{\eta_0}(A\cos kz + B\sin k|z|)$$

其中，$k=2\pi/\lambda$ 是相位常值，同时 $\eta_0=377\Omega$ 是自由空间的固有特性阻抗。假设导线的长 $L=0.5\lambda$，半径为 $a=0.005\lambda$。

解：积分方程的形式是

$$\int_{-\frac{l}{2}}^{\frac{l}{2}} I(z')K(z,z')\mathrm{d}z' = D(z) \tag{6.151}$$

这是弗雷德霍姆积分方程的第一种形式。在式(6.151) 中

$$K(z,z') = G(z,z') = \frac{\mathrm{e}^{-\mathrm{j}kR}}{4\pi R} \tag{6.152a}$$

$$R = \sqrt{a^2 + (z-z')^2} \tag{6.152b}$$

同时

$$D(z) = -\frac{\mathrm{j}}{\eta_0}[A\cos(kz) + B\sin(k|z|)] \tag{6.152c}$$

如果天线的终端电压是 $V_T/2$，函数 $\sin k|z|$ 是基于天线均匀的假定。$I(-z')=I(z')$，于是

$$\int_{-l/2}^{l/2} I(z')\frac{\mathrm{e}^{-\mathrm{j}kR}}{4\pi R}\mathrm{d}z' = -\frac{\mathrm{j}}{n_0}\left(A\cos kz + \frac{V_T}{2}\sin k|z|\right) \tag{6.153}$$

同时假定

$$I(z) = \sum_{n=1}^{N} I_n u_n(z) \tag{6.154}$$

式(6.153) 含有 N 个未知变量 I_n 和未知常数 A。为了求出这 $N+1$ 个未知数，把导体分为 N 段。我们直截了当地设等分导线，段长 $\Delta z = l/N$，同时选 $N+1$ 个匹配点，即 $z=-l/2$，$-l/2+\Delta z$，…，0，…，$l/2-\Delta z$，$l/2$，在每一点上有

$$\int_{-l/2}^{l/2}\sum_{n=1}^{N} I_n u_n(z')k(z_m,z')\mathrm{d}z' = D(z_m) \tag{6.155}$$

用内积分法，在两边同乘以一个加权函数 $w_m(z)$，并进行积分，得到

$$\int_{-l/2}^{l/2}\int_{-l/2}^{l/2}\sum_{n=1}^{N} I_n u_n(z')K(z_m,z')\mathrm{d}z'\omega_m(z)\mathrm{d}z$$

$$= \int_{-l/2}^{l/2} D(z_m)\omega_m(z)\mathrm{d}z \tag{6.156}$$

如果可能，通过数值法或分析法，积分式两边都可以被计算出来。如果使用点匹配方法，把加权函数设为 $\delta(x)$ 函数，则 $w_m(z)=\delta(z-z_m)$，于是所有函数乘以 $\delta(z-z_m)$ 然后再积分，并在 $z=z_m$ 下取函数值，则式(6.156) 变为

$$\sum_{n=1}^{N} I_n \int_{-l/2}^{l/2} u_n(z')K(z_m,z')\mathrm{d}z' = D(z_m) \tag{6.157}$$

式中，$m=1$，2，…，$N+1$。同时，如果选择脉冲函数作为基函数或扩展函数，即

$$u_n(z) = \begin{cases} 1, & z_n - \Delta z/2 < z < z_n + \Delta z/2 \\ 0, & \text{其他} \end{cases}$$

则式(6.157) 可写为

$$\sum_{n=1}^{N} I_n \int_{z_n-\Delta z/2}^{z_n+\Delta z/2} K(z_m,z')\mathrm{d}z' = D(z_m) \tag{6.158}$$

把式(6.152) 代入式(6.158) 得

$$\sum_{n=1}^{N} I_n \int_{z_n-\Delta z/2}^{z_n+\Delta z/2} \frac{\mathrm{e}^{\mathrm{j}kR_m}}{4\pi R_m}\mathrm{d}z' = -\frac{\mathrm{j}}{\eta_0}\left(A\cos kz_m + \frac{V_T}{2}\sin k|z_m|\right) \tag{6.159}$$

式中，$m=1, 2, \cdots, N+1$，$R_m=[a^2+(z_m-z')^2]^{1/2}$，于是就有 $N+1$ 个联立的等式，写成矩阵形式为

$$\begin{bmatrix} F_{11} & F_{12} & \cdots & F_{1,N} & \dfrac{j}{\eta}\cos kz_1 \\ F_{21} & F_{22} & \cdots & F_{2,N} & \dfrac{j}{\eta}\cos kz_2 \\ \vdots & \vdots & \vdots & \vdots & \vdots \\ F_{N+1,1} & F_{N+1,2} & \cdots & F_{N+1,N} & \dfrac{j}{\eta}\cos kz_{N+1} \end{bmatrix} \begin{bmatrix} I_1 \\ I_2 \\ \vdots \\ I_n \end{bmatrix} = \begin{bmatrix} -\dfrac{j}{2\eta}V_T \sin k|z_1| \\ -\dfrac{j}{2\eta}V_T \sin k|z_2| \\ \vdots \\ -\dfrac{j}{2\eta}V_T \sin k|z_{N+1}| \end{bmatrix} \tag{6.160a}$$

或

$$[\boldsymbol{F}][\boldsymbol{X}]=[\boldsymbol{Q}] \tag{6.160b}$$

这里

$$F_{mn}=\int_{z_n-\Delta z/2}^{z_n+\Delta z/2} \frac{e^{-jkR_m}}{4\pi R_m} dz' \tag{6.161}$$

可以用数值计算方法求出 $N+1$ 个未知数，用分析法而不是数值方法估算 F_{mn} 的值。对式(6.161) 积分并将实部和虚部分开，即 $RE+jIM$ 可写为

$$\frac{e^{-jkR_m}}{R_m}=RE+jIM = \frac{\cos kR_m}{R_m}-j\frac{\sin kR_m}{R_m} \tag{6.162}$$

IM 作为一个关于 z' 函数的平滑函数

$$\int_{z_n-\Delta z/2}^{z_n+\Delta z/2} IM(z')dz' = -\int_{z_n-\Delta z/2}^{z_n+\Delta z/2} \frac{\sin k[a^2+(z_m-z')^2]^{1/2}}{[a^2+(z_m-z')^2]^{1/2}} \tag{6.163}$$

近似值精确度可以达到 $\Delta z<0.05\lambda$，另一方面由于半径是 R_m，实部从 $z'\to z_m$ 变化，于是有

$$\begin{aligned}\int_{z_n-\Delta z/2}^{z_n+\Delta z/2} RE(z')dz' &= -\int_{z_n-\Delta z/2}^{z_n+\Delta z/2} \frac{\cos k[a^2+(z_m-z')^2]^{1/2}}{[a^2+(z_m-z')^2]^{1/2}}dz' \\ &\approx \cos k[a^2+(z_m-z_n)^2]\int_{z_n-\Delta z/2}^{z_n+\Delta z/2} \frac{dz'}{[a^2+(z_m-z')^2]^{1/2}} \\ &= \cos k[a^2+(z_m-z')^2]^{1/2} \\ &\ln\frac{z_m+\Delta z/2-z_n+[a^2+(z_m-z_n+\Delta z/2)]^{1/2}}{z_m-\Delta z/2-z_n+[a^2+(z_m-z_n-\Delta z/2)]^{1/2}}\end{aligned} \tag{6.164}$$

从而得到

$$F_{mn}\approx\frac{1}{4\pi}\cos k[a^2+(z_m-z_n)^2]^{1/2}$$

$$\ln\frac{z_m+\Delta z/2-z_n+[a^2+(z_m-z_n+\Delta z/2)]^{1/2}}{z_m-\Delta z/2-z_n+[a^2+(z_m-z_n-\Delta z/2)]^{1/2}}$$

$$-\frac{\mathrm{j}\Delta z\sin k[a^2+(z_m-z_n)^2]^{1/2}}{4\pi[a^2+(z_m-z_n)^2]^{1/2}} \tag{6.165}$$

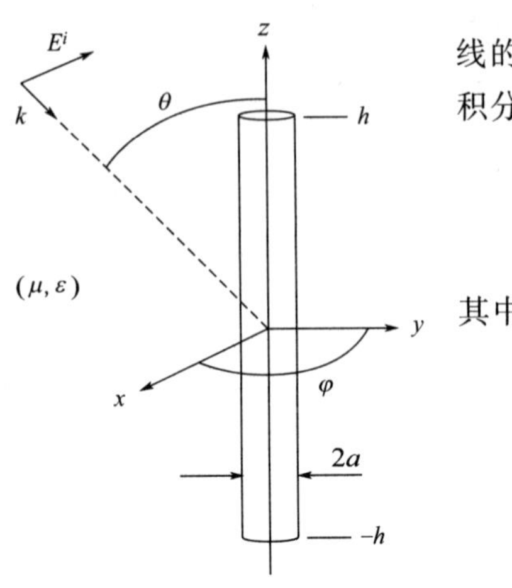

图 6.9　光滑散射导体

【例 6.9】　考虑一个光滑的散射导体或者圆柱体的天线的剖面，如图 6.9 所示，规定当前的电流在导体上解电场积分方程。

$$\frac{\mathrm{j}n}{4k\pi}\left(\frac{\mathrm{d}^2}{\mathrm{d}z^2}+k^2\right)\int_{-h}^{h}I(z')G(z,z')\mathrm{d}z'=E_z^i(z) \tag{6.166}$$

其中

$$G(z,z')=\frac{1}{2\pi}\int_0^{2\pi}\frac{\mathrm{e}^{-\mathrm{j}kR}}{R}\mathrm{d}\varphi'$$

$$R=\left[(z-z')^2+4a^2\sin^2\frac{\varphi'}{2}\right]^{1/2}$$

$$n=\sqrt{\frac{\mu}{\varepsilon}},k=\frac{2\pi}{\lambda}$$

解：如果半径 $a\ll\lambda$（波长），同时 $a\ll h$（天线的长度），那么该导体可以看成细导体或散射体，作为一个散射体，电波可以看作是平面极化波，不妨假定

$$E_z^i(z)=E_0\sin\theta\mathrm{e}^{\mathrm{j}kz\cos\theta} \tag{6.167a}$$

式中，θ 是辐射范围角，作为一个天线，也可以看作是由冲击激发的辐射装置。

$$E_z^i=V\delta(z-z_g) \tag{6.167b}$$

V 是发生器的电压，且在 $z=z_g$ 时才发生响应，为了使用状态法求已给的积分方程，我们调整下面的脉冲函数

$$I(z)=\sum_{n=1}^{N}I_nu_n(z) \tag{6.168}$$

对于圆柱形的散射体或天线，可以假定

$$u_n(z)=\begin{cases}1, & z_{n-1/2}<z<z_{n+1/2}\\ 0, & 其他\end{cases}$$

把式(6.168) 代入式(6.166)，得到一个三角形的函数

$$w_m(z)=\begin{cases}\dfrac{z-z_{m-1}}{\Delta}, & z_{m-1}<z<z_m\\ -\dfrac{z-z_{m-1}}{\Delta}, & z_m<z<z_{m+1}\\ 0, & 其他\end{cases} \tag{6.169}$$

这里 $\Delta=2h/N$，于是

$$\sum_{n=1}^{N}z_{mn}I_n=V_m,m=1,2,\cdots,N \tag{6.170}$$

如图 6.10 所示，式(6.170) 也可以写成矩阵形式

$$[\boldsymbol{Z}][\boldsymbol{I}]=[\boldsymbol{V}] \tag{6.171}$$

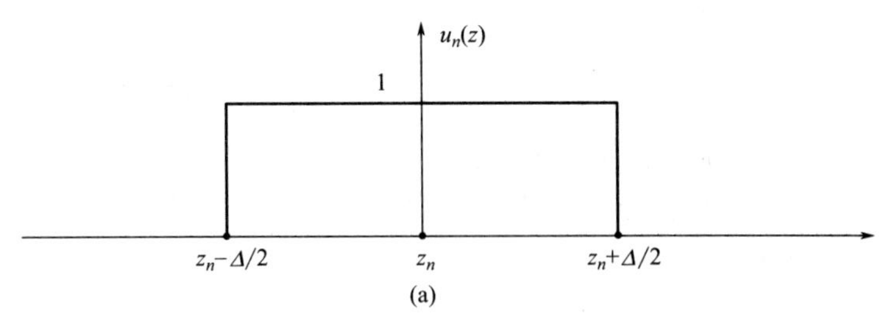

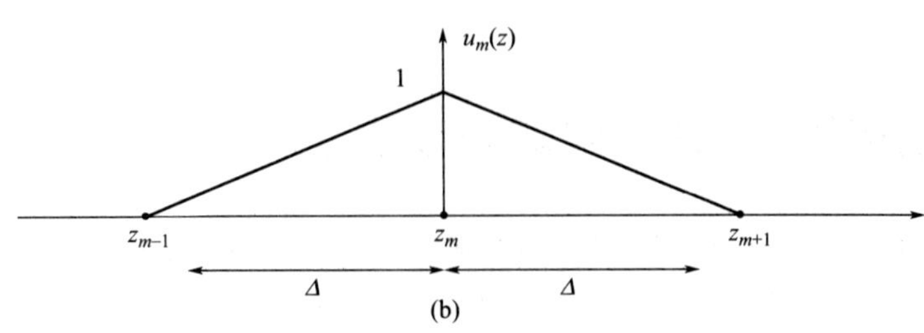

图 6.10　$u_n(z)$ 和 $w_m(z)$

其中，[$\boldsymbol{I}$] 可以用任何标准方法求到，对于阻抗矩阵，它的元素可以写成

$$Z_{mn}=\frac{\mathrm{j}\eta}{4\pi k}\times\frac{2}{\Delta}\left[\frac{1}{2}G_{m-1,n}-\left(1-\frac{k^2\Delta^2}{2}\right)G_{m,n}+\frac{1}{2}G_{m+1,n}\right] \tag{6.172}$$

这里

$$G_{m,n}=\int_{z_n-\Delta/2}^{z_n+\Delta/2}G(z_m,z')\mathrm{d}z' \tag{6.173}$$

为了解式(6.172)，我们利用近似法

$$\int_{z_{m-1}}^{z_{m+1}}w_m(z)f(z)\mathrm{d}z=\Delta f(z_m)$$

对于波极化，激励电压向量 [$\mathbf{V}$] 为

$$V_m=\Delta E_0\mathrm{e}^{\mathrm{j}kz_m\cos\theta} \tag{6.174}$$

对于 δ 冲击发生器，有

$$V_m=V\delta_{mg} \tag{6.175}$$

式中，g 是脉冲发生区域内的函数，一般有脉冲函数、三角形的加权函数。

解式(6.171)需要对式(6.174)进行二重积分。核函数有一个对数奇异点，即 $|z-z'|\to0$，因此求解问题时要留心，为了克服这个奇点的问题，我们可以假定

$$G(z,z')=\frac{1}{2\pi}\int_0^{2\pi}\frac{\mathrm{e}^{-\mathrm{j}kR}}{R}\mathrm{d}\varphi'=G_0(z,z')+G_1(z,z') \tag{6.176}$$

其中

$$G_0(z,z')=\frac{1}{2\pi}\int_0^{2\pi}\frac{\mathrm{d}\varphi'}{R} \tag{6.177}$$

同时

$$G_1(z,z')=\frac{1}{2\pi}\int_0^{2\pi}\frac{\mathrm{e}^{-\mathrm{j}kR}-1}{R}\mathrm{d}\varphi' \tag{6.178}$$

于是

$$G_0(z,z')\xrightarrow{\frac{z-z'}{2a}\to0}-\frac{1}{\pi a}\ln\frac{|z-z'|}{8a}$$

由此可以用下式来取代 $G_0(z,z')$

$$\left[G_0(z,z')+\frac{1}{\pi a}\ln\frac{|z-z'|}{8a}\right]-\frac{1}{\pi a}\ln\frac{|z-z'|}{8a} \tag{6.179}$$

函数 $G_1(z,z')$ 是没有奇异点的，而含有奇异点的函数 $G_0(z,z')$ 可以用式(6.179) 代替。于是求解 Z_{mn} 时涉及二重积分，可以很容易完成。在用三角形作基函数和用脉冲作加权函数时，也是同样的方法求 Z_{mn}。

6.7 应用四　人体对电磁波吸收效应

电磁波产生的辐射热疗（或用电磁波治疗肿瘤）和对人体健康危害的评估，导致和促成了电磁波在人体或生物系统内的分析技术飞速发展，电磁波成像等有关的计算技术的研究也得到了快速发展。对电磁波广泛的需要，促成了基于电磁波辐射的科学安全标准评估平台的建立。由于不能直接对人体进行实验，故 X 射线的实验一般是在动物身上进行。

实际电磁问题的计算复杂性使得研究者开始用寻求相对简单的结构模型来说明问题，比如平板、均匀的圆柱体电介质、多层面状结构以及椭球面。所有早期的成果主要都是这样做简单的假定。

尽管球面模型一直被用来学习动物或者人体脑部的能量吸收特性，但是实际上我们用由细胞体组成的块状模型来模拟整个人体。

生物电磁场效应的关键是求得有多少电磁波被吸收并在哪儿聚积。这里有一个通常用的标准叫作吸收比率 SAR，这是体内吸收能量的块状标准比率。SAR 可以定义为

$$\mathrm{SAR}=\frac{\sigma}{\rho}|E|^2 \tag{6.180}$$

其中，σ 是介质的传导率；ρ 是介质的密度；E 是整个电场的电场强度有效值。于是，具体的 SAR 与整个电场直接相关，主要由生物体内的电磁场分布决定。状态法已经拓展到计算人和动物块模型的具体的 SAR。

如 6.1 节所述，用状态法解决电磁波问题一般要四步：建立相应的积分方程；把积分方程转化为矩阵等式；估算矩阵元素的值；求解联立的等式方程。

我们将采用上面的步骤来计算由入射电磁波引起的人体或生物体的电磁场。

6.7.1 建立积分方程式

一般生物体激发的电磁场是相当复杂的，远远超过了把简单的平面波作为入射波的情况。其原因是人体是不规则的，是一个有限长的导体。为了解决这种困难，Livesay 和 Chen 提出了一种方法，也叫作张量积分法，该方法被广泛应用于人体电磁问题。

假设一个任意形状的生物体，由入射（或反射）平面波产生的结构参数为 ε、μ、σ，体内感应电流引起的散射电场为 E^S，它可以被计算出来

$$J_{eq}(r)=(\sigma(r)+j\omega[\varepsilon(r)-\varepsilon_0])E(r)=\tau(r)E(r) \tag{6.181}$$

这里用平面电磁波说明生物体的电场，其中假定时间因子是 $e^{j\omega t}$，式(6.181) 的第一部分是导体内的电流密度，第二部分是极化电流密度。用相等的电流密度 J_{eq} 表示，可以求解

散射电场的 E^S 和 H^S

$$\nabla\times\boldsymbol{E}^S=-\boldsymbol{J}_{\mathrm{eq}}-\mathrm{j}\omega\boldsymbol{H}^S \tag{6.182a}$$

$$\nabla\times\boldsymbol{H}^S=\mathrm{j}\omega\boldsymbol{E}^S \tag{6.182b}$$

这里 $\boldsymbol{E}^S$、$\boldsymbol{H}^S$、$\boldsymbol{J}_{\mathrm{eq}}$ 都是矢量形式。用式(6.182) 化简式中的 $\boldsymbol{E}^S$ 或 $\boldsymbol{H}^S$

$$\nabla\times\nabla\times\boldsymbol{E}^S-k^2\boldsymbol{E}^S=-\mathrm{j}\omega\mu_0\boldsymbol{J}_{\mathrm{eq}} \tag{6.183a}$$

$$\nabla\times\nabla\times\boldsymbol{H}^S-k_0^2\boldsymbol{H}^S=\nabla\times\boldsymbol{J}_{\mathrm{eq}} \tag{6.183b}$$

这里 $k_0^2=\omega^2\mu_0\varepsilon_0$，式(6.183) 的解为

$$\omega^S=-\mathrm{j}\omega\left[1+\frac{1}{k_0^2}\nabla\nabla\cdot\right]\boldsymbol{A} \tag{6.184a}$$

$$\boldsymbol{H}^S=\frac{1}{\mu_0}\nabla\times\boldsymbol{A} \tag{6.184b}$$

其中

$$A=\mu_0\int_v G_0(r,r')J_{\mathrm{eq}}(r')\mathrm{d}v' \tag{6.185}$$

且

$$G_0(r,r')=\frac{\mathrm{e}^{-\mathrm{j}k_0(r-r')}}{4\pi|r-r'|} \tag{6.186}$$

式(6.186) 是自由空间标量格林函数。操作符 $\nabla\nabla\cdot$ 表示的是矢量运算符，即$\nabla\nabla\cdot\boldsymbol{A}=\nabla(\nabla\cdot\boldsymbol{A})$。从式(6.184) ～式(6.186)，电场强度 $\boldsymbol{E}^S$ 和磁场强度 $\boldsymbol{H}^S$ 与 $\boldsymbol{J}_{\mathrm{eq}}$ 相关。

假定 $\boldsymbol{J}_{\mathrm{eq}}$ 为极微小的激励源且在点 r' 的 x 方向，则

$$\boldsymbol{J}_{\mathrm{eq}}=\delta(r-r')\boldsymbol{a}_x \tag{6.187}$$

相应的相量矢位函数可以从式(6.185) 中得到

$$\boldsymbol{A}=\mu_0\boldsymbol{G}_0(r,r') \tag{6.188}$$

如果 $G_{0x}(r,r')$ 是由激励源产生的电场，则 $G_{0x}(x,x')$ 必须满足

$$\nabla\times\nabla\times G_{0x}(r,r')-k^2G_{0x}(r,r')=-\mathrm{j}\omega\mu_0\delta(r,r') \tag{6.189}$$

进而得

$$G_{0x}(r,r')=-\mathrm{j}\omega\mu_0\left(1+\frac{1}{k^2}\nabla\nabla\right)G_0(r,r') \tag{6.190}$$

式中，$G_{0x}(r,r')$ 是自由空间矢量格林函数在源点的 x 方向的值。也可以得到极微小的激励源在 y 方向和 z 方向的 $G_{0y}(x,x')$ 或 $G_{0z}(x,x')$。现在引入一个函数，它可以将三个矢量方向的函数写一块，令

$$G_0(r,r')=G_{0x}(r,r')a_x+G_{0y}(r,r')a_y+G_{0z}(r,r')a_z \tag{6.191}$$

这就是自由空间并矢格林函数。将其微分以后得

$$\nabla\times\nabla\times\boldsymbol{G}_0(r,r')-k^2\boldsymbol{G}_0(r,r')=\tilde{\boldsymbol{I}}\delta(r-r') \tag{6.192}$$

这里的符号 $\tilde{\boldsymbol{I}}$ 为单元并矢（因子），它的定义形式为

$$\tilde{\boldsymbol{I}}=a_xa_x+a_ya_y+a_za_z \tag{6.193}$$

显然 $G_0(r,r')$ 的物理意义相当明显，它就是点 r 的电场由点电荷源 r'引起的。

由式(6.183a) 和式(6.192)，关于电场的解是

$$E^S(r)=-\mathrm{j}\omega\mu_0\int G_0(r,r')\cdot J_{\mathrm{eq}}(r')\mathrm{d}v' \tag{6.194}$$

由于 $G_0(r,r')$ 有一个奇异点 $|r-r'|^3$，如果奇异点 r 在体积 v 内（或源范围内），当体

积包含奇异点时，式(6.194)的积分就会发散。

这个困难可以克服，通过切除包围奇异点的一个小体积，然后让这个体积趋向零，这个过程需要定义初值，并加一个正值来修正计算结果，于是

$$E^S(r)=PV\int_v J_{\mathrm{eq}}(r)\cdot G(r,r')\mathrm{d}v'+[E^S(r)]_{\mathrm{coreection}} \tag{6.195}$$

而$[E^S(r)]_{\mathrm{coreection}}=-\dfrac{J_{\mathrm{eq}}(r)}{\mathrm{j}3\omega\varepsilon_0}$，于是

$$E^S(r)=PV\int_v J_{\mathrm{eq}}(r)\cdot G(r,r')\mathrm{d}v'-\frac{J_{\mathrm{eq}}(r)}{\mathrm{j}3\omega\varepsilon_0} \tag{6.196}$$

整个体内的总电场是入射电场$\boldsymbol{E}^i$和散射电场$\boldsymbol{E}^S$

$$\boldsymbol{E}(r)=\boldsymbol{E}^i(r)+\boldsymbol{E}^S(r) \tag{6.197}$$

结合式(6.181)、式(6.195)、式(6.196)最终得到$\boldsymbol{E}(r)$的张量形式积分方程

$$\left[1+\frac{\tau(r)}{3\mathrm{j}\omega\varepsilon_0}\right]-PV\int_v \tau(r')E(r)\cdot G(r,r')\mathrm{d}v'=\boldsymbol{E}^i(r) \tag{6.198}$$

在式(6.198)中，$\tau(r)=\sigma(r)+\mathrm{j}\omega[\varepsilon(r)-\varepsilon_0]$，电场$\boldsymbol{E}^i$是已知的量。在体内的整个电场是未知的，且由状态法决定。

6.7.2 矩阵（离散化）方程法

式(6.198)中的$E(r)\cdot G(r,r')$可以写成

$$\boldsymbol{E}(r)\cdot\boldsymbol{G}(r,r')=\begin{bmatrix}G_{xx}(r,r') & G_{xy}(r,r') & G_{xz}(r,r')\\ G_{yx}(r,r') & G_{yy}(r,r') & G_{yz}(r,r')\\ G_{zx}(r,r') & G_{zy}(r,r') & G_{zz}(r,r')\end{bmatrix}\begin{bmatrix}E_x(r')\\ E_y(r')\\ E_z(r')\end{bmatrix} \tag{6.199}$$

可以看出这是一个对称的并矢量，令

$$x_1=x,x_2=y,x_3=z$$

$$G_{x_px_q}(r,r')=-\mathrm{j}\omega\mu_0\left[\delta_{pq}+\frac{1}{k^2}\times\frac{\partial^2}{\partial x_q\partial x_p}\right]G(r,r'),\quad p,q=1,2,3 \tag{6.200}$$

现在用状态法将式(6.198)变为矩阵等式，同时把人体分为N个部分，每一个部分用符号$v_m(m=1,2,\cdots,N)$，假定$E(r)$和$\tau(r)$在每一个微小体积内是一个常值。如果r_m是第m个微小体积，则式(6.198)中每一个标量部分可在r_m处满足下式

$$\left[1+\frac{\tau(r)}{3\mathrm{j}\omega\varepsilon_0}\right]E_{xp}(r_m)-\sum_{q=1}^{3}\left[\sum_{q=1}^{3}\tau(r_n)PV\int_{vm}G_{x_px_q}(r_m,r')\mathrm{d}v'\right]E_{x_q}(r_n)=E^i_{x_p}(r_m) \tag{6.201}$$

如果将$[\boldsymbol{G}_{x_px_q}]$认为是$N\times N$的矩阵

$$G^{mn}_{x_px_q}=\tau(r_n)PV\int_{v_n}G_{x_px_q}(r_m,r')\mathrm{d}v'-\delta_{pq}\delta_{mn}\left[1+\frac{\tau(r)}{3\mathrm{j}\omega\varepsilon_0}\right] \tag{6.202}$$

这里m，$n=1,2,\cdots,N$，p，$q=1,2,3$，同时令$\boldsymbol{E}_{x_p}$和$\boldsymbol{E}^i_{x_p}$成为纵列矩阵，即

$$E_{x_p}=\begin{bmatrix}E_{x_p}(r_1)\\ \vdots\\ E_{x_p}(r_n)\end{bmatrix},E^i_{x_p}=\begin{bmatrix}E^i_{x_p}(r_1)\\ \vdots\\ E^i_{x_p}(r_N)\end{bmatrix} \tag{6.203}$$

从式(6.198)和式(6.201)中，通过点匹配技术在 N 个微元中心可得到 $3N$ 个关于（$\boldsymbol{E}_x$，$\boldsymbol{E}_y$，$\boldsymbol{E}_z$）的联立方程式。这些对称等式可以写为如下矩阵形式

$$\begin{bmatrix} \boldsymbol{G}_{xx} & \boldsymbol{G}_{xy} & \boldsymbol{G}_{xz} \\ \boldsymbol{G}_{yx} & \boldsymbol{G}_{yy} & \boldsymbol{G}_{yz} \\ \boldsymbol{G}_{zx} & \boldsymbol{G}_{zy} & \boldsymbol{G}_{zz} \end{bmatrix} \begin{bmatrix} \boldsymbol{E}_x \\ \boldsymbol{E}_y \\ \boldsymbol{E}_z \end{bmatrix} = -\begin{bmatrix} E_x^i \\ E_y^i \\ E_z^i \end{bmatrix} \tag{6.204a}$$

或

$$[\boldsymbol{G}][\boldsymbol{E}] = -[\boldsymbol{E}^i] \tag{6.204b}$$

其中，$[\boldsymbol{G}]$ 是 $3N \times 3N$ 的矩阵；$[\boldsymbol{E}]$、$[\boldsymbol{E}^i]$ 是 $3N \times 1$ 的纵列矩阵。

6.7.3 矩阵元素的估算

尽管式(6.204)中矩阵 $[\boldsymbol{E}^i]$ 已经求得，同时矩阵 $[\boldsymbol{E}]$ 也被确定，但是定义在式(6.203)中的矩阵 $[\boldsymbol{G}]$ 还没有被计算出来。对于 $[G_{x_p x_q}]$ 中的非对角线元素，由于 r_m 不在第 n 个微元内，故 $G_{x_p x_q}(r_m, r')$ 在 v_n 是连续的且初值可以计算得到。式(6.202)变为

$$G_{x_p x_q}^{mn} = \tau(r_n)\int_{v_n} G_{x_p x_q}(r_m, r')\mathrm{d}v', m \neq n \tag{6.205}$$

作为第一个近似值

$$G_{x_p x_q}^{mn} = \tau(r_n) G_{x_p x_q}(r_m, r')\Delta v_n, m \neq n \tag{6.206}$$

式中，Δv_n 是微元 v_n 的体积，把式(6.190)和式(6.200)代入式(6.206)得

$$G_{x_p x_q}^{mn} = \frac{-\mathrm{j}\omega\mu k_0 \Delta\tau(r_n)\exp(-\mathrm{j}\alpha_{mn})}{4\pi\alpha_{mn}^3} \times \\ [(\alpha_{mn} - 1 - \mathrm{j}\alpha_{mn})\delta_{pq} + \cos\theta_{x_p}^{mn}\cos\theta_{x_p}^{mn}(3 - \alpha_{mn}^2 + 3\mathrm{j}\alpha_{mn})], m \neq n \tag{6.207}$$

其中

$$\alpha_{mn} = k_0 R_{mn}, R_{mn} = |r_m - r_n|$$

$$\cos\theta_{x_p}^{mn} = \frac{x_p^m - x_p^n}{R_{mn}}, \cos\theta_{x_q}^{mn} = \frac{x_q^m - x_q^n}{R_{mn}}$$

$$r_m = (x_1^m, x_2^m, x_3^m), r_n = (x_1^n, x_2^n, x_3^n)$$

式(6.207)产生合适结果需 N 足够大。如果精确度足够高，积分式(6.205)必须利用数值计算来估计。对于对角线元素，式(6.202)变为

$$G_{x_p x_q}^{mn} = \tau(r_n) PV\int_{v_n} G_{x_p x_q}(r_n, r')\mathrm{d}v' - \delta_{pq}\left[1 + \frac{\tau(r)}{3\mathrm{j}\omega\varepsilon_0}\right] \tag{6.208}$$

估算这个积分，可以把 v_n 近似为一个半径为 a_n 的中心在 r_n 的等值球体

$$\Delta v = \frac{4}{3}\pi a_n^3 \quad \text{或} \quad a_n = \left(\frac{3\Delta v}{4\pi}\right)^{1/3} \tag{6.209}$$

计算后得到

$$G_{x_p x_q}^{mn} = \delta_{pq}\left[\frac{-2\mathrm{j}\omega\mu_0\tau(r_n)}{3k_0^3}(\exp(-\mathrm{j}k_0 a_n)(1 + \mathrm{j}k_0 a_n) - 1) - \left(1 + \frac{\tau(r_n)}{3\mathrm{j}\omega\varepsilon_0}\right)\right], m \neq n \tag{6.210}$$

在上述空间中不同形状的微元 v_n 可能在利用式(6.210)作近似时，结果产生误差。为了提高精确度，假定包围 r_n 的是一个小立方体、圆柱体或者球体，提高精度的数值计算方法可以通过对剩余面积的积分求得。

6.7.4 矩阵方程的解

上面提到，矩阵方程 [$\boldsymbol{G}$] 中的元素可以求解得到，即可解式(6.204)。

这里入射电场 [$\boldsymbol{E}^i$] 是已知的，那么就可以通过求 $\boldsymbol{G}$ 的逆矩阵或用高斯 Jordan 消元法从式(6.204) 中得到感应电场。假设使用的是逆矩阵，从整个生物体内获得的感应电场是

$$[\boldsymbol{E}]=-[\boldsymbol{G}]^{-1}[\boldsymbol{E}^i] \tag{6.211}$$

Guru 和 Chen 最先使用计算机编程的方法来计算感应电场和不同电磁波对不同生物体辐射时，生物体吸收的能量密度。通过实验可以证明这些数值方法的有效性和准确性。

在接下来的例子中，通过一个最简单的基本模型和一个相对高级的生物体模型说明计算机处理的准确性。

【例 6.10】 设有 EM 平面电磁波，工作频率是 918MHz，向半径为 3cm 的动物大脑的球形模型辐射，求该电磁波所引起的能量吸收率 SAR 的分布以及电磁波加热能，假定电磁场表达式为入射电场

$$E^i=E_0 e^{-jk_0 z} a_x = a_x E_0(\cos k_0 z - j\sin k_0 z) \quad \text{V/m} \tag{6.212}$$

这里 $k_0=2\pi/\lambda=2\pi f/c$，$E_0=\sqrt{2\eta_0 P_i}$，$P_i$ 为入射波的能量，mW/cm^2；$\eta_0=377\Omega$ 是表面空间固有的特性电阻。这里 $P_i=1\text{mW/cm}^2$ ($E_0=86.83\text{V/m}$)，$\varepsilon_r=35$，$\sigma=0.7\text{S/m}$。

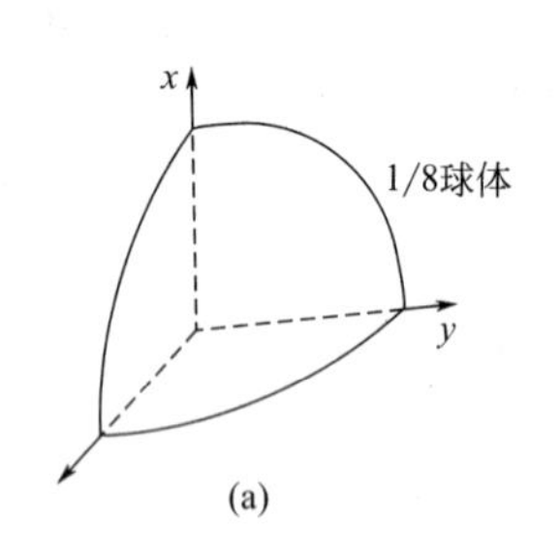

(a)

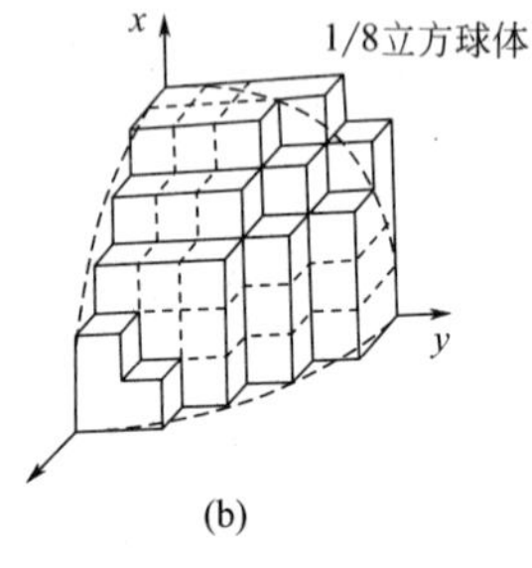

(b)

图 6.11 例 6.10 示意图

解： 为了方便计算，首先研究立方体空间模型，图 6.11 给出的是一个占整个（估计为 40 或 73 个立方体）八分之一的例子。假定整体是 40 个，图 6.12 为人脑划分胞元结构。每一个微元中心的 $\boldsymbol{E}^i$ 可以通过式(6.212) 求得。用计算机计算 $\boldsymbol{E}^i$，同时利用式(6.207) 和式(6.210) 计算矩阵 [$\boldsymbol{G}_{x_p x_q}$] 中的元素。每一个微元中感应电场强度 $\boldsymbol{E}$ 可以用式(6.211) 得到。一旦感应电场强度 $\boldsymbol{E}$ 被得到，EM 电磁波能量的吸收率就可以从下式中求得

$$P=\frac{\sigma}{2}|E|^2 \tag{6.213}$$

通过大脑中的平均能量可以得到平均加热量。用在大脑的一些位置得到的最大能量 P 进行分布归一化得到相关热量的位置对应函数曲线。Jongakiem 给出了一个计算方法，三个用 x、y 和 z 定义的曲线与相关热能在大脑中是沿 x^-、y^- 和 z^- 轴向分布。观察在靠近大脑中心的某个地方的强驻波的能量峰值，平均值与最大值是 0.3202mW/cm^3 和 0.885mW/cm^3。

【例 6.11】 前面已经证明了张量积分模型的精确性，现在求人体大脑模型的辐射电磁波能量的极化电场和特性吸收率 SAR。电磁波的频率是 80MHz 且为垂直偏振

$$E=a_x \quad \text{V/m}$$

假设身体在 80MHz 时是满容量水的组织，电参数为 $\varepsilon=80\varepsilon_0$，$\mu=\mu_0$，$\sigma=0.84\text{S/m}$。

解： 人体可以划分为 108 个从 $5\sim12\text{cm}^3$ 大小不等的微元体，为了计算结果的精确度，要求微元体的长度小于介质波长的 1/4。每一个微元中心的坐标位置如图 6.13 所示，可以计算感应电场在微元体中心的三个分量 E_x、E_y、E_z。这个电场是由一个垂直入射电场 1V/m（最大值）电磁波产生的。特性吸收率可由

$$(\sigma/2)(E_x^2+E_y^2+E_z^2)$$

决定。每个微元中心的 E_x、E_y、E_z 在这个频率上可以通过观察发现 E_y、E_z 比 E_x 小得多，这是由于入射波的极化引起的，既然它们比 E_x 要小很多，有时就可以忽略。

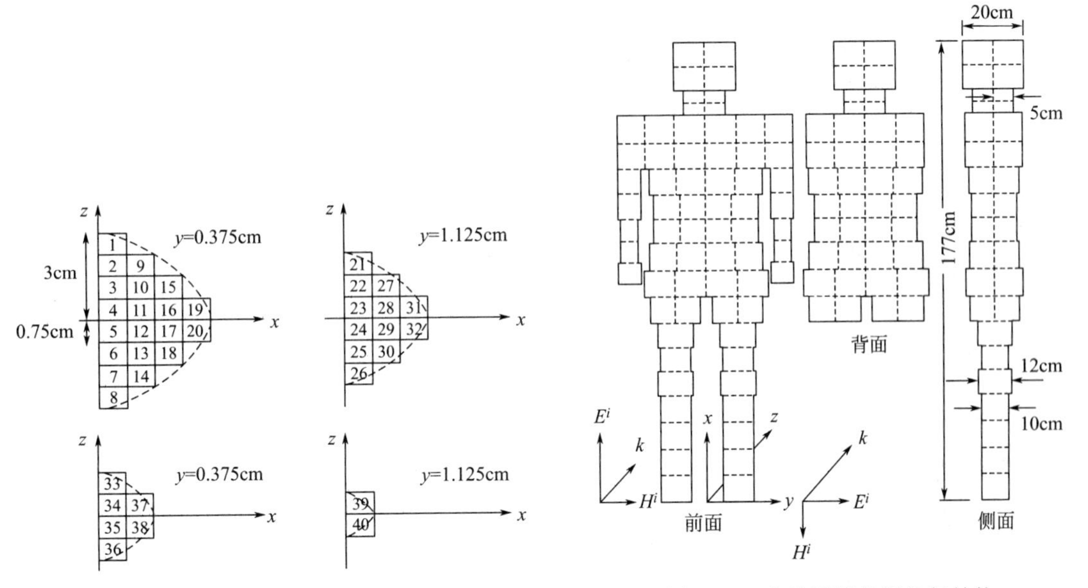

图 6.12 人脑划分胞元结构

图 6.13 人体图像分割几何结构

本章所介绍的例子都是只用了简单的方法。下面的例子是电磁波典型的应用领域：静电学问题；天线导体和散射体；人体的散射和辐射；任意体型的散射和辐射；传输线；缝隙问题；生物电磁问题。

近几年用计算机编写面向对象的程序解决有关状态法的电磁波积分得到了广泛发展，这些代码可以很好地解决关于辐射和散射的频域和时域问题。详细代码在有关参考文献中可找到。

习题与思考题

6.1 对称振子天线的长度为波长的1/2，写出用矩量法计算电流分布的Matlab程序。

6.2 设一正方形铜质贴片天线，其边长为波长的1/10，激励点在正方形贴片的中心，写出用矩量法计算电流分布的Matlab程序（厚度忽略不计）。

6.3 设一正方形铜质贴片天线，其边长为波长的1/3，激励点在正方形贴片的中心，写出用矩量法计算电流分布的Matlab程序（厚度设为波长的1/5）。

变分法

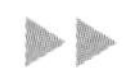

本章主要内容

- 线性空间的算子（变分法理论基础）
- 变分法
- 从微分方程中构建函数法
- 瑞利-里茨法
- 加权残差法
- 特征值问题

在解决由数学、物理学和工程学产生的问题的过程中，不难发现对一个微分方程的积分问题求解，通常可以通过某一个函数积分的最小值这个等价的问题来代替。这种方法允许我们把一个微分方程的积分问题简化为等价变分问题，经常称为变分法，它是有限元方法的基础，在学 FEM 之前学变分法是比较合适的。此外，用变分法的计算公式求某些微分和积分方程问题，求解过程就相对比较简单。同时，变分法不需要对计算机的存储和时间有过高的要求，而且也能给出准确的结果。

变分法可以分为两类：直接和间接法。直接法就是经典的瑞利-里茨法，而间接法统称为加权残值法：排列（或点匹配）法、子域法、伽辽金法和最小二乘法。用间接法常包括两个基本步骤：把 PDE 加入偏微分方程中；用一种方法确定近似解。

关于变分法在电磁问题上的理论和应用方面的文献是相当广泛的，由于篇幅限制，我们只能间接提到一些经常出现在这门课中所介绍的主题。

7.1 线性空间的算子

我们复习（回顾）一些线性空间运算的原理，把函数 u 和 v 的内（点或数量）积定义为

$$\langle u, v\rangle = \int_{\Omega} uv^* \mathrm{d}\Omega \tag{7.1}$$

这里 * 表示取共轭复数并且积分是在 Ω 上实现的，Ω 取决于实际问题，可以是一、二、三维的物理空间。某种意义上说，内积 $\langle u, v\rangle$ 给出了部分或者在 v 方向上 u 的投影。如果

u 和 v 是向量场，就对等式(7.1) 稍做修改，在它们之间加个点，即

$$\langle u,v\rangle=\int_{\Omega}u\cdot v^{*}\mathrm{d}\Omega \tag{7.2}$$

但是，我们应该把 u 和 v 考虑成是复值标量函数。因为每一对 u 和 v 都属于线性空间，所以获得一个〈u，v〉必须满足：

$$\langle u,v\rangle=\langle v,u\rangle^{*} \tag{7.3a}$$

$$\langle\alpha u_1+\beta u_2,v\rangle=\alpha\langle u_1,v\rangle+\beta\langle u_2,v\rangle \tag{7.3b}$$

$$\langle u,v\rangle>0 \quad 如果\ u\neq 0 \tag{7.3c}$$

$$\langle u,v\rangle=0 \quad 如果\ u=0 \tag{7.3d}$$

如果〈u，v〉$=0$，我们就说 u 和 v 是正交的。注意到那些性质是三维空间里点积的常见限制。

等式(7.3) 能很容易地从等式(7.1) 中推导出。从式(7.3a) 和式(7.3b) 中可以看出

$$\langle u,\ \alpha v\rangle=\alpha^{*}\langle v,\ u\rangle^{*}=\alpha^{*}\langle u,\ v\rangle$$

这里 α 是个复标量。

等式(7.1) 称为未加权的或者是标准化的内积。一个加权的内积是通过下式给出的

$$\langle u,v\rangle=\int_{\Omega}uv^{*}\omega\mathrm{d}\Omega \tag{7.4}$$

这里 ω 是个适当的权函数。

我们把函数 u 的模定义为

$$\|u\|=\sqrt{\langle u,u\rangle} \tag{7.5}$$

模是函数“长度”或“幅度”的一个度量（目前对于一个向量场来说，模就是向量的均方根值）。如果向量的模是 1，就认为它是标准向量。由施瓦尔兹不等式得

$$|\langle u,v\rangle|\leqslant\|u\|\ \|v\| \tag{7.6}$$

任何内积空间都成立，两个不为零的矢量 $\boldsymbol{u}$ 和 $\boldsymbol{v}$ 间的角度 θ 从下式能得到

$$\theta=\arccos\frac{\langle u,v\rangle}{\|u\|\ \|v\|} \tag{7.7}$$

现在来考虑算子方程

$$L\Phi=g \tag{7.8}$$

这里 L 表示任意的线性算子；Φ 是个未知函数；g 是源函数。由算子 L 形成的所有函数张成的空间为

$$\langle L\Phi,g\rangle=\langle\Phi,L^{a}g\rangle \tag{7.9}$$

算子 L 被称为：

① 自伴算子　如果 $L=L^{a}$，即〈$L\Phi$，g〉=〈Φ，Lg〉。

② 正定算子　如果对于 L 域内的任意 $\Phi\neq0$，都有〈$L\Phi$，Φ〉>0。

③ 负定算子　如果对于 L 域内的任意 $\Phi\neq0$，都有〈$L\Phi$，Φ〉<0。

等式(7.8) 解的特性很大程度上取决于算子 L 的特性。比如，如果 L 正定，我们就能很容易证明等式中 Φ 的解是唯一的，即等式(7.8) 不能多于一个解。要证明这个，假设 Φ 和 Ψ 是等式(7.8) 的两个解，如 $L\Phi=g$ 和 $L\Psi=g$。然后，由 L 的线性特点得知 $f=\Phi-\Psi$ 也是它的一个解，所以 $Lf=0$。如果 L 是正交的，$f=0$，就意味着 $\Phi=\Psi$，这就证明了解 Φ 的唯一性。

【例 7.1】 求 $u(x)=1-x$ 和 $v(x)=2x$ 在区间 (0，1) 上的内积。

解：在这里 u 和 v 都是实函数。所以

$$\langle u,v\rangle=\langle v,u\rangle=\int_0^1(1-x)2x\,\mathrm{d}x$$

$$=2\left(\frac{x^2}{2}-\frac{x^3}{3}\right)\Big|_0^1=0.333$$

【例 7.2】 证明算子 $L=-\nabla^2=-\frac{\partial^2}{\partial x^2}-\frac{\partial^2}{\partial y^2}$ 是自伴的。

证明：$\langle Lu,\ v\rangle=-\int_S v\,\nabla^2 u\,\mathrm{d}S$

把 u 和 v 看成是实函数（为了简便起见）并使用格林公式

$$\int_l v\frac{\partial u}{\partial n}\mathrm{d}l=\int_S \nabla u\cdot\nabla v\,\mathrm{d}S+\int_S v\,\nabla^2 u\,\mathrm{d}S$$

推出

$$\langle Lu,v\rangle=\int_S \nabla u\cdot\nabla v\,\mathrm{d}S-\int_l v\frac{\partial u}{\partial n}\mathrm{d}l \tag{7.10}$$

这里 S 的边界是 l；n 是外法线。类似地

$$\langle v,Lu\rangle=\int_S \nabla u\cdot\nabla v\,\mathrm{d}S-\int_l u\frac{\partial v}{\partial n}\mathrm{d}l \tag{7.11}$$

不管是在齐次狄利克雷还是在诺伊曼边界条件下，式(7.10) 和式(7.11) 中的线积分都为 0。在齐次加上边界条件时，它们就相等。因此，L 在其中的任一边界条件下都是自伴的，L 也是正交的。

7.2 变分法应用

变分法是传统意义微积分的一个拓展，是一门主要研究最大值和最小值理论的学科。这里我们关心的是寻找一个完整表达式的极值（极小值或极大值），极值也可以是一个函数或泛函数。在某种意义上，泛函就是函数的一个度量。比如内积 $\langle u,\ v\rangle$ 就是一个简单的例子。

在变分法中，我们对一个泛函能取一个固定值的必要条件比较感兴趣。泛函的必要条件一般是以带有所需函数的边界条件的微分方程的形式出现的。

考虑到一个问题，例如寻找一个受限于边界条件的固定补偿函数 $y(x)$，设被积函数

$$I(y)=\int_a^b F(x,y,y')\mathrm{d}x \tag{7.12a}$$

$$y(a)=A,y(b)=B \tag{7.12b}$$

$F(x,\ y,\ y')$ 是由 x、y 给定的函数并且 $y'=\mathrm{d}y/\mathrm{d}x$。在等式(7.12a) 中，$I(y)$ 被称为泛函或变分（或定态）原理。这里的问题是寻找一个极函数 $y(x)$ 使函数 $I(y)$ 有极值。在解决这个问题之前，我们有必要介绍一下被称为变分号的算子 δ。

当自变量 x 为固定值时，函数 $y(x)$ 的变分 δy 在 y 上是个无穷小的变化量，比如 $\delta x=0$。如果 y 是给定的，则 y 的变分 δy（因为给定的值不能改变）在任意这些点将消失（见

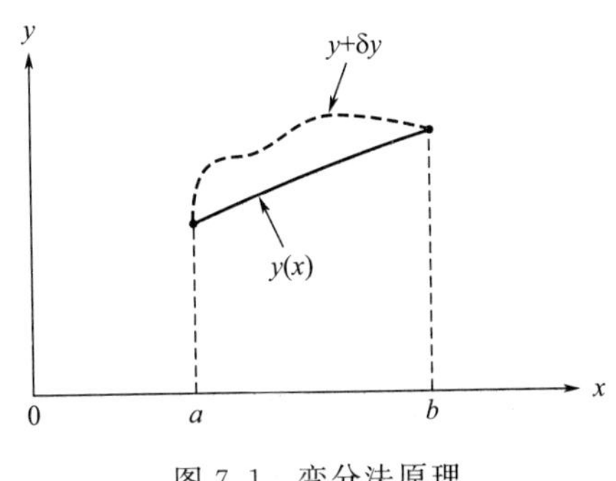

图 7.1 变分法原理

图 7.1)。F 由于 y 的改变(即 $y \to y+\delta y$)而有相应的变换。在 y 上 F 的第一个变分被定义为

$$\delta F=\frac{\partial F}{\partial y}\delta y+\frac{\partial F}{\partial y'}\delta y' \tag{7.13}$$

这与 F 的全微分很相似

$$\mathrm{d}F=\frac{\partial F}{\partial x}\mathrm{d}x+\frac{\partial F}{\partial y}\mathrm{d}y+\frac{\partial F}{\partial y'}\mathrm{d}y' \tag{7.14}$$

这里 $\delta x=0$,因为 x 固定不变,不像 y 那样由 y 变成 $y+\delta y$。因此,我们注意到算子 δ 与微分算子是相似的。所以如果 $F_1=F_1(y)$ 且 $F_2=F_2(y)$,则

$$\delta(F_1\pm F_2)=\delta F_1\pm\delta F_2 \tag{7.15a}$$

$$\delta(F_1F_2)=F_2\delta F_1+F_1\delta F_2 \tag{7.15b}$$

$$\delta\left(\frac{F_1}{F_2}\right)=\frac{F_2\delta F_1-F_1\delta F_2}{F_2^2} \tag{7.15c}$$

$$\delta(F_1)^n=n(F_1)^{n-1}\delta F_1 \tag{7.15d}$$

$$\frac{\mathrm{d}}{\mathrm{d}x}(\delta y)=\delta\left(\frac{\mathrm{d}y}{\mathrm{d}x}\right) \tag{7.15e}$$

$$\delta\int_a^b y(x)\mathrm{d}x=\int_a^b \delta y(x)\mathrm{d}x \tag{7.15f}$$

等式(7.12a)中函数 $I(y)$ 有极值的一个必要条件就是变分消失,即

$$\delta I=0 \tag{7.16}$$

为了满足这个条件,我们必须能找到等式(7.12a)中 I 的变分 δI。找到之后,让 $h(x)$ 成为 $y(x)$ 的一个增量。为了使 $y(x)+h(x)$ 满足等式(7.12b)

$$h(a)=h(b)=0 \tag{7.17}$$

在等式(7.12a)中 I 的相应增量为

$$\begin{aligned}\Delta I&=I(y+h)-I(y)\\&=\int_a^b[F(x,y+h,y'+h')-F(x,y,y')]\mathrm{d}x\end{aligned}$$

用泰勒展开

$$\begin{aligned}\Delta I&=\int_a^b[F_y(x,y,y')h-F_{y'}(x,y,y')h']\mathrm{d}x\\&\quad+\text{高阶项}\\&=\delta I+O(h^2)\end{aligned}$$

这里

$$\delta I=\int_a^b[F_y(x,y,y')h-F_{y'}(x,y,y')h']\mathrm{d}x$$

由部分积分推出

$$\delta I=\int_a^b\left[\frac{\partial F}{\partial y}-\frac{\mathrm{d}}{\mathrm{d}x}\left(\frac{\partial F}{\partial y'}\right)\right]h\,\mathrm{d}x+\frac{\partial F}{\partial y'}h\,\Big|_{x=a}^{x=b}$$

根据等式(7.17)得知,最后一项在 $h(a)=h(b)=0$ 时消失。为了使 $\delta I=0$,被积函数必须消失,即

$$\frac{\partial F}{\partial y}-\frac{\mathrm{d}}{\mathrm{d}x}\left(\frac{\partial F}{\partial y'}\right)=0$$

或者

$$F_y-\frac{\mathrm{d}}{\mathrm{d}x}F_{y'}=0 \tag{7.18}$$

这个等式被称为欧拉（欧拉-拉格朗日）方程式。因此 $I(y)$ 对于一个给定的函数 $y(x)$ 有极值的一个必要条件就是 $y(x)$ 满足欧拉方程式。

这种思路可以扩展到更广泛的领域。考虑到目前的这种情况，我们有一个因变量 y 和自变量 x，即 $y=y(x)$。如果有一个因变量 u 和两个自变量 x、y，即 $u=u(x,y)$，则

$$I(u)=\int_S F(x,y,u,u_x,u_y)\mathrm{d}S \tag{7.19}$$

这里 $u_x=\partial u/\partial x$，$u_y=\partial u/\partial y$ 且 $\mathrm{d}S=\mathrm{d}x\mathrm{d}y$。当 $\delta I=0$ 时，等式(7.19) 中的泛函是固定的，并且很容易证明相应的欧拉方程式是

$$\frac{\partial F}{\partial u}-\frac{\partial}{\partial x}\left(\frac{\partial F}{\partial u_x}\right)-\frac{\partial}{\partial y}\left(\frac{\partial F}{\partial u_y}\right)=0 \tag{7.20}$$

接下来考虑两个自变量 x 和 y 以及两个因变量 $u(x,y)$ 和 $v(x,y)$ 的情况。函数简化为

$$I(u,v)=\int_S F(x,y,u,v,u_x,u_y,v_x,v_y)\mathrm{d}S \tag{7.21}$$

对应的欧拉方程式为

$$\frac{\partial F}{\partial u}-\frac{\partial}{\partial x}\left(\frac{\partial F}{\partial u_x}\right)-\frac{\partial}{\partial y}\left(\frac{\partial F}{\partial u_y}\right)=0 \tag{7.22a}$$

$$\frac{\partial F}{\partial v}-\frac{\partial}{\partial x}\left(\frac{\partial F}{\partial v_x}\right)-\frac{\partial}{\partial y}\left(\frac{\partial F}{\partial v_y}\right)=0 \tag{7.22b}$$

另外一种情况就是当函数取决于二阶或高阶导数时，例如

$$I(y)=\int_a^b F(x,y,y',y'',\cdots,y^{(n)})\mathrm{d}x \tag{7.23}$$

在这种情况下，对应的欧拉方程式为

$$F_y-\frac{\mathrm{d}}{\mathrm{d}x}F_{y'}+\frac{\mathrm{d}^2}{\mathrm{d}x^2}F_{y''}-\frac{\mathrm{d}^3}{\mathrm{d}x^3}F_{y'''}+\cdots+(-1)^n\frac{\mathrm{d}^n}{\mathrm{d}x^n}F_{y^{(n)}}=0 \tag{7.24}$$

【例 7.3】 给定函数

$$I(\Phi)=\int_S\left[\frac{1}{2}(\Phi_x^2+\Phi_y^2)-f(x,y)\Phi\right]\mathrm{d}x\mathrm{d}y$$

求相关的欧拉方程。

解： 令 $$F(x,y,\Phi,\Phi_x,\Phi_y)=\frac{1}{2}(\Phi_x^2+\Phi_y^2)-f(x,y)\Phi$$

从中看出有两个自变量 x 和 y 以及一个因变量 Φ。因此，欧拉方程式(7.20) 变成

$$-f(x,y)-\frac{\partial}{\partial x}\Phi_x-\frac{\partial}{\partial y}\Phi_y=0$$

或

$$\Phi_{xx}+\Phi_{yy}=-f(x,y) \text{ 即 } \nabla^2\Phi=-f(x,y)$$

这是泊松方程。因此，解泊松方程就相当于找 Φ 使得给定的函数 $I(\Phi)$ 有极值。

7.3 从微分方程中构建函数

在先前的部分，我们知道欧拉方程产生的是一个与给定的函数或变分相对应的控制微分方程。这里我们要寻找的是为一个给定的微分方程构建变分原理的逆过程。寻找函数的过程与微分方程涉及的四个基本步骤有关。

- 用因变量 Φ 的变分 $\delta\Phi$ 和问题域上的积分来扩增算子方程 $L\Phi=g$（欧拉方程）。
- 用散度定理或分部积分法对变分 $\delta\Phi$ 进行转化与推导。
- 在规定的边界条件下表示边界条件。
- 引入积分以外的变分算子 δ。

下面用一个例子来说明这个过程，这算是最好的例证之一。假设我们对寻找泊松方程有关的变分感兴趣，这与例 7.3 中所做的是相反的，即令

$$\nabla^2\Phi=-f(x,y) \tag{7.25}$$

做完第一步之后，得到

$$\begin{aligned}\delta I&=\iint[-\nabla^2\Phi-f]\delta\Phi\,\mathrm{d}x\,\mathrm{d}y=0\\&=-\iint\nabla^2\Phi\delta\Phi\,\mathrm{d}x\,\mathrm{d}y-\iint f\delta\Phi\,\mathrm{d}x\,\mathrm{d}y\end{aligned}$$

可以通过运用散度定理或分部积分法来验证。对于分部积分，令 $u=\delta\Phi$，有

$$\mathrm{d}v=\frac{\partial}{\partial x}\left(\frac{\partial\Phi}{\partial x}\right)\mathrm{d}x$$

所以

$$\mathrm{d}u=\frac{\partial}{\partial x}\delta\Phi\,\mathrm{d}x\,,v=\frac{\partial\Phi}{\partial x}$$

$$-\int\left[\int\frac{\partial}{\partial x}\left(\frac{\partial\Phi}{\partial x}\right)\delta\Phi\,\mathrm{d}x\right]\mathrm{d}y=-\int\left[\delta\Phi\frac{\partial\Phi}{\partial x}-\int\frac{\partial\Phi}{\partial x}\frac{\partial}{\partial x}\delta\Phi\,\mathrm{d}x\right]\mathrm{d}y$$

因此得到

$$\delta I=\iint\left[\frac{\partial\Phi}{\partial x}\frac{\partial}{\partial x}\delta\Phi+\frac{\partial\Phi}{\partial y}\frac{\partial}{\partial y}\delta\Phi-\delta f\Phi\right]\mathrm{d}x\,\mathrm{d}y-\int\delta\Phi\frac{\partial\Phi}{\partial x}\mathrm{d}y-\int\delta\Phi\frac{\partial\Phi}{\partial y}\mathrm{d}x$$

$$\delta I=\frac{\delta}{2}\iint\left[\left(\frac{\partial\Phi}{\partial x}\right)^2+\left(\frac{\partial\Phi}{\partial y}\right)^2-2f\Phi\right]\mathrm{d}x\,\mathrm{d}y-\delta\int\Phi\frac{\partial\Phi}{\partial x}\mathrm{d}y-\delta\int\Phi\frac{\partial\Phi}{\partial y}\mathrm{d}x \tag{7.26}$$

假定在边界线上满足齐次狄利克雷或诺伊曼边界条件，则最后两项可消除。因此

$$\delta I=\delta\iint\frac{1}{2}(\Phi_x^2+\Phi_y^2-2\Phi f)\,\mathrm{d}x\,\mathrm{d}y$$

即

$$I(\Phi)=\frac{1}{2}\iint(\Phi_x^2+\Phi_y^2-2\Phi f)\,\mathrm{d}x\,\mathrm{d}y \tag{7.27}$$

这正是预料的结论。

并非一定要遵循上述四个步骤去寻找一个与算子方程式(7.8) 相符的函数 $I(\Phi)$，像 Mikhlin 就提供了二选一的方法。根据 Mikhlin 所说，如果方程式(7.8) 中的 L 是真实的、

自伴且正定的，那么等式(7.8)的解就使函数最小化了

$$I(\Phi)=\langle L\Phi,\Phi\rangle-2\langle\Phi,g\rangle \tag{7.28}$$

下面提到的例7.4就是一个证明。这里举例，等式(7.27)可以通过把等式(7.28)代入等式(7.25)中获得。这种方法已经应用于可变的积分方程的求导运算中。

另外，对于EM问题，系统的可变求导原则包括Hamilton原则或最小作用量原理、拉格朗日乘子以及可变电磁学的技术。拉格朗日未定乘子法对于一个可导的PDE函数是特别有用的，函数中的参数是受约束的。

【例7.4】 给出常微分方程的函数

$$y''+y+x=0,\qquad 0<x<1$$

条件是 $y(0)=y(1)=0$。

解： 给定

$$\frac{d^2y}{dx^2}+y+x=0,\qquad 0<x<1$$

可以得出

$$\delta I=\int_0^1\left(\frac{d^2y}{dx^2}+y+x\right)\delta y\,dx=0$$

$$=\int_0^1\frac{d^2y}{dx^2}\delta y\,dx+\int_0^1 y\,\delta y\,dx+\int_0^1 x\,\delta y\,dx$$

第一项用部分积分得

$$\delta I=\delta y\frac{dy}{dx}\Big|_{x=0}^{x=1}-\int_0^1\frac{dy}{dx}\frac{d}{dx}\delta y+\int_0^1\frac{1}{2}\delta(y^2)dx+\delta\int_0^1 xy\,dx$$

因为在 $x=0$，1时，y 是固定的，$\delta y(1)=\delta y(0)=0$。所以

$$\delta I=-\delta\int_0^1\frac{1}{2}\left(\frac{dy}{dx}\right)^2dx+\frac{1}{2}\delta\int_0^1 y^2dx+\delta\int_0^1 xy\,dx$$

$$=\frac{\delta}{2}\int_0^1(-y'^2+y^2+2xy)dx$$

或

$$I(y)=\frac{1}{2}\int_0^1(-y'^2+y^2+2xy)dx$$

顺便检验一下，令 $F(x,y,y')=y'^2-y^2-2xy$，则由欧拉方程 $F_y-\frac{d}{dx}F_{y'}=0$ 给定的微分方程为

$$y''+y+x=0$$

7.4 瑞利-里茨法

瑞利-里茨法是一种使给定的函数最小化的直接变分法。它能在不求助相关微分方程的情况下，直接得到变分问题的解。换句话就是，它是变分原理的直接应用。这种方法是Rayleigh在1877年首次提到的，并在1909年得到了Ritz的改进。为了不失一般性，令相

关变分原理为

$$I(\Phi)=\int_S F(x,y,\Phi,\Phi_x,\Phi_y)\mathrm{d}S \tag{7.29}$$

我们的目标是使这个积分最小化。在瑞利-里茨法中，需选出一组线性相关函数作为展开函数（或基函数）u_n 并为等式(7.29）构建一个近似解，这个解满足一些规定的边界条件。这个解是有限级数的形式

$$\widetilde{\Phi}\approx\sum_{n=1}^{N}a_n u_n+u_0 \tag{7.30}$$

这里 u_0 满足非齐次边界条件，且 u_n 满足齐次边界条件。a_n 是确定的展开系数，$\widetilde{\Phi}$ 是 Φ（准确解）的一个近似解。我们把等式(7.30）代入等式(7.29）并把积分 $I(\Phi)$ 转换成有 N 个系数 a_1，a_2，…，a_N 的函数，即

$$I(\Phi)=I(a_1,a_2,\cdots,a_N)$$

这个函数对每个系数的偏导数都为0时，将取到最小值，所以

$$\frac{\partial I}{\partial a_1}=0,\ \frac{\partial I}{\partial a_2}=0,\cdots,\ \frac{\partial I}{\partial a_N}=0$$

或

$$\frac{\partial I}{\partial a_n}=0,\ n=1,2,\cdots,N \tag{7.31}$$

因此得到一个 N 维的联立方程组。通过求解整个线性代数方程可以得到 a_n，最后把这个 a_n 代入等式(7.30）的近似解中，如果在某种意义上当 $N\to\infty$ 时，$\widetilde{\Phi}\to\Phi$，我们就称这个过程收敛于精确值。

另一种情况可能更简单，过程就是根据下面通过求联立方程组的解来确定展开系数 a_n。把等式(7.30）代入等式(7.28）中得到

$$\begin{aligned}I&=\langle\sum_{m=1}^{N}a_m Lu_m,\sum_{n=1}^{N}a_n u_n\rangle-2\langle\sum_{m=1}^{N}a_m u_m,g\rangle\\&=\sum_{m=1}^{N}\sum_{n=1}^{N}\langle Lu_m,u_n\rangle a_n a_m-2\sum_{m=1}^{N}\langle u_m,g\rangle a_m\end{aligned}$$

把它进一步展开，特别地列出 a_m 的平方项，得到

$$I=\langle Lu_m,u_m\rangle a_m^2+\sum_{n\neq m}^{N}\langle Lu_m,u_n\rangle a_m a_n+\sum_{k\neq m}^{N}\langle Lu_k,u_m\rangle a_k a_m-2\langle g,u_m\rangle a_m+f \tag{7.32}$$

f 是不包含 a_m 的项，假定 L 是自伴的且用 n 取代第二项求和中的 k

$$I=\langle Lu_m,u_m\rangle a_m^2+2\sum_{n\neq m}^{N}\langle Lu_m,u_n\rangle a_n a_m-2\langle g,u_m\rangle a_m+\cdots \tag{7.33}$$

因此我们感兴趣的是要如何选择 a_m 使 I 最小化，等式(7.33）必须要满足等式(7.31)。对等式(7.33）两边进行关于 a_m 的微分且让结果等于0，得出

$$\sum_{n=1}^{N}\langle Lu_m,u_n\rangle a_n=\langle g,u_m\rangle\qquad m=1,2,\cdots,N \tag{7.34}$$

它用矩阵的形式表示为

$$\begin{bmatrix} \langle Lu_1, u_1\rangle & \langle Lu_1, u_2\rangle \cdots & \langle Lu_1, u_N\rangle \\ \vdots & \vdots & \vdots \\ \langle Lu_N, u_1\rangle & \langle Lu_N, u_2\rangle \cdots & \langle Lu_N, u_N\rangle \end{bmatrix} \begin{bmatrix} a_1 \\ \vdots \\ a_N \end{bmatrix} = \begin{bmatrix} \langle g, u_1\rangle \\ \vdots \\ \langle g, u_N\rangle \end{bmatrix} \tag{7.35a}$$

或

$$[\boldsymbol{A}][\boldsymbol{X}]=[\boldsymbol{B}] \tag{7.35b}$$

这里 $A_{mn}=\langle Lu_m,\ u_n\rangle$，$B_m=\langle g,\ u_m\rangle$，$X_n=a_n$。求解方程式(7.35) 中的 $[\boldsymbol{X}]$ 并把 a_m 代入等式(7.30) 就能得到近似解 $\widetilde{\Phi}$。方程式(7.35) 被称为瑞利-里茨法。

【例 7.5】 用瑞利-里茨法求解常微分方程

$$\Phi''+4\Phi-x^2=0,\quad 0<x<1$$

条件是 $\Phi(0)=0=\Phi(1)$。

解： 准确解为

$$\Phi(x)=\frac{\sin2(1-x)-\sin2x}{8\sin2}+\frac{x^2}{4}-\frac{1}{8}$$

对 $\Phi''+4\Phi-x^2=0$ 运用变分原理得

$$I(\Phi)=\int_0^1[(\Phi')^2-4\Phi^2+2x^2\Phi]\mathrm{d}x \tag{7.36}$$

这用欧拉方程很容易验证。令近似解为

$$\widetilde{\Phi}=u_0+\sum_{n=1}^{N}a_nu_n \tag{7.37}$$

这里 $u_0=0$，$u_n=x^n(1-x)$，因为它必须满足 $\Phi(0)=0=\Phi(1)$。

这里 u_n 的选取不是唯一的。另外可能的选取有 $u_n=x(1-x^n)$ 和 $u_n=\sin n\pi x$。注意每个选取都是满足规定的边界条件。

我们试试 N 的不同取值，就是展开系数的数目。我们能发现展开系数 a_n 的求解有两种方式：像在等式(7.31) 中一样直接用函数或用方程式(7.35) 的瑞利-里茨法。

方法 1

当 $N=1$ 时，$\widetilde{\Phi}=a_1u_1=a_1x(1-x)$。把这代入等式(7.36) 得到

$$I(a_1)=\int_0^1[a_1^2(1-2x)^2-4a_1^2(x-x^2)+2a_1x^3(1-x)]\mathrm{d}x$$
$$=\frac{1}{5}a_1^2+\frac{1}{10}a_1$$

当 $\dfrac{\partial I}{\partial a_1}=0\rightarrow\dfrac{2}{5}a_1+\dfrac{1}{10}=0$ 或 $a_1=-\dfrac{1}{4}$ 时，$I(a_1)$ 取得最小值。

所以二次方程的近似解为

$$\widetilde{\Phi}=-\frac{1}{4}x(1-x) \tag{7.38}$$

当 $N=2$ 时，$\widetilde{\Phi}=a_1u_1+a_2u_2=a_1x(1-x)+a_2x^2(1-x)$。把 $\widetilde{\Phi}$ 代入等式(7.36)

$$I(a_1,a_2)=\int_0^1\begin{bmatrix}[a_1(1-2x)+a_2(2x-3x^2)]^2-4[a_1(x-x^2)+a_2(x^2-x^3)]^2\\+2a_1x^2(x-x^2)+2a_2x^2(x^2-x^3)\end{bmatrix}\mathrm{d}x$$
$$=\frac{1}{5}a_1^2+\frac{2}{21}a_2^2+\frac{1}{5}a_1a_2+\frac{1}{10}a_1+\frac{1}{15}a_2$$

$$\frac{\partial I}{\partial a_1}=0 \quad \rightarrow \quad \frac{2}{5}a_1+\frac{1}{5}a_2+\frac{1}{10}=0$$

或

$$4a_1+2a_2=-1 \tag{7.39a}$$

$$\frac{\partial I}{\partial a_2}=0 \quad \rightarrow \quad \frac{4}{21}a_1+\frac{1}{5}a_2+\frac{1}{15}=0$$

或

$$21a_1+20a_2=-7 \tag{7.39b}$$

求解方程式(7.39)得

$$a_1=-\frac{6}{38},\quad a_2=-\frac{7}{38}$$

并得到三次方程的近似解为

$$\widetilde{\Phi}=-\frac{6}{38}x(1-x)-\frac{7}{38}x^2(1-x)$$

或

$$\widetilde{\Phi}=\frac{x}{38}(7x^2-x-6)$$

方法 2

用方程式(7.35)来确定 a_m。从给定的微分方程中得到

$$L=\frac{\mathrm{d}^2}{\mathrm{d}x^2}+4,\quad g=x^2$$

因此

$$\begin{aligned}A_{mn}&=\langle Lu_m,u_n\rangle=\langle u_m,Lu_n\rangle\\&=\int_0^1 x^m(1-x)\left[\left(\frac{\mathrm{d}^2}{\mathrm{d}x^2}+4\right)x^n(1-x)\right]\mathrm{d}x\end{aligned}$$

$$A_{mn}=\frac{n(n-1)}{m+n+1}-\frac{2n^2}{m+n}+\frac{n(n+1)+4}{m+n+1}-\frac{8}{m+n+2}+\frac{4}{m+n+3}$$

$$B_n=\langle g,u_n\rangle=\int_0^1 x^2n^n(1-x)\mathrm{d}x=\frac{1}{n+3}-\frac{1}{n+4}$$

当 $N=1, A_{11}=-\frac{1}{5}$，$B_1=\frac{1}{20}$ 时，即

$$-\frac{1}{5}a_1=\frac{1}{20} \quad \rightarrow \quad a_1=-\frac{1}{4}$$

跟前面的一样。当 $N=2$ 时

$$A_{11}=-\frac{1}{5},A_{12}=A_{21}=-\frac{1}{10},A_{22}=-\frac{2}{21},B_1=\frac{1}{20},B_2=\frac{1}{30}$$

因此

$$\begin{bmatrix}-\frac{1}{5} & -\frac{1}{10}\\ -\frac{1}{10} & -\frac{2}{21}\end{bmatrix}\begin{bmatrix}a_1\\ a_2\end{bmatrix}=\begin{bmatrix}\frac{1}{20}\\ \frac{1}{30}\end{bmatrix}$$

从中可以事先得到 $a_1=-\frac{6}{38}$，$a_2=-\frac{7}{38}$。当 $N=3$ 时

$$A_{13}=A_{31}=-\frac{13}{210},A_{23}=A_{32}=-\frac{28}{105},A_{33}=-\frac{22}{315},B_3=\frac{1}{42}$$

即

$$\begin{bmatrix}-\frac{1}{5} & -\frac{1}{10} & -\frac{13}{210}\\ -\frac{1}{10} & -\frac{2}{21} & -\frac{28}{105}\\ -\frac{13}{210} & -\frac{28}{105} & -\frac{22}{315}\end{bmatrix}\begin{bmatrix}a_1\\a_2\\a_3\end{bmatrix}=\begin{bmatrix}\frac{1}{20}\\ \frac{1}{30}\\ \frac{1}{42}\end{bmatrix}$$

从中可以得到

$$a_1=-\frac{6}{38},a_2=-\frac{7}{38},a_3=0$$

可以看出在 $N=2$ 的情况下，得到了同样的值。

【例 7.6】 用瑞利-里茨法，求解泊松方程的解

$$\nabla^2 V=-\rho_0,\quad \rho_0=\text{常数}$$

在 $-1\leqslant x$，$y\leqslant 1$ 范围内，以齐次边界条件 $V(x,\ \pm 1)=0=V(\pm 1,\ y)$ 为条件。

解：由于问题的相似性，把基函数选为

$$u_{mn}=(1-x^2)(1-y^2)(x^{2m}y^{2n}+x^{2n}y^{2m}),\quad m,n=0,1,2,\cdots$$

因此

$$\widetilde{\Phi}=(1-x^2)(1-y^2)[a_1+a_2(x^2+y^2)+a_3x^2y^2+a_4(x^4+y^4)+\cdots]$$

第一种情况：当 $m=n=0$ 时，得到第一个近似值（$N=1$）为

$$\widetilde{\Phi}=a_1u_1$$

这里 $u_1=(1-x^2)(1-y^2)$

$$\begin{aligned}A_{11}=\langle Lu_1,u_1\rangle&=\int_{-1}^{1}\int_{-1}^{1}\left(\frac{\partial^2 u_1}{\partial x^2}+\frac{\partial^2 u_1}{\partial y^2}\right)u_1\mathrm{d}x\mathrm{d}y\\&=-8\int_0^1\int_0^1(2-x^2-y^2)(1-x^2)(1-y^2)\mathrm{d}x\mathrm{d}y\\&=-\frac{256}{45}\end{aligned}$$

$$B_1=\langle g,u_1\rangle=-\int_{-1}^{1}\int_{-1}^{1}(1-x^2)(1-y^2)\rho_0\mathrm{d}x\mathrm{d}y=-\frac{16\rho_0}{9}$$

因此

$$-\frac{256}{45}a_1=-\frac{16}{9}\rho_0\rightarrow\quad a_1=\frac{5}{16}\rho_0$$

且

$$\widetilde{\Phi}=\frac{5}{16}\rho_0(1-x^2)(1-y^2)$$

第二种情况：当 $m=n=1$ 时，得到第二个近似值（$N=2$）为

$$\widetilde{\Phi}=a_1u_1+a_2u_2$$

这里 $u_1=(1-x^2)(1-y^2)$，$u_2=(1-x^2)(1-y^2)(x^2+y^2)$。$A_{11}$ 和 B_1 与第一种情况下一样。

$$A_{12}=A_{21}=\langle Lu_1,u_2\rangle=-\frac{1024}{525}$$

$$A_{22}=\langle Lu_2,u_2\rangle=-\frac{11264}{4725}$$

$$B_2=\langle g,u_2\rangle=-\frac{32}{45}\rho_0$$

因此

$$\begin{bmatrix}-\frac{256}{45} & -\frac{1024}{525}\\ -\frac{1024}{525} & -\frac{11264}{4725}\end{bmatrix}\begin{bmatrix}a_1\\ a_2\end{bmatrix}=\begin{bmatrix}-\frac{9}{16}\rho_0\\ -\frac{32}{45}\rho_0\end{bmatrix}$$

解这个方程得

$$a_1=\frac{1295}{4432}\rho_0=0.2922\rho_0,\quad a_2=\frac{525}{8864}\rho_0=0.0592\rho_0$$

且

$$\widetilde{\Phi}=(1-x^2)(1-y^2)[0.2922+0.0592(x^2+y^2)]\rho_0$$

7.5 加权残差法

正如前面章节所提到的，如果有一个适合的函数存在，瑞利-里茨法是适用的。万一找不到这样的函数，我们就笼统地使用其中一种技术，它被称为加权残差法。这个方法更普遍，并且比瑞利-里茨法有更广泛的应用，因为它不受变分问题种类的限制。

考虑到算子方程

$$L\Phi=g \tag{7.40}$$

在加权残差法中，方程式(7.40) 的解是近似的，就跟在瑞利-里茨法里使用方法一样，利用展开函数 u_n，即

$$\widetilde{\Phi}=\sum_{n=1}^{N}a_n u_n \tag{7.41a}$$

这里 a_n 是展开系数。需要找到一个能弥补残差值 R（等式中的误差）的算子方程的近似解，令

$$L\widetilde{\Phi}\approx g \tag{7.41b}$$

$$R=L(\widetilde{\Phi}-\Phi)=L\widetilde{\Phi}-g \tag{7.42}$$

在加权残差法中，加权函数 w_m（一般来说，这与展开函数 u_n 是不同的）的选取是要使近似值的加权残差的积分为 0，即

$$\int w_m R\,\mathrm{d}v=0$$

或

$$\langle w_m,R\rangle=0 \tag{7.43}$$

如果一组加权函数 $\{w_n\}$（经常称为测试函数）已选定且对于每个 w_m 都进行等式(7.41) 的内积，得到

$$\sum_{n=1}^{N} a_n \langle w_m, Lu_n \rangle = \langle w_m, g \rangle, \quad m=1,2,\cdots,N \tag{7.44}$$

线性方程式(7.42) 的形式表示成矩阵形式为

$$[\boldsymbol{A}][\boldsymbol{X}]=[\boldsymbol{B}] \tag{7.45}$$

这里 $A_{mn}=\langle w_m, Lu_n\rangle$，$B_m=\langle w_m, g\rangle$，$X_n=a_n$。求解方程式(7.45) 中的 $[\boldsymbol{X}]$，且把 $X_n=a_n$ 代入等式(7.41a) 中，就能得到方程式(7.40) 的近似解。然而，有很多不同的方法选取加权函数 w_m，主要有：排列法（或点匹配法）；子域法；Galerkin 法；最小二乘法。

7.5.1 排列法

选 δ 函数作为加权函数，即

$$w_m(r)=\delta(r-r_m)=\begin{cases}1, r=r_m\\ 0, r\neq r_m\end{cases} \tag{7.46}$$

把等式(7.46) 代入等式(7.43) 中得到

$$R(r)=0 \tag{7.47}$$

因此要在间隔内选跟未知系数 a_n 一样多的排列（或匹配）点且要使残差在这些点上都为 0。这等价于在感兴趣的离散点上令

$$\sum_{n=1}^{N} La_n u_n = g \tag{7.48}$$

一般来说都要考虑这里的边界条件。虽然点匹配法对于具体计算的限定是最简单的，但它不可能事先确定什么样的排列点适合一个特殊的算子方程。只有当对匹配点作出明智的选择时，才能确定真实值（这一点将在例 7.7 中证明）。注意到有限差分法是用局部定义的展开函数排列的一种特殊情况。点匹配技术的有效性和合理性的讨论可以在有关文献中查到。

7.5.2 子域法

我们所选的加权函数 w_m，每个都只在 Φ 域的子域上才存在。对于一维问题，这类函数的典型例子是下面的定义给出的函数。

① 分段均匀（或脉冲）函数：

$$w_m(x)=\begin{cases}1, & x_{m-1}<x<x_{m+1}\\ 0, & \text{其他}\end{cases} \tag{7.49a}$$

② 分段线性（或三角）函数：

$$w_m(x)=\begin{cases}\dfrac{\Delta-|x-x_m|}{\Delta}, & x_{m-1}<x<x_{m+1}\\ 0, & \text{其他}\end{cases} \tag{7.49b}$$

③ 分段正弦函数：

$$w_m(x)=\begin{cases}\dfrac{\sin k(x-|x-x_m|)}{\Delta}, & x_{m-1}<x<x_{m+1}\\ 0, & \text{其他}\end{cases} \tag{7.49c}$$

例如，使用单位脉冲函数等价于把 Φ 的定义域划分成跟未知项一样多的子域，且让 R

的平均值在这些子域上都为0。

7.5.3 Galerkin 法

我们选取基函数作为加权函数，即 $w_m = u_m$。当算子是线性差分算子时，Galerkin 法就变成了瑞利-里茨法。这是因为微分能转变成加权函数，而且得出的系数矩阵［**A**］是对称的。为了使 Galerkin 法可以应用，算子必须是确定的类型。同时，展开函数 u_n 必须跨越区域和算子的范围。

7.5.4 最小二乘法

残差平方的积分，即

$$\frac{\partial}{\partial a_m}\int R^2 \mathrm{d}v = 0$$

或

$$\int \frac{\partial R}{\partial a_m} R \,\mathrm{d}v = 0 \tag{7.50}$$

把等式(7.50)与等式(7.43)做比较可以看出必须选取

$$w_m = \frac{\partial R}{\partial a_m} = L u_m \tag{7.51}$$

这可以看作求 $\frac{1}{2}\int R^2 \mathrm{d}v$ 最小值问题。换句话说，w_m 相当于是最小的均方残差值。这里需要注意的是：最小均方值方法包含高阶的导数，一般而言，这个高阶的导数有一个比 Rayleigh-Ritz 方法和 Galerkin 方法更好的收敛域，但是它的缺点是需要一个高阶的加权函数。

前面介绍了收敛的概念，这里也需要用到。那就是，如果在 $N\to\infty$ 时，近似解 $\widetilde{\Phi}$ 收敛于精确解 Φ，那么误差必须趋于0，其中 $N\to\infty$。否则，近似序列解就不可能收敛于任何有意义的值。

加权误差方法中包含的内积，有时是能通过分析估算出来的，但是在很多实际情况中，都要利用数值计算方法估算。往往可能因为对一个内积错误的估算，当生成解跟点匹配解一致时，我们就有可能会认为这里用到了最小均方值方法。为了避免这种错误的结果或者错误结论，必须确保数值积分方法中所有的点数，不要不小于在加权误差方法中的未知数目 N。

加权误差方法的准确性和有效性很大程度上取决于所选的展开函数。结果是精确的还是近似的，取决于怎么选择展开函数和加权函数。讨论加权误差方法问题中，展开函数和加权函数的选择标准，在 Sarker 的著作和其他的一些著作中提到过。这里简要叙述一下他们的成果。展开函数 u_n 的选择是为了满足下列要求：

① 在某种意义上，展开函数应该是属于公式 L 的领域，例如必须满足算子的可微性和边界条件，但是膨胀（扩展）函数没有必要确切满足于边界条件，唯一需要的就是全部的解必须满足边界条件，至少是某些分布解。同样的情况发生在分布条件下。

② 膨胀（扩展）函数必须满足以下条件，Lu_n 组成一个算子范围的完全集。膨胀（扩展）函数是不是完全在算子的域里是无所谓的，关键是 Lu_n 必须这样来选择，那就是 Lu_n 要是一个完全集。这将在例7.8中举例说明。

从数学的观点来说，膨胀（扩展）函数的选择不取决于加权函数的选择。加权函数必须

使 $\Phi-\widetilde{\Phi}$ 尽量小。为使 Galerkin 方法适用，膨胀（扩展）函数 u_n 必须贯穿域和算子的范围。对于最小均方值方法，加权函数已经被 Lu_n 定义了。这里，Lu_n 必须构成一个完全集。在数学和数值上，当算子的性质和精确解知道很少时，最小均方值方法是可用的最安全的方法。

【例 7.7】 用加权残差法求下列方程的近似解

$$\Phi''+4\Phi-x^2=0,\quad 0<x<1$$

其中 $\Phi(0)=0$，$\Phi(1)=1$。

解：准确解是

$$\Phi(x)=\frac{\cos2(x-1)+2\sin2x}{8\cos2}-\frac{x^2}{4}-\frac{1}{8} \tag{7.52}$$

令近似解为

$$\widetilde{\Phi}=u_0+\sum_{n=1}^{N}a_nu_n \tag{7.53}$$

边界条件可以分解为两个部分：

① 齐次部分→ $\Phi(0)=0$，$\Phi'(0)=0$

② 非齐次部分→ $\Phi'(1)=1$

我们选取的 u_0 要满足非齐次边界条件。一个合理的选择为

$$u_0=x \tag{7.54a}$$

我们选取的 u_n（$n=1$，2，…，N）要满足齐次边界条件。假定取

$$u_n(x)=x^n\left(x-\frac{n+1}{n}\right) \tag{7.54b}$$

因此，取 $N=2$，近似解为

$$\begin{aligned}\widetilde{\Phi}&=u_0+a_1u_1+a_2u_2\\&=x+a_1x(x-2)+a_2x^2\left(x-\frac{3}{2}\right)\end{aligned} \tag{7.55}$$

这里的展开系数 a_1 和 a_2 是确定的。通过等式(7.42) 得出残差 R，即

$$\begin{aligned}R&=L\widetilde{\Phi}-g\\&=\left(\frac{d^2}{dx^2}+4\right)\widetilde{\Phi}-x^2\\&=a_1(4x^2-8x+2)+a_2(4x^3-6x^2+6x-3)-x^2+4x\end{aligned} \tag{7.56}$$

现在分别运用四种方法讨论和比较解。

方法一（排列或点匹配法）

因为这里有两个未知量 a_1 和 a_2，所以要选两个匹配点，在 $x=\frac{1}{3}$ 和 $x=\frac{2}{3}$ 点上，同时令残差在这些点上为 0，即

$$R\left(\frac{1}{3}\right)=0\quad\rightarrow\quad 6a_1+41a_2=33$$

$$R\left(\frac{2}{3}\right)=0\quad\rightarrow\quad 42a_1+13a_2=60$$

解这些方程得

$$a_1=\frac{677}{548},\quad a_2=\frac{342}{548}$$

把 a_1 和 a_2 代入方程式(7.55) 得

$$\widetilde{\Phi}(x)=-1.471x+0.2993x^2+0.6241x^3 \tag{7.57}$$

为了证明解在这些点上的独立性，假定取 $x=\frac{1}{4}$ 和 $x=\frac{3}{4}$ 作为匹配点，则

$$R\left(\frac{1}{4}\right)=0 \quad \rightarrow \quad -4a_1+29a_2=15$$

$$R\left(\frac{3}{4}\right)=0 \quad \rightarrow \quad 28a_1+3a_2=39$$

求解 a_1 和 a_2，得到

$$a_1=\frac{543}{412},\quad a_2=\frac{288}{412}$$

近似解为

$$\widetilde{\Phi}(x)=-1.636x+0.2694x^2+0.699x^3 \tag{7.58}$$

将方程式(7.57) 和式(7.58) 的解分别作为排列点 1 和排列点 2。由计算结果比较得出，排列点 2 比排列点 1 更准确。

方法二（子域法）

把区间 $0<x<1$ 划分为两个部分，因此就有两个未知量 a_1 和 a_2。选脉冲函数作为加权函数

$$w_1=1,\quad 0<x<\frac{1}{2}$$

$$w_2=1,\quad \frac{1}{2}<x<1$$

可得

$$\int_0^{\frac{1}{2}} w_1 R\,\mathrm{d}x=0 \quad \rightarrow \quad -8a_1+45a_2=22$$

$$\int_{\frac{1}{2}}^{1} w_2 R\,\mathrm{d}x=0 \quad \rightarrow \quad 40a_1+3a_2=58$$

解这两个方程得

$$a_1=\frac{53}{38},\quad a_2=\frac{28}{38}$$

因此等式(7.55) 变成

$$\widetilde{\Phi}(x)=-1.789x+0.2895x^2+0.7368x^3 \tag{7.59}$$

方法三（Galerkin 法）

在这种情况下，取 $w_m=u_m$，即

$$w_1=x(x-2),\quad w_2=x^2\left(x-\frac{3}{2}\right)$$

应用等式(7.43)，即 $\int w_m R\,\mathrm{d}x=0$，得到

$$\int_0^1 (x^2-2x)R\,\mathrm{d}x=0 \quad \rightarrow \quad 24a_1+11a_2=41$$

$$\int_0^1 \left(x^3-\frac{3}{2}x^2\right)R\,\mathrm{d}x=0 \quad \rightarrow \quad 77a_1+15a_2=119$$

求解得到

$$a_1=\frac{694}{487}, \quad a_2=\frac{301}{487}$$

把 a_1 和 a_2 代入方程式(7.55) 得到

$$\widetilde{\Phi}(x)=-1.85x+0.4979x^2+0.6181x^3 \tag{7.60}$$

方法四（最小二乘法）

对于这种方法，取 $w_m=\dfrac{\partial R}{\partial a_m}$，即

$$w_1=4x^2-8x+2, \quad w_2=4x^3-6x^2+6x-3$$

应用等式(7.43) 得

$$\int_0^1 w_1 R\,\mathrm{d}x=0 \quad \rightarrow \quad 7a_1-2a_2=8$$

$$\int_0^1 w_2 R\,\mathrm{d}x=0 \quad \rightarrow \quad -11a_1+438a_2=161$$

所以

$$a_1=\frac{3826}{2842}, \quad a_2=\frac{2023}{2842}$$

且等式(7.55) 变成

$$\widetilde{\Phi}(x)=-1.6925x+0.2785x^2+0.7118x^3 \tag{7.61}$$

注意式(7.57) ～式(7.61) 中的近似解都满足边界条件 $\Phi(0)=0$ 和 $\Phi'(1)=1$。感兴趣的读者可以对这五个近似解比较一下优劣。

【例 7.8】 这个例子表明我们选取的展开函数 u_n 必须使 Lu_n 在算子 L 的选择范围内是个完备集。考虑常微分方程

$$-\Phi''=2+\sin x, \quad 0\leqslant x\leqslant 2\pi \tag{7.62}$$

条件是

$$\Phi(0)=\Phi(2\pi)=0 \tag{7.63}$$

假设粗略地选取

$$u_n=\sin nx, \quad n=1,2,\cdots \tag{7.64}$$

作为展开函数，则近似解为

$$\widetilde{\Phi}=\sum_{n=1}^{N} a_n \sin nx \tag{7.65}$$

如果运用 Galerkin 法就可得到

$$\widetilde{\Phi}=\sin x \tag{7.66}$$

虽然 u_n 同时满足可微与边界条件，但等式(7.66) 仍不满足等式(7.62)。所以等式(7.66) 是个不正确的解。问题是这组 $\{\sin nx\}$ 不是完备集的形式。如果在等式(7.65) 的展开函数中增加常数项和 cosine 项，则

$$\widetilde{\Phi}=a_0+\sum_{n=1}^{N}[a_n\sin nx+b_n\cos nx] \tag{7.67}$$

当 $N\rightarrow\infty$ 时，等式(7.67) 就是经典的傅里叶级数解。应用 Galerkin 法得出

$$\widetilde{\Phi}=\sin nx \tag{7.68}$$

这仍然是个错误的解。问题是即使 u_n 是完备集的形式，但 Lu_n 不是。例如，不为 0 的常数就不能用 Lu_n 来近似。为了使 Lu_n 是完备集的形式，$\widetilde{\Phi}$ 的形式必须是

$$\widetilde{\Phi}=\sum_{n=1}^{N}[a_n\sin nx+b_n\cos nx]+a_0+cx+\mathrm{d}x^2 \tag{7.69}$$

注意到展开函数 $\{1, x, x^2, \sin nx, \cos nx\}$ 在区间 $[0, 2\pi]$ 上是一个线性相关集的形式。这是因为任何函数，如 x 或 x^2，在区间 $[0, 2\pi]$ 上都可用 $\{\sin nx, \cos nx\}$ 表示。应用 Galerkin 法，由等式(7.69) 可得出

$$\widetilde{\Phi}=\sin x+x(2\pi-x) \tag{7.70}$$

这才是正确解 Φ。

7.6 特征值问题

特征值（非确定性）问题是通过下列类型的等式来描述的

$$L\Phi=\lambda M\Phi \tag{7.71}$$

这里 L 和 M 是微分或积分，以及是标量或矢量算子。这里的问题是特征值 λ 以及相对应的特征函数 Φ 的确定。可以看出 λ 变分原理的形式为

$$\lambda=\min\frac{\langle\Phi, L\Phi\rangle}{\langle\Phi, M\Phi\rangle}=\min\frac{\int\Phi L\Phi\mathrm{d}v}{\int\Phi M\Phi\mathrm{d}v} \tag{7.72}$$

例如，对于标量，把等式(7.72) 代入 Helmholtz 方程

$$\nabla^2\Phi+k^2\Phi=0 \tag{7.73}$$

把等式(7.73) 与等式(7.71) 作对比，可以得出 $L=-\nabla^2$，$M=1$（标识符），$\lambda=k^2$，所以

$$k^2=\min\frac{\int\Phi\,\nabla^2\Phi\mathrm{d}v}{\int\Phi^2\mathrm{d}v} \tag{7.74}$$

应用 Green's 定理

$$\int_v(U\,\nabla^2V+\nabla U\cdot\nabla V)\mathrm{d}v=\int U\frac{\partial V}{\partial n}\mathrm{d}S$$

由等式(7.74) 得出

$$k^2=\min\frac{\int_v|\nabla\Phi|^2\mathrm{d}v-\int\Phi\frac{\partial\Phi}{\partial n}\mathrm{d}S}{\int_v\Phi^2\mathrm{d}v} \tag{7.75}$$

考虑以下几种特殊情况。

- 对于 Dirichlet 类型（$\Phi=0$）或 Neumann 类型$\left(\frac{\partial \Phi}{\partial n}=0\right)$的齐次边界条件，等式(7.75)化简为

$$k^2=\min\frac{\int_v |\nabla\Phi|^2 \mathrm{d}v}{\int_v \Phi^2 \mathrm{d}v} \tag{7.76}$$

- 对于混合边界条件$\left(\frac{\partial \Phi}{\partial n}+h\Phi=0\right)$，等式(7.75)变成

$$k^2=\min\frac{\int_v |\nabla\Phi|^2 \mathrm{d}v+\int h\Phi^2 \mathrm{d}S}{\int_v \Phi^2 \mathrm{d}v} \tag{7.77}$$

求解等式(7.71)可能有很多不同的方法，取满足边界条件的基函数 u_1，u_2，…，u_N，并假设近似解为

$$\widetilde{\Phi}=a_1u_1+a_2u_2+\cdots+a_Nu_N$$

或

$$\widetilde{\Phi}=\sum_{n=1}^{N}a_nu_n \tag{7.78}$$

把这个解代入等式(7.71)得

$$\sum_{n=1}^{N}a_nLu_n=\lambda\sum_{n=1}^{N}a_nMu_n \tag{7.79}$$

取加权函数为 w_m 并把等式(7.79)与每个 w_m 进行内积，得到

$$\sum_{n=1}^{N}[\langle w_m,Lu_n\rangle-\lambda\langle w_m,Mu_n\rangle]a_n=0,m=1,2,\cdots,N \tag{7.80}$$

用矩阵的形式来表示

$$\sum_{n=1}^{N}(A_{mn}-\lambda B_{mn})X_n=0 \tag{7.81}$$

这里 $A_{mn}=\langle w_m,Lu_n\rangle$，$B_{mn}=\langle w_m,Mu_n\rangle$，$X_n=a_n$，因此有一个齐次方程组。为了使等式(7.78)中的 $\widetilde{\Phi}$ 不为 0，展开系数 a_n 必须不全为 0。这表示联立方程式(7.81)的行列式值为 0，即

$$\begin{vmatrix}\langle A_{11}-\lambda B_{11}\rangle & \langle A_{12}-\lambda B_{12}\rangle & \cdots & \langle A_{1N}-\lambda B_{1N}\rangle\\ \vdots & \vdots & & \vdots\\ \langle A_{N1}-\lambda B_{N1}\rangle & \langle A_{N2}-\lambda B_{N2}\rangle & \cdots & \langle A_{NN}-\lambda B_{NN}\rangle\end{vmatrix}=0$$

或

$$|[\boldsymbol{A}]-\lambda[\boldsymbol{B}]|=0 \tag{7.82}$$

求解后得到 N 个近似解 λ_1，…，λ_N，w_m 不同的选取会得到前面讲的不同加权残差法。通过残差问题的例子证明了变分方法，变分法的特征值问题应用非常广泛，已经应用到几个领域中，包括波导的截止频率、波导的传播常数以及谐振器的谐振频率等。

【例 7.9】 求特征值

$$\Phi''+\lambda\Phi=0,\quad 0<x<1$$

边界条件是 $\Phi(0)=0=\Phi(1)$。

解： 准确特征值为

$$\lambda_n=(n\pi)^2,\quad n=1,2,3,\cdots \tag{7.83}$$

且相对应（标准化）的特征函数为

$$\Phi_n=\sqrt{2}\sin(n\pi x) \tag{7.84}$$

这里的 Φ_n 已单位标准化，即 $\langle\Phi_n,\Phi_n\rangle=1$。

近似的特征值和特征函数可以通过等式(7.72)或等式(7.82)得到。令近似解为

$$\widetilde{\Phi}(x)=\sum_{k=0}^{N}a_k u_k,\quad u_k=x(1-x^k) \tag{7.85}$$

从给出的问题可以知道，$L=-\dfrac{d^2}{dx^2}$，$M=1$（标识符）。应用 Galerkin 法，令 $w_m=u_m$，有

$$A_{mn}=\langle u_m,Lu_n\rangle=\int_0^1(x-x^{m+1})\left[-\frac{d^2}{dx^2}(x-x^{n+1})\right]dx$$

$$=\frac{mn}{m+n+1} \tag{7.86}$$

$$B_{mn}=\langle u_m,Mu_n\rangle=\int_0^1(x-x^{m+1})(x-x^{n+1})dx$$

$$=\frac{mn(m+n+6)}{3(m+3)(n+3)(m+n+3)} \tag{7.87}$$

特征值可以从下式得到

$$|[\boldsymbol{A}]-\lambda[\boldsymbol{B}]|=0 \tag{7.88}$$

当 $N=1$ 时

$$A_{11}=\frac{1}{3},\qquad B_{11}=\frac{1}{30}$$

得出

$$\frac{1}{3}-\lambda\frac{1}{30}=0\quad\rightarrow\quad\lambda=10$$

第一个近似特征值是 $\lambda=10$，比较接近真实值，$\pi^2=9.8696$。对应的特征函数 $\widetilde{\Phi}=a_1(x-x^2)$ 经过单位标准化得

$$\widetilde{\Phi}=\sqrt{30}(x-x^2)$$

当 $N=2$ 时，通过对等式(7.86)和等式(7.87)的分析，得出

$$\begin{bmatrix}\frac{1}{3}&\frac{1}{2}\\ \frac{1}{2}&\frac{4}{5}\end{bmatrix}\begin{bmatrix}a_1\\ a_2\end{bmatrix}=\lambda\begin{bmatrix}\frac{1}{30}&\frac{1}{20}\\ \frac{1}{20}&\frac{8}{105}\end{bmatrix}\begin{bmatrix}a_1\\ a_2\end{bmatrix}$$

或

$$\begin{vmatrix}10-\lambda&0\\ 0&42-\lambda\end{vmatrix}=0$$

求得特征值 $\lambda_1=10$，$\lambda_2=42$，可以与真实值 $\lambda_1=\pi^2=9.8696$，$\lambda_2=4\pi^2=39.4784$ 作一下比较，相应的标准化特征函数写为

$$\widetilde{\Phi}_1=\sqrt{30}(x-x^2)$$

$$\widetilde{\Phi}_2=2\sqrt{210}(x-x^2)-2\sqrt{210}(x-x^3)$$

【例 7.10】 计算图 7.2 所示的非齐次矩形波导的截止频率，令 $\varepsilon=4\varepsilon_0$ 且 $S=\dfrac{a}{3}$。

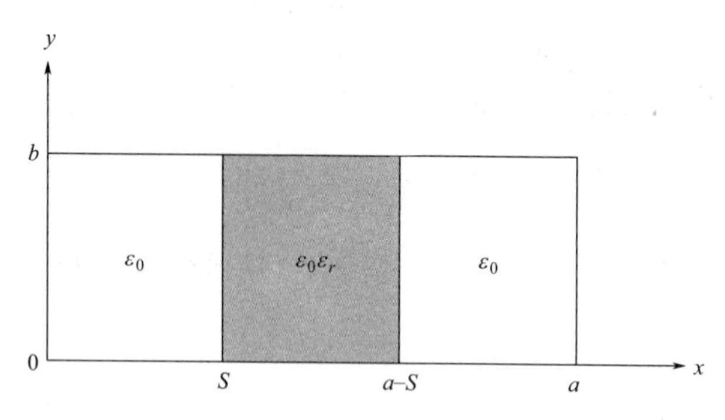

图 7.2 非齐次矩形波导示意图

解：不难发现最低模式满足$\dfrac{\partial}{\partial y}\equiv 0$，这是多数实际值的主导模式，因为电介质常数是随着一个地方到另一地方而改变的，所以选择电磁场作为 Φ 是合理的，即 $\Phi=E_y k^2=\dfrac{\omega^2}{u^2}=\omega^2\mu\varepsilon$，于是等式(7.74) 就变成

$$\omega^2\mu_0\varepsilon_0\int_0^S E_y^2\mathrm{d}x+\omega^2\mu_0\varepsilon_0\varepsilon_r\int_S^{a-S}E_y^2\mathrm{d}x+\omega^2\mu_0\varepsilon_0\int_{a-S}^{a}E_y^2\mathrm{d}x$$
$$=\int_0^a E_y\frac{\mathrm{d}^2E_y}{\mathrm{d}x^2}\mathrm{d}x \tag{7.89}$$

注意在执行等式(7.74) 的过程中并没有系数，所以它不需要最小化。把 k^2 简单地看成是比率，等式(7.89) 就能写成

$$\omega^2\mu_0\varepsilon_0\int_0^a E_y^2\mathrm{d}x+\omega^2\mu_0\varepsilon_0(\varepsilon_r-1)\int_S^{a-S}E_y^2\mathrm{d}x=-\int_0^a E_y\frac{\mathrm{d}^2E_y}{\mathrm{d}x^2}\mathrm{d}x \tag{7.90}$$

现在要给 E_y 选取试验函数。它必须满足边界条件，即当 $x=0$，a 时 $E_y=0$。对于空波导来说，试验函数的形式为

$$E_y=\sum_{n=1,3,5}^{\infty}c_n\sin\frac{n\pi x}{a} \tag{7.91}$$

取 n 的奇数值是因为电介质是对称放置的；否则同时需要奇数项和偶数项。

我们来分析一下试验函数

$$E_y=\sin\frac{\pi x}{a} \tag{7.92}$$

把等式(7.92) 代入等式(7.90) 中得出

$$\omega^2\mu_0\varepsilon_0\int_0^a\sin^2\frac{\pi x}{a}\mathrm{d}x+\omega^2\mu_0\varepsilon_0(\varepsilon_r-1)\int_S^{a-S}\sin^2\frac{\pi x}{a}\mathrm{d}x$$
$$=\frac{\pi^2}{a^2}\int_0^a\sin^2\frac{\pi x}{a}\mathrm{d}x \tag{7.93}$$

可以得出

$$\omega^2\mu_0\varepsilon_0\left\{1+(\varepsilon_r-1)\left[\left(1-\frac{2S}{a}\right)+\frac{1}{\pi}\sin\frac{2\pi S}{a}\right]\right\}=\frac{\pi^2}{a^2}$$

但是 $k_0^2=\omega^2\mu_0\varepsilon_0=\dfrac{4\pi^2}{\lambda_c^2}$，这里的 λ_c 是在真空状态下波导的截止波长。因此

$$\frac{4\pi^2}{\lambda_c^2}=\frac{\left(\dfrac{\pi}{a}\right)^2}{1+(\varepsilon_r-1)\left[\left(1-\dfrac{2S}{a}\right)+\dfrac{1}{\pi}\sin\dfrac{2\pi S}{a}\right]}$$

令 $\varepsilon_r=4$ 且 $S=\dfrac{a}{3}$ 得出

$$\frac{4\pi^2}{\lambda_c^2}=\frac{\left(\dfrac{\pi}{a}\right)^2}{2+\dfrac{3\sqrt{3}}{2\pi}}$$

或

$$\frac{a}{\lambda_c}=0.2974$$

与空波导中 $\dfrac{a}{\lambda_c}=0.5$ 对比，这大大地降低了 $\dfrac{a}{\lambda_c}$ 的值。通过在等式(7.91) 中多选项数可以提高结果的准确性。

7.7 实际应用

本节讨论的多种技术方法可以用来解决大多数的电磁问题。我们选一个简单的例子来说明。现在来考虑一个如图 7.3 所示的封闭在含有均匀介质的盒子里的带状传输线。假定是 TEM 的传播模型，它遵循 Laplace's 方程

$$\nabla^2V=0 \tag{7.94}$$

由于对称性，只考虑线的 1/4 部分，如图 7.4 所示，并且在 $x=-W$ 时，采用边界条件 $\dfrac{\partial V}{\partial x}=0$。在带的边界上允许出现奇点。在奇点附近的电势变化是可近似的，根据三角基函数得

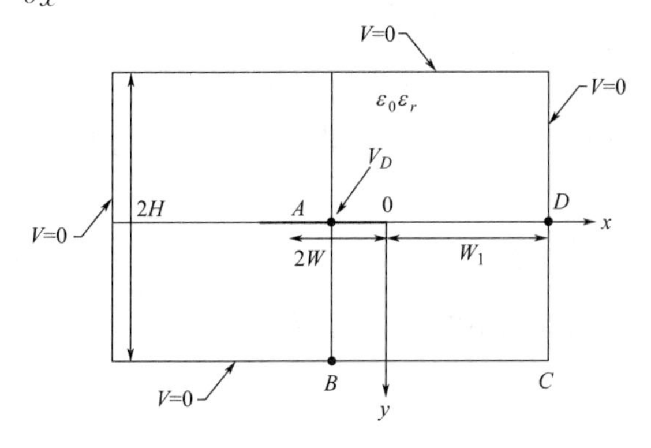

图 7.3　带状线示意图

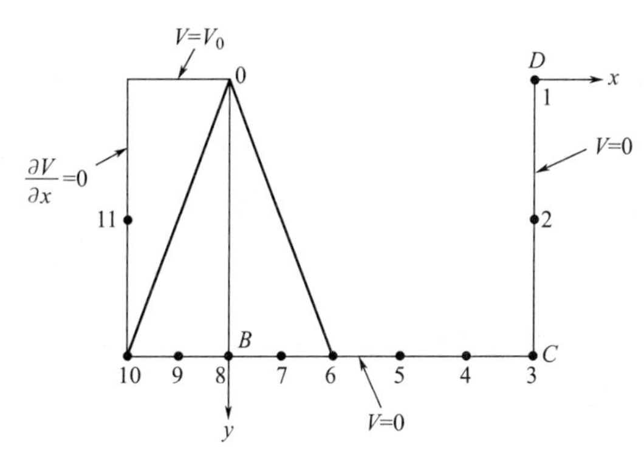

图 7.4　带状线应用

$$V = V_0 + \sum_{k=1,3,5}^{\infty} c_k \rho^{\frac{k}{2}} \cos \frac{k\Phi}{2} \tag{7.95}$$

这里 V_0 是半导体的电势且展开系数 c_k 是确定的。如果想删减等式(7.95)中的无穷级数，使得只剩下 N 未知系数，可以通过要求等式(7.95)满足边界上 $M(\geqslant N)$ 点来确定系数。如果 $M=N$，就用排列法。如果 $M>N$，就能获得方程的一个超定组，它能用最小二乘法来求解。使等式(7.95)在 M 个边界点上，就能得到 M 个联立方程

$$\begin{bmatrix} V_1 \\ V_2 \\ \vdots \\ V_M \end{bmatrix} = \begin{bmatrix} A_{11} & A_{12} & \cdots & A_{1N} \\ A_{21} & A_{22} & \cdots & A_{2N} \\ \vdots & \vdots & & \vdots \\ A_{M1} & A_{M2} & \cdots & A_{MN} \end{bmatrix} \begin{bmatrix} c_1 \\ c_2 \\ \vdots \\ c_M \end{bmatrix}$$

即

$$[\boldsymbol{V}]=[\boldsymbol{A}][\boldsymbol{X}] \tag{7.96}$$

这里 $[\boldsymbol{X}]$ 是一个 $N\times1$ 维矩阵，包含未知展开系数，$[\boldsymbol{V}]$ 是一个包含边界条件的 $M\times1$ 维列矩阵，且 $[\boldsymbol{A}]$ 是 $M\times N$ 维系数矩阵。由于冗余性，如果 $M>N$，等式(7.96)中 $[\boldsymbol{X}]$ 不能唯一地确定。通过最小二乘法可以解冗余系统方程，把剩余矩阵定义为

$$[\boldsymbol{R}]=[\boldsymbol{A}][\boldsymbol{X}]-[\boldsymbol{V}] \tag{7.97}$$

来寻找能使 $[\boldsymbol{R}]^2$ 最小化的 $[\boldsymbol{X}]$，考虑

$$[\boldsymbol{I}]=[\boldsymbol{R}]^{\mathrm{T}}[\boldsymbol{R}]=[[\boldsymbol{A}][\boldsymbol{X}]-[\boldsymbol{V}]]^{\mathrm{T}}[[\boldsymbol{A}][\boldsymbol{X}]-[\boldsymbol{V}]]$$

$$\frac{\partial[\boldsymbol{I}]}{\partial[\boldsymbol{X}]}=0\rightarrow[\boldsymbol{A}]^{\mathrm{T}}[\boldsymbol{A}][\boldsymbol{X}]-[\boldsymbol{A}]^{\mathrm{T}}[\boldsymbol{V}]=0$$

或

$$[\boldsymbol{X}]=[[\boldsymbol{A}]^{\mathrm{T}}[\boldsymbol{A}]]^{-1}[\boldsymbol{A}]^{\mathrm{T}}[\boldsymbol{V}] \tag{7.98}$$

这里上角字母 T 表示相关矩阵的转置。因此将原来的冗余系统方程减至只含有 N 个未知系数 c_1，c_2，…，c_N 的一个确定的 N 维联立方程组。

一旦从等式(7.98)中确定了 $[\boldsymbol{X}]=[c_1, c_2, \cdots, c_N]$，等式(7.95)的近似解就完全确定了。现在能确定电容，从而确定对于一个给定高宽比值的传输线的特性阻抗。电容的确定是根据

$$C=\frac{Q}{V_0}=Q \tag{7.99}$$

如果令 $V_0=1\mathrm{V}$，得到

$$Z_0=\frac{\sqrt{\varepsilon_r}}{cC} \tag{7.100}$$

这里 $c=3\times10^8\mathrm{m/s}$，为真空中的光速。这里的主要问题是要在等式(7.99)中寻找 Q。如果把边界 BCD 划分为几段

$$Q=\int \rho L\,\mathrm{d}l=4\sum_{BCD}\rho L\,\Delta l$$

这里电荷密度 $\rho L=Da_n=\varepsilon Ea_n$，$E=-\nabla V$，且上式中因子 4 是因为只考虑了线的 1/4，但是

$$\nabla V=\frac{\partial V}{\partial \rho}a_\rho+\frac{1}{\rho}\times\frac{\partial V}{\partial \Phi}a_\Phi$$

$$E=-\sum_{k=\text{odd}}\frac{k}{2}c_k\rho^{\frac{k}{2}-1}\left(\cos\frac{k\Phi}{2}a_\rho-\sin\frac{k\Phi}{2}a_\Phi\right)$$

因此 $a_x=\cos\Phi a_\rho-\sin\Phi a_\Phi$ 且 $a_y=\sin\Phi a_\rho+\cos\Phi a_\Phi$

$$\rho L\mid CD=\varepsilon E a_x$$

$$=-\varepsilon\sum_{k=\text{odd}}\frac{k}{2}c_k\rho^{\frac{k}{2}-1}\left(\cos\frac{k\Phi}{2}\cos\Phi+\sin\frac{k\Phi}{2}\sin\Phi\right)\tag{7.101a}$$

且

$$\rho L\mid BC=\varepsilon E a_y$$

$$=-\varepsilon\sum_{k=\text{odd}}\frac{k}{2}c_k\rho^{\frac{k}{2}-1}\left(\cos\frac{k\Phi}{2}\sin\Phi-\sin\frac{k\Phi}{2}\cos\Phi\right)\tag{7.101b}$$

【例 7.11】 用排列法（或点匹配方法）写一个电脑程序来计算图 7.3 所示的线的阻抗特性。

令① $W=H=1.0\text{m}$，$W_1=5.0\text{m}$，$\varepsilon_r=1$，$V_0=1\text{V}$；② $W=H=0.5\text{m}$，$W_1=5.0\text{m}$，$\varepsilon_r=1$，$V_0=1\text{V}$。

解： 编写一个程序，首次运行时，把匹配点设在 $N=11$ 上；这些点是根据图 7.4 来选取的。匹配点的选取是基于先前所学的关于磁通线集中在 6～10 这个带状线的边上的知识。

用等式(7.95) 确定带状线内的电势分布。为了确定等式(7.95) 中的展开系数 c_k，假设在匹配点上满足等式(7.95)。在图 7.4 中的点 1～10 上，$V=0$ 使得等式(7.95) 可以写成

$$-V_0=\sum_{k=1,3,5}^{\infty}c_k\rho^{\frac{k}{2}}\cos\frac{k\Phi}{2}\tag{7.102}$$

这个无穷级数在 $k=19$ 时终止，所以在带状线的边缘上选了 10 个点。第 11 个点选在满足 $\frac{\partial V}{\partial x}=0$ 的点上。因此在点 11 上

$$0=\frac{\partial V}{\partial x}=\cos\Phi\frac{\partial V}{\partial\rho}-\frac{\sin\Phi}{\rho}\times\frac{\partial V}{\partial\Phi}$$

$$0=\sum_{k=1,3,5}\frac{k}{2}c_k\rho^{\frac{k}{2}-1}\left(\cos\frac{k\Phi}{2}\cos\Phi+\sin\frac{k\Phi}{2}\sin\Phi\right)\tag{7.103}$$

联合等式(7.102) 和式(7.103)，设定一个矩阵方程的形式

$$[\boldsymbol{B}]=[\boldsymbol{F}][\boldsymbol{A}]\tag{7.104}$$

这里

$$B_k=\begin{cases}-V_0, & k\neq N\\ 0, & k=N\end{cases}$$

$$F_{ki}=\begin{cases}\rho_i^{\frac{k}{2}}\cos k\frac{\Phi_i}{2} & i=1,\cdots,N-1\\ & k=1,\cdots,N\\ \frac{k}{2}\rho_i^{\frac{k}{2}-1}\left[\cos\left(\frac{k\Phi_i}{2}\right)\cos\Phi_i+\sin\left(\frac{k\Phi_i}{2}\right)\sin\Phi_i\right], & i=N,\ k=1,\cdots,N\end{cases}$$

这里 (ρ_i,Φ_i) 是第 i 个点的柱坐标。矩阵 $[\boldsymbol{A}]$ 含有未知展开系数 c_k。通过对矩阵求逆，可以求出

$$[\boldsymbol{A}]=[\boldsymbol{F}]^{-1}[\boldsymbol{B}]\tag{7.105}$$

展开系数一旦确定，就可以用等式(7.101) 来计算带状线边上的总电荷数且

$$Q=4\sum_{BCD}\rho L\Delta l$$

最后，从等式(7.99) 和等式(7.100) 中得到 Z_0。

本章对变分法的基本思路做了初步的介绍。变分法提供了简单而又有力的解决物理问题以及寻找近似基函数问题的方案。变分法的一个显著特征在于用近似解中尽可能少的项数来达到更高的精度。主要的缺点就是在选择基函数时可能会遇到困难。如果不考虑这个缺点，变分法还是非常有用的，并且为下面章节提到的有限元法提供了基础。在有关文献中可找到这个技术比较透彻的分析。变分法在电磁相关问题上的不同应用包括：波导与谐振器、传输线、声辐射、波传播、瞬态问题、散射问题、电磁波在非均匀介质中的变分原理问题等。

习题与思考题

7.1　最速降线问题

设 A 和 B 是铅直平面上不在同一铅直线上的两点，在所有连接 A 和 B 的平面曲线中，求一曲线，使质点仅受重力作用，初速度为 0 时，沿此曲线从 A 滑行至 B 的时间最短。

解：将 A 点取为坐标原点，B 点取为 (x_1, y_1)，由能量守恒定律，质点在曲线 $y(x)$ 上任一点处的速度 $\frac{\mathrm{d}S}{\mathrm{d}t}$ 满足（S 为弧长）

$$\frac{1}{2}m\left(\frac{\mathrm{d}S}{\mathrm{d}t}\right)^2=mgy \qquad \mathrm{d}S=\sqrt{1+y'^2(x)}\,\mathrm{d}x$$

代入得

$$\mathrm{d}t=\sqrt{\frac{1+y'^2}{2gy}}\,\mathrm{d}x$$

于是质点滑行时间应表示为 $y(x)$ 的泛函

$$J(y(x))=\int_0^{x_2}\sqrt{\frac{1+y'^2}{2gy}}\,\mathrm{d}x$$

端点条件为

$$y(0)=0,\ y(x_1)=y_1$$

最速降线满足欧拉方程，因为

$$F(y, y')=\sqrt{\frac{1+y'^2}{y}}$$

不含自变量 x，所以有　$F_y-F_{yy'}y'-F_{y'y'}y''=0$

这等价于 $\frac{\mathrm{d}}{\mathrm{d}x}(F-y'F_{y'})=0$，作一次积分得

$$y(1+y'^2)=c_1$$

令 $y'=\cot\frac{\theta}{2}$，则方程化为

$$y=\frac{c_1}{1+y'^2}=c_1\sin^2\frac{\theta}{2}=\frac{c_1}{2}(1-\cos\theta)$$

又因

$$\mathrm{d}x=\frac{\mathrm{d}y}{y'}=\frac{c_1\sin\frac{\theta}{2}\cos\frac{\theta}{2}\mathrm{d}\theta}{\cot\frac{\theta}{2}}=\frac{c_1}{2}(1-\cos\theta)\mathrm{d}\theta$$

积分得

$$x=\frac{c}{2}(\theta-\sin\theta)+c_2$$

由边界条件 $y(0)=0$，可知 $c_2=0$，故得

$$\begin{cases}x=\dfrac{c_1}{2}(\theta-\sin\theta)\\ y=\dfrac{c_1}{2}(1-\cos\theta)\end{cases}$$

这是摆线（圆滚线）的参数方程，常数 c_1 可利用另一边界条件 $y(x_1)=y_1$ 来确定。

写出以上解题过程相应的 Matlab 程序。

7.2 最小旋转面问题

对于 xy 平面上过定点 $A(x_1, y_1)$ 和 $B(x_2, y_2)$ 的每一条光滑曲线 $y(x)$，绕 x 轴旋转得一旋转体。旋转体的侧面积是曲线 $y(x)$ 的泛函 $J(y(x))$，得 $J(y(x))=\int_{x_1}^{x_2}2\pi y(x)\sqrt{1+y'^2(x)}\,dx$，容许函数集可表示为

$$S=\{y(x)\mid y(x)\in C^1[x_1, x_2], y(x_1)=y_1, y(x_2)=y_2\}$$

解：因 $F=y\sqrt{1+y''}$ 不包含 x，故有首次积分

$$F-y'F_{y'}=y\sqrt{1+y'^2}-y'y\frac{y'}{\sqrt{1+y'^2}}=c_1$$

化简得 $y=c_1\sqrt{1+y'^2}$

令 $y'=\mathrm{sh}t$，代入上式，$y=c_1\sqrt{1+\mathrm{sh}^2t}=c_1\mathrm{ch}t$

由于 $dx=\dfrac{dy}{y'}=\dfrac{c_1\mathrm{sh}t\,dt}{\mathrm{sh}t}=c_1dt$

积分之，得 $x=c_1t+c_2$

消去 t，就得到 $y=c_1\mathrm{ch}\dfrac{x-c_2}{c_1}$

这是悬链线方程，本例说明，对于平面上过两个定点的所有光滑曲线，其中绕 x 轴旋转所得旋转体的侧面积最小的是悬链线。

7.3 悬链线势能最小

试证明，悬挂于两个固定点之间的同一条项链，在所有可能的形状中，以悬链线的重心最低，具有最小势能。

证明：考虑通过 A、B 两点的各种等长曲线。令曲线 $y=f(x)$ 的长度为 L，重心坐标为 $(\overline{x}, \overline{y})$，则 $L=\int_a^b dS=\int_a^b\sqrt{1+(\frac{dy}{dx})^2}\,dx$，由重心公式有

$$\overline{x}=\frac{\int_a^b x\sqrt{1+(\frac{dy}{dx})^2}\,dx}{L},\qquad \overline{y}=\frac{\int_a^b y\sqrt{1+(\frac{dy}{dx})^2}\,dx}{L}$$

由于只需探讨曲线重心的高低，所以只对纵坐标的公式进行分析，注意到问题的表述，说明 L 是常数，不难看出重心的纵坐标是 $y(x)$ 的最简泛函，记作

$$J(y(x))=\int_a^b y(x)\sqrt{1+(y')^2}\,dx$$

此时对应的欧拉方程可化为

$$yy''-(y')^2-1=0$$

令 $p=\dfrac{\mathrm{d}y}{\mathrm{d}x}$，解得 $y^2=k(1+p^2)$，$k>0$，进而得

$$y=\frac{1}{\sqrt{k}}\mathrm{ch}[\sqrt{k}(x+c)]$$

此即为悬链线，它使重心最低，势能最小。大自然中的许多结构是符合最小势能的，人们称之为最小势能原理。

7.4　接上题

(1) 含多个函数的泛函

使泛函
$$J(y(x),z(x))=\int_{x_1}^{x_2}F(x,y,y',z,z')\mathrm{d}x$$

取极值且满足固定边界条件

$$y(x_1)=y_1,\ y(x_2)=y_2,\ z(x_1)=z_1,\ z(x_2)=z_2$$

的极值曲线 $y=y(x)$，$z=z(x)$ 必满足欧拉方程组

$$\begin{cases}F_y-\dfrac{\mathrm{d}}{\mathrm{d}x}F_{y'}=0\\ F_z-\dfrac{\mathrm{d}}{\mathrm{d}x}F_{z'}=0\end{cases}$$

(2) 含高阶导数的泛函

使泛函
$$J(y(x))=\int_{x_1}^{x_2}F(x,y,y',y'')\mathrm{d}x$$

取极值且满足固定边界条件

$$y(x_1)=y_1,\ y(x_2)=y_2,\ y'(x_1)=y'_1,\ y'(x_2)=y'_2$$

的极值曲线 $y=y(x)$ 必满足微分方程

$$F_y-\frac{\mathrm{d}}{\mathrm{d}x}F_{y'}+\frac{\mathrm{d}^2}{\mathrm{d}x^2}F_{y''}=0$$

(3) 含多元函数的泛函

设 $z(x,y)\in c^2$，$(x,y)\in D$，使泛函

$$J(z(x,y))=\iint_D F(x,y,z,z_x,z_y)\mathrm{d}x\mathrm{d}y$$

取极值且在区域 D 的边界线 l 上取已知值的极值函数 $z=z(x,y)$ 必满足方程

$$F_z-\frac{\partial}{\partial x}F_{z_x}-\frac{\partial}{\partial y}F_{z_y}=0$$

上式称为奥氏方程。

7.5　接上题

考虑端点变动的情况（横截条件），设容许曲线 $x(t)$ 在 t_0 固定，在另一端点 $t=t_f$ 时不固定，是沿着给定的曲线 $x=\psi(t)$ 变动。于是端点条件表示为

$$\begin{cases}x(t_0)=x_0\\ x(t)=\psi(t)\end{cases}$$

这里 t 是变动的，不妨用参数形式表示为 $t=t_f+\alpha\mathrm{d}t_f$

寻找端点变动情况的泛函极值必要条件，可仿照前面端点固定情况进行推导，即

$$
\begin{aligned}
0=\delta J &=\frac{\partial}{\partial \alpha}\int_{t_0}^{t_f+\alpha \mathrm{d}t_f} F(t, x+\alpha\delta x, \dot{x}+\alpha\delta\dot{x})\mathrm{d}t\Big|_{\alpha=0} \\
&=\int_{t_0}^{t_f}(F_x-\frac{\mathrm{d}}{\mathrm{d}t}F_{\dot{x}})\delta x\mathrm{d}t+F_{\dot{x}}\delta x\Big|_{t=t_f}+F\Big|_{t=t_f}\mathrm{d}t_f
\end{aligned}
\tag{7.106}
$$

做如下讨论：

- 对每一个固定的 t_f，$x(t)$ 都满足欧拉方程，即式(7.106) 右端的第一项积分为 0。
- 为考察式(7.106) 的第二、第三项，建立 $\mathrm{d}t_f$ 与 $\delta x\big|_{t=t_f}$ 之间的关系，因为

$$x(t_f+\alpha\mathrm{d}t_f)+\alpha\delta x(t_f+\alpha\mathrm{d}t_f)=\psi(t_f+\alpha\mathrm{d}t_f)$$

对 α 求导并令 $\alpha=0$ 得 $\quad \dot{x}(t_f)\mathrm{d}t_f+\delta x\big|_{t=t_f}=\dot{\psi}(t_f)\mathrm{d}t_f$

即

$$\delta x\big|_{t=t_f}=[\dot{\psi}(t_f)-\dot{x}(t_f)]\mathrm{d}t_f \tag{7.107}$$

把式(7.107) 代入式(7.106) 并利用 $\mathrm{d}t_f$ 的任意性，得

$$[F+(\dot{\psi}-\dot{x})F_{\dot{x}}]\big|_{t=t_f}=0 \tag{7.108}$$

式(7.108) 就是确定欧拉方程通解中另一常数的定解条件，称为横截条件。

横截条件有两种常见的特殊情况：

- 当 $x=\psi(t)$ 是垂直横轴的直线时，t_f 固定，$x(t_f)$ 自由，并称 $x(t_f)$ 为自由端点。此时式(7.106) 中 $\mathrm{d}t_f=0$ 及 $\delta x\big|_{t=t_f}$ 的任意性，得自由端点的横截条件

$$F_{\dot{x}}\big|_{t=t_f}=0 \tag{7.109}$$

- 当 $x=\psi(t)$ 是平行横轴的直线时，t_f 自由，$x(t_f)$ 固定，并称 $x(t_f)$ 为平动端点。此时 $\dot{\psi}=0$，式(7.108) 的横截条件变为

$$F-\dot{x}F_{\dot{x}}\big|_{t=t_f}=0 \tag{7.110}$$

注意，横截条件与欧拉方程联立才能构成泛函极值的必要条件。

7.6 有约束条件的泛函极值

在最优控制系统中，常常要涉及有约束条件泛函的极值问题，其典型形式是对动态系统

$$\dot{x}(t)=f(t,\ x(t),\ u(t)) \tag{7.111}$$

寻求最优性能指标（目标函数）

$$J(u(t))=\varphi(t_f,\ x(t_f))+\int_{t_0}^{t_f}F(t,\ x(t),\ u(t))\mathrm{d}t \tag{7.112}$$

其中，$u(t)$ 是控制策略，$x(t)$ 是轨线，t_0 固定，t_f 及 $x(t_f)$ 自由，$x(t)\in R^n$，$u(t)\in R^m$（不受限，充满 R^m 空间），f、φ、F 连续可微。以下推导取得目标函数极值的最优控制策略 $u^*(t)$ 和最优轨线 $x^*(t)$ 的必要条件。

采用拉格朗日乘子法，化条件极值为无条件极值，即考虑

$$J_1(x,\ u,\ \lambda)=\varphi(t_f,\ x(t_f))+\int_{t_0}^{t_f}[F(t,\ x,\ u)+\lambda^{\mathrm{T}}(t)(f(t,\ x,\ u)-\dot{x})]\mathrm{d}t \tag{7.113}$$

的无条件极值，首先定义式(7.111) 和式(7.112) 的哈密顿（Hamilton）函数为

$$H(t,\ x,\ u,\ \lambda)=F(t,\ x,\ u)+\lambda^{\mathrm{T}}(t)f(t,\ x,\ u) \tag{7.114}$$

将其代入式(7.113)，得到泛函

$$J_1(x,\ u,\ \lambda)=\varphi(t_f,\ x(t_f))+\int_{t_0}^{t_f}[H(t,\ x,\ u,\ \lambda)-\lambda^{\mathrm{T}}\dot{x}]\mathrm{d}t \tag{7.115}$$

下面先对其求变分

$$\delta J_1=\frac{\partial}{\partial \alpha}\{\varphi(t_f+\alpha \mathrm{d}t_f,x(t_f)+\alpha\delta x(t_f))$$

$$+\int_{t_0}^{t_f+\alpha \mathrm{d}t_f}[H(t,x+\alpha\delta x,u+\alpha\delta u,\lambda+\alpha\delta\lambda)-(\lambda+\alpha\delta\lambda)^{\mathrm{T}}(\dot{x}+\alpha\delta\dot{x})]\mathrm{d}t\}\big|_{\alpha=0}$$

$$=[\delta x(t_f)]^{\mathrm{T}}\varphi_{x(t_f)}+(\mathrm{d}t_f)^{\mathrm{T}}\varphi_{t_f}+(\mathrm{d}t_f)^{\mathrm{T}}H(t,x,u,\lambda)\big|_{t=t_f}-(\mathrm{d}t_f)^{\mathrm{T}}(\lambda^{\mathrm{T}}\dot{x})\big|_{t=t_f}$$

$$+\int_{t_0}^{t_f}[(\delta x)^{\mathrm{T}}H_x+(\delta u)^{\mathrm{T}}H_u+(\delta\lambda)^{\mathrm{T}}H_\lambda-(\delta\lambda)^{\mathrm{T}}\dot{x}-\lambda^{\mathrm{T}}\delta\dot{x}]\mathrm{d}t$$

$$=(\mathrm{d}t_f)^{\mathrm{T}}[\varphi_{t_f}+F(t,x,u,t)\big|_{t=t_f}]+[\delta x(t_f)]^{\mathrm{T}}\varphi_{x(t_f)}$$

$$+\int_{t_0}^{t_f}[(\delta x)^{\mathrm{T}}H_x+(\delta u)^{\mathrm{T}}H_u+(\delta\lambda)^{\mathrm{T}}H_\lambda-(\delta\lambda)^{\mathrm{T}}\dot{x}]\mathrm{d}t-\lambda^{\mathrm{T}}(t_f)\delta x\big|_{t=t_f}+\int_{t_0}^{t_f}(\delta x)^{\mathrm{T}}\dot{\lambda}\mathrm{d}t$$

注意到 $\delta x\big|_{t=t_f}\neq\delta x(t_f)$，$\delta x\big|_{t=t_f}=\delta x(t_f)-\dot{x}(t_f)\mathrm{d}t_f$，因而

$$\delta J_1=(\mathrm{d}t_f)^{\mathrm{T}}[\varphi_{t_f}+H(t,\ x,\ u,\ \lambda)\big|_{t=t_f}]+[\delta x(t_f)]^{\mathrm{T}}(\varphi_x-\lambda)\big|_{t=t_f}$$

$$+\int_{t_0}^{t_f}[(\delta x)^{\mathrm{T}}(H_x+\dot{\lambda})+(\delta\lambda)^{\mathrm{T}}(H_\lambda-\dot{x})+(\delta u)^{\mathrm{T}}H_u]\mathrm{d}t$$

再令 $\delta J_1=0$，由 $\mathrm{d}t_f$、$\delta x(t_f)$、δx、δu、$\delta\lambda$ 的任意性，得

① x^*、λ^* 必满足正则方程：

状态方程　$\dot{x}=H_\lambda=f(t,\ x,\ u)$

协态方程　$\dot{\lambda}=-H_x$

② 哈密顿函数 $H(t,\ x^*,\ u,\ \lambda^*)$ 作为 u 的函数，也必满足 $H_u=0$，并由此方程求得 u^*。

③ 求 x^*、λ^*、u^* 时，必利用边界条件

$x(t_0)=x_0$(用于确定 x^*)

$\lambda(t_f)=\varphi_{x(t_f)}$(用于确定 λ^*)

$\varphi_{t_f}=-H(t,\ x,\ u,\ \lambda)\big|_{t=t_f}$(用于确定 t_f)

7.7　最大（小）值原理

如果受控系统

$$\dot{x}=f(t,\ x,\ u),\ x(t_0)=x_0$$

其控制策略 $u(t)$ 的全体构成有界集 U，求 $u(t)\in U$，使性能指标

$$J(u(t))=\varphi(t_f,\ x(t_f))+\int_{t_0}^{t_f}F(t,\ x,\ u)\mathrm{d}t$$

达到最大（小）值。

如果 $f(t,\ x,\ u)$、$\varphi(t_f,\ x(t_f))$ 和 $F(t,\ x,\ u)$ 都是连续可微的，那么最优控制策略 $u^*(t)$ 和相应的最优轨线 $x^*(t)$ 由下列的必要条件决定：

① 最优轨线 $x^*(t)$、协态向量 $\lambda^*(t)$ 由下列必要条件决定：

$$\frac{\mathrm{d}x}{\mathrm{d}t}=f(t,x,u),u(t)\in U$$

$$\frac{\mathrm{d}\lambda}{\mathrm{d}t}=-\frac{\partial H}{\partial x}$$

② 哈密顿函数

$$H(t, x^*, u, \lambda^*) = F(t, x^*, u) + \lambda^{*T}(t) f(t, x^*, u)$$

作为 $u(t)$ 的函数，最优策略 $u^*(t)$ 必须使

$$H(t, x^*, u^*, \lambda^*) = \max_{u \in U} H(t, x^*, u, \lambda^*)$$

或使

$$H(t, x^*, u^*, \lambda^*) = \min_{u \in U} H(t, x^*, u, \lambda^*) \text{(最小值原理)}$$

③ 满足相应的边界条件

若两端点固定，正则方程的边界条件为

$$x(0) = x_0, \quad x(t_f) = x_f$$

若始端固定，终端 t_f 也固定，而 $x(t_f)$ 自由，正则方程的边界条件为

$$x(0) = x_0, \quad \lambda(t_f) = \varphi_{x(t_f)}(t_f, x(t_f))$$

若始端固定，终端 t_f、$x(t_f)$ 都自由，正则方程的边界条件为

$$x(0) = x_0, \quad \lambda(t_f) = \varphi_{x(t_f)}(t_f, x(t_f))$$

$$H(t_f, x(t_f), u(t_f), \lambda(t_f)) + \varphi_{t_f}(t_f, x(t_f)) = 0$$

7.8 写出例 7.6 中，变分法的 Matlab 程序。

第8章 时域有限差分法

本章主要内容

- 时域有限差分法的基本原理
- 一维和二维时域有限差分法
- 三维有限差分法
- 几个应用的例子：声学、量子力学、天线

矩量法、变分法等多种数值方法历史比较悠久，而时域有限差分法（FDTD）则是一种新近发展起来的方法。1966年K. S. Yee首次提出电磁场数值计算的新方法，即时域有限差分法（Finite Difference Time Domain，FDTD），后来经过二十多年的发展FDTD法才逐渐成熟。FDTD算法已被广泛应用于生物电磁剂量学、天线的分析与设计、目标电磁散射、电磁兼容、微波电路和光路时域分析、瞬态电磁场研究等多个领域。特别是经过了最近这些年的发展，FDTD法在计算方法和应用上取得了大量新的成果，已经成为一种成熟的数值计算方法。随着计算机数据处理性能的快速提高和计算机价格的下降，使得FDTD法的应用范围越来越广。

8.1 时域有限差分法的基本原理

该算法的思想就是时间和空间取样点的交替，利用麦克斯韦方程，对电场和磁场进行数值计算。

8.1.1 FDTD算法

把所讨论的空间划分为若干子区域，每一个小的子区称为Cell，或者说胞元，如图8.1所示，如果$\boldsymbol{E}$，$\boldsymbol{H}$场分量取样节点在空间和时间上交替，且满足麦克斯韦方程

$$\nabla\times\boldsymbol{H}=\frac{\partial\boldsymbol{D}}{\partial t}=\varepsilon\frac{\partial\boldsymbol{E}}{\partial t}\qquad\nabla\times\boldsymbol{E}=-\frac{\partial\boldsymbol{B}}{\partial t}=-\mu\frac{\partial\boldsymbol{H}}{\partial t}$$

进行空间划分时，子区域即胞元（或者单元）应该具有以下特点：

① $\boldsymbol{E}$，$\boldsymbol{H}$分量在空间交叉放置，相互垂直；每一坐标平面上的电场分量四周由磁场分量环绕，磁场分量的四周由电场分量环绕；场分量均与坐标轴方向一致。

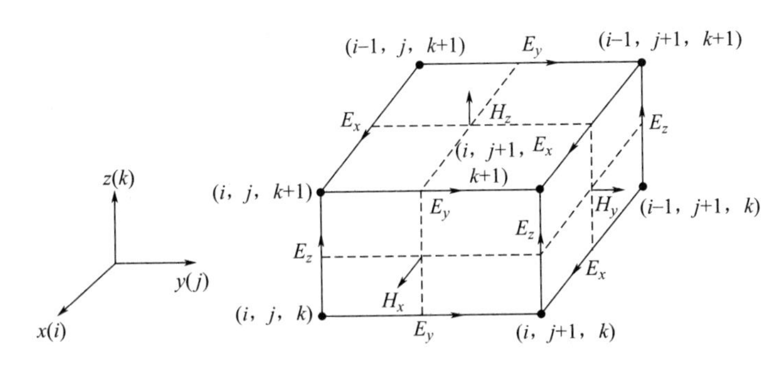

图 8.1　FDTD算法模型

② 每一个元胞有 8 个节点、12 条棱边、6 个面。棱边上电场分量近似相等，用棱边的中心节点表示，平面上的磁场分量近似相等，用面的中心节点表示。

③ 每一场分量自身相距一个空间步长，$\boldsymbol{E}$，$\boldsymbol{H}$ 相距半个空间步长。

④ 每一场分量自身相距一个时间步长，$\boldsymbol{E}$、$\boldsymbol{H}$ 相距半个时间步长，电场取 n 时刻的值，磁场取 $n+1/2$ 时刻的值；即电场 n 时刻的值由 $n-1$ 时刻的值得到，磁场 $n+1/2$ 时刻的值由 $n-1/2$ 时刻的值得到；电场 n 时刻的旋度对应 $n+1/2$ 时刻的磁场值，磁场 $n+1/2$ 时刻的旋度对应 $n+1$ 时刻的电场值，以此逐步外推。

⑤ 三个空间方向上的时间步长相等，这样可以保证均匀介质中场量的空间变量与时间变量完全对称。应用这种离散方式，将含时间变量的 Maxwell 方程转化为一组差分方程，并在时间轴上逐步推进地求解空间电磁场。由电磁问题的初值和边界条件，就可以逐步推进地求解以后各时刻空间电磁场分布，从而可以建立时域的差分方程。

8.1.2　Maxwell 方程 FDTD 的差分格式

上面提到的麦克斯韦方程，其第一、二方程为

$$\begin{cases}\nabla\times\boldsymbol{H}=\dfrac{\partial\boldsymbol{D}}{\partial t}+\boldsymbol{J}\\[2ex]\nabla\times\boldsymbol{E}=-\left(\dfrac{\partial\boldsymbol{B}}{\partial t}+\boldsymbol{J}_{\mathrm{m}}\right)\end{cases}\tag{8.1}$$

式中，$\boldsymbol{J}$ 是电流密度，与电损耗有关；$\boldsymbol{J}_{\mathrm{m}}$ 是磁流密度，$\mathrm{V/m^2}$，与磁损耗有关，主要与上式对应的有各向同性介质中的本构关系：

$$\boldsymbol{D}=\varepsilon\boldsymbol{E},\ \boldsymbol{B}=\mu\boldsymbol{H},\ \boldsymbol{J}=\sigma\boldsymbol{E},\ \boldsymbol{J}_{\mathrm{m}}=\gamma_{\mathrm{m}}\boldsymbol{H}\tag{8.2}$$

其中，γ_{m} 是磁阻率，可以用来计算磁损耗。以 $\boldsymbol{E}$、$\boldsymbol{H}$ 为变量，在直角坐标中，展开麦克斯韦第一、二方程，分别为

$$\begin{aligned}&\frac{\partial H_z}{\partial y}-\frac{\partial H_y}{\partial z}=\varepsilon\frac{\partial E_x}{\partial t}+\sigma E_x\\&\frac{\partial H_x}{\partial z}-\frac{\partial H_z}{\partial x}=\varepsilon\frac{\partial E_y}{\partial t}+\sigma E_y\\&\frac{\partial H_y}{\partial x}-\frac{\partial H_x}{\partial y}=\varepsilon\frac{\partial E_z}{\partial t}+\sigma E_z\end{aligned}\tag{8.3}$$

$$\begin{cases}\dfrac{\partial E_z}{\partial y}-\dfrac{\partial E_y}{\partial z}=-\mu\dfrac{\partial H_x}{\partial t}-\gamma_m H_x\\\dfrac{\partial E_x}{\partial z}-\dfrac{\partial E_z}{\partial x}=-\mu\dfrac{\partial H_y}{\partial t}-\gamma_m H_y\\\dfrac{\partial E_y}{\partial x}-\dfrac{\partial E_x}{\partial y}=-\mu\dfrac{\partial H_z}{\partial t}-\gamma_m H_z\end{cases}\tag{8.4}$$

令 $f(x, y, z, t)$ 代表 **E**、**H** 在直角坐标系中的任何一个分量，离散化符号记为

$$f(x, y, z, t)=f(i\Delta x, j\Delta y, k\Delta z, n\Delta t)=f^n(i, j, k)\tag{8.5}$$

$f(x, y, z, t)$ 关于时间和空间的一阶偏导数取中心差分近似为

$$\begin{cases}\left.\dfrac{\partial f}{\partial x}\right|_{x=i\Delta x}\approx\dfrac{1}{\Delta x}\left[f^n\left(i+\dfrac{1}{2},j,k\right)-f^n\left(i-\dfrac{1}{2},j,k\right)\right]\\\left.\dfrac{\partial f}{\partial y}\right|_{y=j\Delta y}\approx\dfrac{1}{\Delta y}\left[f^n\left(i,j+\dfrac{1}{2},k\right)-f^n\left(i,j-\dfrac{1}{2},k\right)\right]\\\left.\dfrac{\partial f}{\partial z}\right|_{z=k\Delta z}\approx\dfrac{1}{\Delta z}\left[f^n\left(i,j,k+\dfrac{1}{2}\right)-f^n\left(i,j,k-\dfrac{1}{2}\right)\right]\\\left.\dfrac{\partial f}{\partial t}\right|_{t=n\Delta t}\approx\dfrac{1}{\Delta t}\left[f^{n+\frac{1}{2}}(i,j,k)-f^{n-\frac{1}{2}}(i,j,k)\right]\end{cases}\tag{8.6}$$

将式(8.1)用一阶中心差商方程取代，整理后便得到一阶差分方程，它具有二阶精度，并且满足：

① 剖分节点与场分量所在棱边中点不同，场分量的位置，即 **E**、**H** 节点是 Yee 元胞节点的相对位置，不需要单独编码。

② 当空间存在媒质分界面时，场量自动满足场的连续性条件

$$E_{1t}=E_{2t},\ H_{1t}=H_{2t}$$

电磁分量的取样方式不仅符合法拉第电磁感应定律和安培环路定律的自然结构，也符合麦克斯韦方程的差分计算。其次，时间步长可以取为电磁波传播一个空间步长所需时间的一半，因此 **E** 与 **H** 在时间顺序上交替抽样，时间间隔相差半个时间步长，这样就可以进行数值计算了。

8.2 一维和二维时域有限差分法

8.2.1 一维时域有限差分算法（1D-FDTD）

在讲述 FDTD 算法的基本思想之后，现在讨论一维的 FDTD 算法，记为 1D-FDTD，我们知道，均匀平面波即 TEM 波是一维问题，所以接着讨论 FDTD 算法求解 TEM 波问题。

设电磁波沿 z 轴方向传播，由于是 TEM 波，所以 $E_z=0$，$H_z=0$，场量和介质参数均与 x、y 无关，也即满足 $\dfrac{\partial}{\partial x}=0$，$\dfrac{\partial}{\partial y}=0$，所以麦克斯韦方程简化为

$$\begin{cases} -\dfrac{\partial H_y}{\partial z}=\varepsilon\dfrac{\partial E_x}{\partial t}+\sigma E_x \\ -\dfrac{\partial E_x}{\partial z}=\mu\dfrac{\partial H_y}{\partial t}+\gamma_m H_y \end{cases} \tag{8.7}$$

$$\begin{cases} -\dfrac{\partial H_x}{\partial z}=\varepsilon\dfrac{\partial E_y}{\partial t}+\sigma E_y \\ -\dfrac{\partial E_y}{\partial z}=\mu\dfrac{\partial H_x}{\partial t}+\gamma_m H_x \end{cases} \tag{8.8}$$

旋转坐标轴后（图 8.2），再看方程式(8.7)，则可导出差分格式，于是式(8.7) 第一个方程可以化为

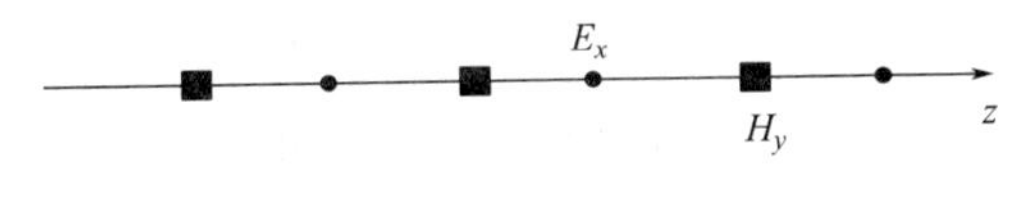

图 8.2　一维 Yee 元胞

$$E_x^{n+1}(k)=\frac{\left(1-\dfrac{\sigma\cdot\Delta t}{2\varepsilon_r\varepsilon_0}\right)}{1+\dfrac{\sigma\cdot\Delta t}{2\varepsilon_r\varepsilon_0}}E_x^n(k)-\frac{\Delta t}{\varepsilon_0\varepsilon_r\left(1+\dfrac{\sigma\cdot\Delta t}{2\varepsilon_r\varepsilon_0}\right)}\times\frac{H_y^{n+1/2}(k+1/2)-H_y^{n+1/2}(k-1/2)}{\Delta z}$$

类似的第二个方程可以化为

$$H_y^{n+\frac{1}{2}}\left(k+\frac{1}{2}\right)=\frac{1-\dfrac{\gamma_m}{2\mu}}{1+\dfrac{\gamma_m}{2\mu}}H_y^{n-\frac{1}{2}}\left(k+\frac{1}{2}\right)-\frac{\Delta t}{\mu\left(1+\dfrac{\gamma_m}{2\mu}\right)}\times\frac{1}{\Delta z}\left[E_x^n(k+1)-E_x^n(k)\right]$$

简单记为

$$E_x^{n+1}(k)=CA(m)E_x^n(k)-CB(m)\frac{1}{\Delta z}\left[H_y^{n+\frac{1}{2}}\left(k+\frac{1}{2}\right)-H_y^{n+\frac{1}{2}}\left(k-\frac{1}{2}\right)\right] \tag{8.9}$$

$$H_y^{n+\frac{1}{2}}\left(k+\frac{1}{2}\right)=CP(m)H_y^{n-\frac{1}{2}}\left(k+\frac{1}{2}\right)-CQ(m)\frac{1}{\Delta z}\left[E_x^n(k+1)-E_x^n(k)\right] \tag{8.10}$$

式中，$CA(m)$、$CB(m)$、$CP(m)$、$CQ(m)$ 为系数，这些系数随空间点和时间变化，如果介质无损耗，则 $\gamma=0$，$\gamma_m=0$，$m=(i+1/2,\ j,\ k)$ 是空间点和时间的符号，即

$$CA(m)=\frac{(1-\dfrac{\sigma\cdot\Delta t}{2\varepsilon_r\varepsilon_0})}{1+\dfrac{\sigma\cdot\Delta t}{2\varepsilon_r\varepsilon_0}},\quad CB(m)=\frac{\Delta t}{\varepsilon_0\varepsilon_r(1+\dfrac{\sigma\cdot\Delta t}{2\varepsilon_r\varepsilon_0})},$$

$$CP(m)=\frac{1-\dfrac{\gamma_m}{2\mu}}{1+\dfrac{\gamma_m}{2\mu}},\quad CQ(m)=\frac{\Delta t}{\mu(1+\dfrac{\gamma_m}{2\mu})}$$

8.2.2　二维时域有限差分法（2D-FDTD）

在二维场中，所有物理量与 z 坐标无关，即$\partial/\partial z=0$。传播的电磁波是 TE 波或者 TM 波，于是对于 TE 和 TM 波的麦克斯韦方程，标量方程表达式为

$$\text{TE 波}(E_z=0)\quad \begin{cases} \dfrac{\partial H_z}{\partial y}=\varepsilon\dfrac{\partial E_x}{\partial t}+\gamma E_x \\ -\dfrac{\partial H_z}{\partial x}=\varepsilon\dfrac{\partial E_y}{\partial t}+\gamma E_y \\ \dfrac{\partial E_y}{\partial x}-\dfrac{\partial E_x}{\partial y}=-\mu\dfrac{\partial H_z}{\partial t}-\gamma_{\mathrm{m}}H_z \end{cases} \tag{8.11}$$

$$\text{TM 波}(H_z=0)\quad \begin{cases} \dfrac{\partial E_z}{\partial y}=-\mu\dfrac{\partial H_x}{\partial t}-\gamma_{\mathrm{m}}H_x \\ -\dfrac{\partial E_z}{\partial x}=-\mu\dfrac{\partial H_y}{\partial t}-\gamma_{\mathrm{m}}H_y \\ \dfrac{\partial H_y}{\partial x}-\dfrac{\partial H_x}{\partial y}=\varepsilon\dfrac{\partial E_z}{\partial t}+\gamma E_z \end{cases} \tag{8.12}$$

图 8.3、图 8.4 分别给出了 TM 波和 TE 波的 Yee 单元（Cell）图。

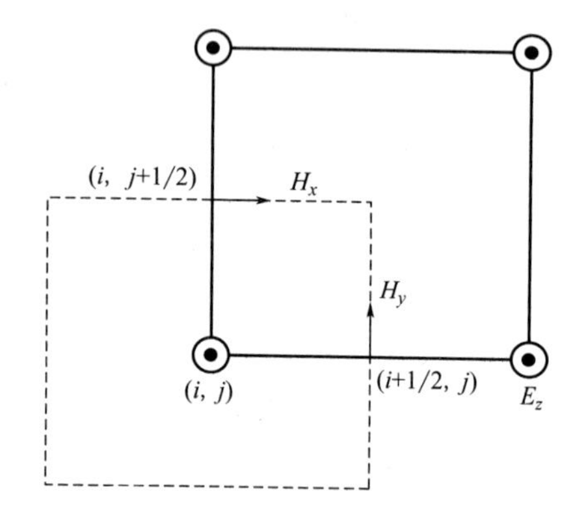

图 8.3　TM 波的 Yee 元胞

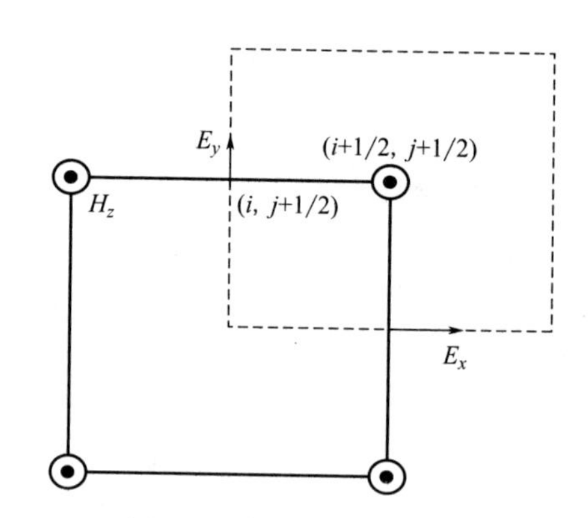

图 8.4　TE 波的 Yee 元胞

对于 TE 波，只要令 $E_z=\mathbf{0}$，在 Δz 上，H_x、H_y 不随 z 变化，m 符号中去掉 k，以下式中 $m=i,\ j+\dfrac{1}{2}$，即可得到

$$E_x^{n+1}\left(i+\frac{1}{2},\ j\right)=CA(m)E_x^n\left(i+\frac{1}{2},\ j\right)+CB(m)\frac{1}{\Delta y}\left[H_z^{n+\frac{1}{2}}\left(i+\frac{1}{2},\ j+\frac{1}{2}\right)-H_z^{n+\frac{1}{2}}\left(i+\frac{1}{2},\ j-\frac{1}{2}\right)\right] \tag{8.13}$$

$$E_y^{n+1}\left(i,\ j+\frac{1}{2}\right)=CA(m)E_y^n\left(i,\ j+\frac{1}{2}\right)-CB(m)\frac{1}{\Delta x}\left[H_z^{n+\frac{1}{2}}\left(i+\frac{1}{2},\ j+\frac{1}{2}\right)-H_z^{n+\frac{1}{2}}\left(i-\frac{1}{2},\ j+\frac{1}{2}\right)\right] \tag{8.14}$$

$$H_z^{n+\frac{1}{2}}\left(i+\frac{1}{2},\ j+\frac{1}{2}\right)=CP(m)H_z^{n-\frac{1}{2}}\left(i+\frac{1}{2},\ j+\frac{1}{2}\right)-CQ(m)\left[\frac{E_y^n\left(i+1,\ j+\frac{1}{2}\right)-E_y^n\left(i,\ j+\frac{1}{2}\right)}{\Delta x}\right.$$

$$-\frac{E_x^n\left(i+\frac{1}{2},\ j+1\right)-E_x^n\left(i+\frac{1}{2},\ j\right)}{\Delta y}\Bigg] \tag{8.15}$$

对 TM 波，只要令 $H_z=0$，在 Δz 上，E_x、E_y 不随 z 变化，同样有，m 符号中去掉k，即可得到

$$H_x^{n+\frac{1}{2}}\left(i,\ j+\frac{1}{2}\right)=CP(m)H_x^{n-\frac{1}{2}}\left(i,\ j+\frac{1}{2}\right)-CQ(m)\frac{1}{\Delta y}\left[E_z^n(i,\ j+1)-E_z^n(i,\ j)\right] \tag{8.16}$$

$$H_y^{n+\frac{1}{2}}\left(i+\frac{1}{2},\ j\right)=CP(m)H_y^{n-\frac{1}{2}}\left(i+\frac{1}{2},\ j\right)+CQ(m)\frac{1}{\Delta x}\left[E_z^n(i+1,\ j)-E_z^n(i,\ j)\right] \tag{8.17}$$

$$E_z^{n+1}(i,\ j)=CA(m)E_z^n(i,\ j)+CB(m)\left[\frac{H_y^{n+\frac{1}{2}}\left(i+\frac{1}{2},\ j\right)-H_y^{n+\frac{1}{2}}\left(i-\frac{1}{2},\ j\right)}{\Delta x}\right.$$
$$\left.-\frac{H_x^{n+\frac{1}{2}}\left(i,\ j+\frac{1}{2}\right)-H_x^{n+\frac{1}{2}}\left(i,\ j-\frac{1}{2}\right)}{\Delta y}\right] \tag{8.18}$$

为了编写统一的 TE 和 TM 波二维 FDTD 程序，可将描述 TE 波差分公式(8.13）～式(8.15）中相应的标号整体移动 1/2，即坐标（x，y）分别沿 x 和 y 轴方向移动半个网格，并将离散时间也移动半个时间步长，重新写为

$$E_x^{n+\frac{1}{2}}\left(i,\ j+\frac{1}{2}\right)=CA(m)E_x^{n-\frac{1}{2}}\left(i,\ j+\frac{1}{2}\right)$$
$$+CB(m)\frac{1}{\Delta y}\left[H_z^n(i,\ j+1)-H_z^n(i,\ j)\right] \tag{8.19}$$

$$E_y^{n+\frac{1}{2}}\left(i+\frac{1}{2},\ j\right)=CA(m)E_y^{n-\frac{1}{2}}\left(i+\frac{1}{2},\ j\right)$$
$$-CB(m)\frac{1}{\Delta x}\left[H_z^n(i+1,\ j)-H_z^n(i,\ j)\right] \tag{8.20}$$

$$H_z^{n+1}(i,\ j)=CP(m)H_z^n(i,\ j)-CQ(m)\left[\frac{E_y^{n+\frac{1}{2}}\left(i+\frac{1}{2},\ j\right)-E_y^{n+\frac{1}{2}}\left(i-\frac{1}{2},\ j\right)}{\Delta x}\right.$$
$$\left.-\frac{E_x^{n+\frac{1}{2}}\left(i,\ j+\frac{1}{2}\right)-E_x^{n+\frac{1}{2}}\left(i,\ j-\frac{1}{2}\right)}{\Delta y}\right] \tag{8.21}$$

显然 TE 波的 FDTD 公式(8.19）～式(8.21）与 TM 波的 FDTD 公式(8.16）～式(8.18）形式相同，给编程带来极大方便。注意 TE 波和 TM 波之间的对偶关系，即

$$\varepsilon\rightarrow\mu,\ \mu\rightarrow\varepsilon,\ \boldsymbol{E}\rightarrow\boldsymbol{H}$$
$$\gamma\rightarrow\gamma_{\mathrm{m}},\ \gamma_{\mathrm{m}}\rightarrow\gamma,\ \boldsymbol{H}\rightarrow\boldsymbol{E}$$

这样编写计算程序就方便了。

8.3 三维时域有限差分法

三维 FDTD 算法（3D-FDTD）与二维情形非常类似，但是三维比二维要复杂得多，实际工作中很多时候要用到 FDTD 算法三维形式，下面讨论 FDTD 三维情形，即 3D-FDTD，毫无疑问，还是首先从麦克斯韦方程出发，推导算法时域有限差分的更新方程。

8.3.1 电场时间推进三维差分格式

设节点（i，j，k）的 3 个电场分量分别用 $\left(i+\frac{1}{2}, j, k\right)$、$\left(i, j+\frac{1}{2}, k\right)$、$\left(i, j, k+\frac{1}{2}\right)$ 位置上的 E_x、E_y、E_z 表示，以式(8.3) 中第一个公式为例：

$$\frac{\partial H_z}{\partial y}-\frac{\partial H_y}{\partial z}=\varepsilon\frac{\partial E_x}{\partial t}+\gamma E_x$$

在 $t=\Delta t\left(n+\frac{1}{2}\right)$ 时间步，对节点（i，j，k）的离散公式为：

$$\begin{aligned}&\varepsilon\left(i+\frac{1}{2}, j, k\right)\frac{E_x^{n+1}\left(i+\frac{1}{2}, j, k\right)-E_x^{n}\left(i+\frac{1}{2}, j, k\right)}{\Delta t}\\&+\gamma\left(i+\frac{1}{2}, j, k\right)\frac{E_x^{n+1}\left(i+\frac{1}{2}, j, k\right)+E_x^{n}\left(i+\frac{1}{2}, j, k\right)}{2}\\&=\frac{H_z^{n+\frac{1}{2}}\left(i+\frac{1}{2}, j+\frac{1}{2}, k\right)-H_z^{n+\frac{1}{2}}\left(i+\frac{1}{2}, j-\frac{1}{2}, k\right)}{\Delta y}\\&-\frac{H_y^{n+\frac{1}{2}}\left(i+\frac{1}{2}, j, k+\frac{1}{2}\right)-H_y^{n+\frac{1}{2}}\left(i+\frac{1}{2}, j, k-\frac{1}{2}\right)}{\Delta z}\end{aligned}$$

式中，第二项用平均值来替代 $E_x^{n+\frac{1}{2}}\left(i+\frac{1}{2}, j, k\right)$ 是因为离散方程中电场的时间取样是整数 n，磁场的时间取样是 $n+1/2$，所以只能取 n 及 $n+1$ 时电场的平均值。实际也证明这个平均值使 FDTD 算法具有数值稳定性。整理后，可以将 $E_x^{n+1}\left(i+\frac{1}{2}, j, k\right)$ 作为未知数，其余作为迭代计算的已知数

$$\begin{aligned}&E_x^{n+1}\left(i+\frac{1}{2}, j, k\right)=CA(m)E_x^{n}\left(i+\frac{1}{2}, j, k\right)+\\&CB(m)\left[\frac{H_z^{n+\frac{1}{2}}\left(i+\frac{1}{2}, j+\frac{1}{2}, k\right)-H_z^{n+\frac{1}{2}}\left(i+\frac{1}{2}, j-\frac{1}{2}, k\right)}{\Delta y}\right.\end{aligned}$$

$$-\frac{H_y^{n+\frac{1}{2}}\left(i+\frac{1}{2},\ j,\ k+\frac{1}{2}\right)-H_y^{n+\frac{1}{2}}\left(i+\frac{1}{2},\ j,\ k-\frac{1}{2}\right)}{\Delta z}\Bigg]$$

$$m=i+\frac{1}{2},\ j,\ k \tag{8.22}$$

式中系数为

$$CA(m)=\frac{\frac{\varepsilon(m)}{\Delta t}-\frac{\gamma(m)}{2}}{\frac{\varepsilon(m)}{\Delta t}+\frac{\gamma(m)}{2}}=\frac{1-\frac{\gamma(m)\Delta t}{2\varepsilon(m)}}{1+\frac{\gamma(m)\Delta t}{2\varepsilon(m)}}$$

$$CB(m)=\frac{1}{\frac{\varepsilon(m)}{\Delta t}+\frac{\gamma(m)}{2}}=\frac{\frac{\Delta t}{\varepsilon(m)}}{1+\frac{\gamma(m)\Delta t}{2\varepsilon(m)}}$$

同理有

$$\begin{aligned}E_y^{n+1}\left(i,\ j+\frac{1}{2},\ k\right)=&CA(m)E_y^n\left(i,\ j+\frac{1}{2},\ k\right)\\&+CB(m)\left[\frac{H_x^{n+\frac{1}{2}}\left(i,\ j+\frac{1}{2},\ k+\frac{1}{2}\right)-H_x^{n+\frac{1}{2}}\left(i,\ j+\frac{1}{2},\ k-\frac{1}{2}\right)}{\Delta z}\right.\\&\left.-\frac{H_z^{n+\frac{1}{2}}\left(i+\frac{1}{2},\ j+\frac{1}{2},\ k\right)-H_z^{n+\frac{1}{2}}\left(i-\frac{1}{2},\ j+\frac{1}{2},\ k\right)}{\Delta x}\right]\end{aligned}$$

$$m=i,\ j+\frac{1}{2},\ k \tag{8.23}$$

$$\begin{aligned}E_z^{n+1}\left(i,\ j,\ k+\frac{1}{2}\right)=&CA(m)E_z^n\left(i,\ j,\ k+\frac{1}{2}\right)\\&+CB(m)\left[\frac{H_y^{n+\frac{1}{2}}\left(i+\frac{1}{2},\ j,\ k+\frac{1}{2}\right)-H_y^{n+\frac{1}{2}}\left(i-\frac{1}{2},\ j,\ k+\frac{1}{2}\right)}{\Delta x}\right.\\&\left.-\frac{H_x^{n+\frac{1}{2}}\left(i,\ j+\frac{1}{2},\ k+\frac{1}{2}\right)-H_x^{n+\frac{1}{2}}\left(i,\ j-\frac{1}{2},\ k+\frac{1}{2}\right)}{\Delta y}\right]\\&m=i,\ j,\ k+\frac{1}{2}\end{aligned} \tag{8.24}$$

以上是电场的时间推进计算公式。

8.3.2 磁场时间推进差分格式

节点（i，j，k）的3个磁场分量分别用三个位置$\left(i,\ j+\frac{1}{2},\ k+\frac{1}{2}\right)$、$\left(i+\frac{1}{2},\ j,\ k+\frac{1}{2}\right)$、$\left(i+\frac{1}{2},\ j+\frac{1}{2},\ k\right)$上的$H_x$、$H_y$、$H_z$表示，同样设观察点（$x$，$y$，$z$）为$H_x$

的节点，即在时刻 $t=n\Delta t$，对节点 $\left(i, j+\frac{1}{2}, k+\frac{1}{2}\right)$ 的离散公式为

$$H_x^{n+\frac{1}{2}}\left(i, j+\frac{1}{2}, k+\frac{1}{2}\right)=CP(m)H_x^{n-\frac{1}{2}}\left(i, j+\frac{1}{2}, k+\frac{1}{2}\right)$$
$$-CQ(m)\left[\frac{E_z^n\left(i, j+1, k+\frac{1}{2}\right)-E_z^n\left(i, j, k+\frac{1}{2}\right)}{\Delta y}-\frac{E_y^n\left(i, j+\frac{1}{2}, k+1\right)-E_y^n\left(i, j+\frac{1}{2}, k\right)}{\Delta z}\right]$$
$$m=i, j+\frac{1}{2}, k+\frac{1}{2} \tag{8.25}$$

式中系数为

$$CP(m)=\frac{\frac{\mu(m)}{\Delta t}-\frac{\gamma_m(m)}{2}}{\frac{\mu(m)}{\Delta t}+\frac{\gamma_m(m)}{2}}=\frac{1-\frac{\gamma_m(m)\Delta t}{2\mu(m)}}{1+\frac{\gamma_m(m)\Delta t}{2\mu(m)}}$$

$$CQ(m)=\frac{1}{\frac{\varepsilon(m)}{\Delta t}+\frac{\gamma(m)}{2}}=\frac{\frac{\Delta t}{\varepsilon(m)}}{1+\frac{\gamma(m)\Delta t}{2\varepsilon(m)}}$$

同理有

$$H_y^{n+\frac{1}{2}}\left(i+\frac{1}{2}, j, k+\frac{1}{2}\right)=CP(m)H_y^{n-\frac{1}{2}}\left(i+\frac{1}{2}, j, k+\frac{1}{2}\right)$$
$$-CQ(m)\left[\frac{E_x^n\left(i+\frac{1}{2}, j, k+1\right)-E_x^n\left(i+\frac{1}{2}, j, k\right)}{\Delta z}-\frac{E_z^n\left(i+1, j, k+\frac{1}{2}\right)-E_z^n\left(i, j, k+\frac{1}{2}\right)}{\Delta x}\right]$$
$$m=i+\frac{1}{2}, j, k+\frac{1}{2} \tag{8.26}$$

$$H_z^{n+\frac{1}{2}}\left(i+\frac{1}{2}, j+\frac{1}{2}, k\right)=CP(m)H_z^{n-\frac{1}{2}}\left(i+\frac{1}{2}, j+\frac{1}{2}, k\right)$$
$$-CQ(m)\left[\frac{E_y^n\left(i+1, j+\frac{1}{2}, k\right)-E_y^n\left(i, j+\frac{1}{2}, k\right)}{\Delta x}-\frac{E_x^n\left(i+\frac{1}{2}, j+1, k\right)-E_x^n\left(i+\frac{1}{2}, j, k\right)}{\Delta y}\right]$$
$$m=i+\frac{1}{2}, j+\frac{1}{2}, k \tag{8.27}$$

以上是磁场的时间推进计算公式。

在编程中，为了使电场和磁场有相同的数量级（为减小误差），可对 H 或 E 进行“归一化”处理，即用 $\widetilde{H}=Z_0 H$ 取代 H，用 $\widetilde{E}=E/Z_0$ 取代 E，Z_0 是自由空间中的特性阻抗。最后的计算结果再分别除以和乘以 Z_0 即可。

可以看出，这种离散方法电场和磁场在时间顺序上交替抽样，抽样间隔相差半个时间步长，这样就使得麦克斯韦方程离散后成为显示差分方程，从而可以在时间上迭代求解，不需矩阵求逆。给定初值后，可以逐步推进，求得以后各个时刻点的空间电磁分布，这是 FDTD 算法的精髓所在。

8.4 解的稳定性

在 FDTD 算法中，时间增量 Δt 和空间增量 Δx、Δy、Δz 之间不是相互独立的，而是必须满足一定的关系，以避免数值结果不稳定，避免随着时间步数的增加，计算结果发散。造成解不稳定的因素有误差因素，即计算机在计算过程中，原始数据可能有误差，如系数阵建立过程中产生的误差，而每次运算由于只能保留有限位数而又产生误差，误差的积累有可能淹没真正解，使计算结果不可靠，即不稳定；也有的是计算方法不合适，以及 Δt、h 离散间隔不当等引起结果不收敛，产生发散的现象。有必要讨论这一问题，这是本节的主题。

设场随时间变化且是时谐场，不妨假定是电场 $\phi=\phi_0 e^{j\omega t}$，显然这是下面方程的解

$$\frac{\partial \phi}{\partial t}=j\omega\phi$$

用差分法代替导数，上述方程变为 $\dfrac{\phi^{n+1/2}-\phi^{n-1/2}}{\Delta t}=j\omega\phi^n=j\omega\phi(x, y, z, n\Delta t)$，两边同时除以 ϕ^n，令 $\lambda=\dfrac{\phi^{n+1/2}}{\phi^n}=\dfrac{\phi^n}{\phi^{n-1/2}}$，得到 $\lambda^2-j\omega\Delta t\lambda-1=0$，这个一元二次方程的解为两个 $\lambda_{1,2}=\dfrac{j\omega\Delta t}{2}\pm\sqrt{1-\dfrac{(\omega\Delta t)^2}{4}}$，这表明数值解要收敛，要求 $|\lambda|\leqslant 1$，这就是说满足 $\dfrac{\omega\Delta t}{2}\leqslant 1$，于是得到

$$\Delta t\leqslant\frac{T}{\pi} \tag{8.28a}$$

另一方面，由麦克斯韦方程，可以得到关于 $\phi=\phi_0 e^{j\omega t}$ 的齐次波动方程

$$\nabla^2\phi+\frac{\omega^2}{c^2}\phi=0 \tag{8.28b}$$

式中，$\nabla^2=\dfrac{\partial^2}{\partial x^2}+\dfrac{\partial^2}{\partial y^2}+\dfrac{\partial^2}{\partial z^2}$ 是拉普拉斯算子，对于 $\dfrac{\partial^2\phi}{\partial x^2}=\dfrac{\phi(x+\Delta x)-2\phi(x)+\phi(x-\Delta x)}{(\Delta x)^2}$，是利用了二阶导数的定义或者说二阶差分的定义。同样对于另外两个变量也有类似结果，

$$\frac{\partial^2\phi}{\partial y^2}=\frac{\phi(y+\Delta y)-2\phi(y)+\phi(y-\Delta y)}{(\Delta y)^2}, \quad \frac{\partial^2\phi}{\partial z^2}=\frac{\phi(z+\Delta z)-2\phi(z)+\phi(z-\Delta z)}{(\Delta z)^2} \tag{8.28c}$$

代入 $\frac{\partial^2 \phi}{\partial x^2}=\frac{\phi(x+\Delta x)-2\phi(x)+\phi(x-\Delta x)}{(\Delta x)^2}$ 得到

$$\frac{\partial^2 \phi}{\partial x^2} \approx -\frac{\sin(k_x \frac{\Delta x}{2})}{(\frac{\Delta x}{2})^2}\phi$$

$$\frac{\partial^2 \phi}{\partial y^2} \approx -\frac{\sin(k_y \frac{\Delta y}{2})}{(\frac{\Delta y}{2})^2}\phi \tag{8.29a}$$

$$\frac{\partial^2 \phi}{\partial z^2} \approx -\frac{\sin(k_z \frac{\Delta z}{2})}{(\frac{\Delta z}{2})^2}\phi$$

再代入式(8.28b) 得到

$$\frac{\sin(k_x \frac{\Delta x}{2})}{(\frac{\Delta x}{2})^2}\phi+\frac{\sin(k_y \frac{\Delta y}{2})}{(\frac{\Delta y}{2})^2}\phi+\frac{\sin(k_z \frac{\Delta z}{2})}{(\frac{\Delta z}{2})^2}\phi-(\frac{\omega}{c})^2\phi=0$$

也即

$$(\frac{c\Delta t}{2})^2\left[\frac{\sin(k_x \frac{\Delta x}{2})}{(\frac{\Delta x}{2})^2}+\frac{\sin(k_y \frac{\Delta y}{2})}{(\frac{\Delta y}{2})^2}+\frac{\sin(k_z \frac{\Delta z}{2})}{(\frac{\Delta z}{2})^2}\right]=\left(\frac{\omega\Delta t}{2}\right)^2\leqslant 1 \tag{8.29b}$$

式中，$k=(k_x, k_y, k_z)$ 是波矢量，方程式（8.29b）对一切波矢量成立的充分必要条件是分子 $\sin(k_\xi \frac{\Delta\xi}{2})=1$ 取最大值 1 时也成立（$\xi=x, y, z$）。

$$(\frac{c\Delta t}{2})^2\left(\frac{1}{(\frac{\Delta x}{2})^2}+\frac{1}{(\frac{\Delta y}{2})^2}+\frac{1}{(\frac{\Delta z}{2})^2}\right)\leqslant 1 \tag{8.29c}$$

于是一般介质区域中，速度 v 小于光速 c，三维情形的时间步长与空间步长的关系为

$$\Delta t\leqslant\frac{1}{c}\times\frac{1}{\sqrt{\left(\frac{1}{\Delta x}\right)^2+\left(\frac{1}{\Delta y}\right)^2+\left(\frac{1}{\Delta z}\right)^2}} \tag{8.29d}$$

在非均匀区域，v 取最大值。真空中 $v=c$（光速）。若是正方体 Yee 元胞，$\delta=\Delta x=\Delta y=\Delta z$，那么

$$\Delta t\leqslant\frac{1}{v\sqrt{3}} \tag{8.30}$$

若是正方形 Yee 元胞（二维），$\delta=\Delta x=\Delta y$，有

$$\Delta t\leqslant\frac{1}{v\sqrt{2}} \tag{8.31}$$

若是线段等分 Yee 元胞（一维），有

$$\Delta t\leqslant\frac{1}{v} \tag{8.32}$$

当波传播的速度是频率的函数，即速度与频率有关时，称其为色散波。色散的原因有各向异性、载波体形状（也称几何色散）、数值计算方法（也称数值色散）等。用差分法计算时，会在计算网格中引起模拟波模的色散，即在时域有限差分网格中，数值波模的传播速度随频率变化，这种色散将导致非物理因素引起的脉冲波形畸变、人为的各向异性及虚假折射现象，都会给计算带来误差，因此要尽量减小数值色散。为了减小数值色散，除了满足式(8.31)外，可取比式(8.30)更高的要求

$$\Delta t = \frac{T}{12} \tag{8.33}$$

并令电磁波沿网格的对角线方向传播，这时有 $k_x = k_y = k_z = k$，可以得到理想的色散关系。

8.5 FDTD 算法在声学和量子力学中的应用

本节将讨论 FDTD 的应用，第一个应用就是声学模拟的问题。声学中使用的数学工具与电磁学类似，因此 FDTD 的发展被用到声学模拟是很自然的。第二个例子是处于量子力学中心的薛定谔方程的模拟。量子力学与声学和电磁学有极大的不同，然而薛定谔方程仍然是一个波动方程，所以可以用 FDTD 模拟。在这两者中，只讨论简单的例子。

8.5.1 声波 FDTD 模拟

在以后的讨论中，我们将仅处理压力波并且忽略弹性波。从一阶声学方程开始，设声学方程为

$$k \frac{\partial}{\partial t} p(x,t) = \nabla \cdot u \tag{8.34a}$$

$$\rho_0 \rho_r \frac{\mathrm{d}}{\mathrm{d}t} u(x,t) = \nabla p(x,t) \tag{8.34b}$$

式中，$p(x,\ t)$ 是压力场，$\mathrm{kg/(m \cdot s^2)}$；$u(x,\ t)$ 是速度向量场，m/s；ρ_0 是水的质量密度，$\mathrm{kg/m^3}$；ρ_r 是介质相对于水的质量密度；k 是介质的可压缩性，$\mathrm{m \cdot s^2/kg}$（表 8.1）。

注意水而不是空气被选作背景介质。可压缩性是

$$k = \frac{1}{\rho c^2} = \frac{1}{\rho_0 \rho_r c^2} \tag{8.35}$$

式中，c 是光速。

表 8.1 几种材料的声学特性

材料	声速/(m/s)	密度/(kg/m^3)	可压缩性/(m·s^2/kg)
水	1500	1000	4.4×10^{-8}
空气	343	1.21	7.02×10^{-6}
金属	5900	7800	

方程式(8.34a) 可写成

$$\frac{\mathrm{d}p(x, y, z, t)}{\mathrm{d}t}=\frac{1}{k(x, y, z)}\left[\frac{\mathrm{d}u_x(x, y, z, t)}{\mathrm{d}x}+\frac{\mathrm{d}u_y(x, y, z, t)}{\mathrm{d}y}+\frac{\mathrm{d}u_z(x, y, z, t)}{\mathrm{d}z}\right]$$

我们将使用不同的方案来近似电磁学中 Yee 元胞模型的 FDTD；然而，我们猜想压力位置在三维格子的节点上，并且速度被定义在这些节点之间，如图 8.5 所示。

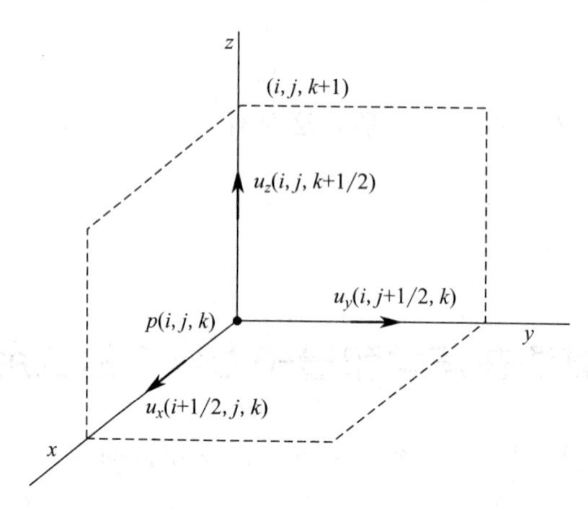

图 8.5 声学有限差分法单元格

在时间和空间上使用一阶差分，方程式(8.34) 能写成

$$\begin{aligned}\frac{p^{n+1/2}(i,j,k)-p^{n-1/2}(i,j,k)}{\Delta t}&=\frac{1}{k(i,j,k)}\times\frac{u_x^n(i+1/2,j,k)-u_x^n(i-1/2,j,k)}{\Delta x}\\&+\frac{1}{k(i,j,k)}\times\frac{u_y^n(i,j+1/2,k)-u_y^n(i,j-1/2,k)}{\Delta y}\\&+\frac{1}{k(i,j,k)}\times\frac{u_z^n(i,j,k+1/2)-u_z^n(i,j,k-1/2)}{\Delta z}\end{aligned}\tag{8.36}$$

首先，可压缩性将会被方程式(8.36) 代替，然后 Δt 会被移到右边，得到适合 FDTD 公式的不同方程：

$$\begin{aligned}p^{n+1/2}(i, j, k)=p^{n-1/2}(i, j, k)&+\frac{\Delta t\rho_0\rho_r c^2}{\Delta x}[u_x^n(i+1/2, j, k)-u_x^n(i-1/2, j, k)]\\&+\frac{\Delta t\rho_0\rho_r c^2}{\Delta y}[u_y^n(i, j+1/2, k)-u_y^n(i, j-1/2, k)]\\&+\frac{\Delta t\rho_0\rho_r c^2}{\Delta z}[u_z^n(i, j, k+1/2)-u_z^n(i, j, k-1/2)]\end{aligned}$$

类似地，对方程式(8.34) 可以得到

$$\begin{aligned}u_z^{n+1/2}(i, j, k+1/2)=&u_z^{n-1/2}(i, j, k-1/2)\\&+\frac{\Delta t}{\rho_r(i, j, k+1/2)\rho_0\Delta z}[p^n(i, j, k+1)-p^n(i, j, k)]\end{aligned}\tag{8.37}$$

很明显在 x 和 y 方向上可以得到相似的方程式，现在讨论限制在一个 z 方向上的简单一维问题，并将方程式(8.36) 和方程式(8.37) 重写为

$$p^{n+1/2}(k)=p^{n-1/2}(k)+ga(k)[u_z^n(k+1/2)+u_z^{n2}(k-1/2)]\tag{8.38a}$$

$$u_z^{n+1}(k+1/2) = u_z^n(k+1/2) + gb(k+1/2)\left[p^{n+1/2}(k+1) - p^{n+1/2}(k)\right] \quad (8.38b)$$

式中的参数为

$$ga(k) = \frac{\Delta t \rho_0 \rho_r c^2}{\Delta z}$$

$$gb(k+1/2) = \frac{\Delta t}{\rho(k+1/2)\rho_0 \Delta z}$$

注意依据声速和压力而不是可压缩性选择 ga，像以前章节一样，依据 $\Delta t \leqslant \frac{\Delta z}{c_{\max}}$，在选择 Δz 之后再选择 Δt，这里的 $c_{\max}$ 是我们遇到的最快的声速。假设它在金属中，声速是 5900m/s，取极限有 $\Delta t = \frac{\Delta z}{10^4}$，因为 $\rho_0 = 1000\text{kg/m}^3$，方程式变成

$$ga(k) = 10^{-1}\rho_r(k)c^2(k) \quad (8.39a)$$

$$gb(k+1/2) = \frac{10^{-7}}{\rho_r(k+1/2)} \quad (8.39b)$$

对于选作背景介质的水，方程式(8.39a) 和方程式(8.39b) 证明是

$$ga(k) = 10^{-1}\rho_r(k)c_r^2(k) = 10^{-1} \times 1 \times 1500^2 = 2.25 \times 10^5 \quad (8.40a)$$

$$gb(k+1/2) = 10^{-7} \quad (8.40b)$$

图 8.6 表明一个脉冲在一端产生并在另一端衰减，那么完全匹配层 PML 是在哪个位置？想一想这里程序是如何改进的？

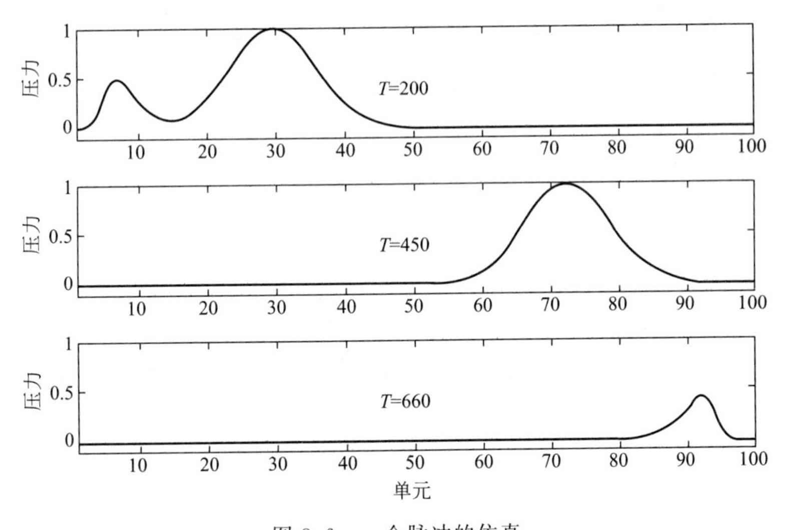

图 8.6　一个脉冲的仿真

脉冲在单元 15 产生，并在两个方向向外传播。在 200 个时间步长后，向左传播的部分正在被完全匹配层吸收。类似地，在 660 个时间步长后，向右传播的部分也正在被吸收。

8.5.2　量子力学：薛定谔方程的模拟

本节用 FDTD 描述了薛定谔方程的一个简单公式。薛定谔方程是量子力学的基础。如果不知道任何量子力学，可以先参考一下有关量子力学的文献。例如，在波动方程中用到的参数是 $\psi(r, t)$，它像电场或压力场，是时间和空间的一种作用。但不同于电场和压力场的是，它是一个复数，即使它是一个时域的参数。用清晰的物理意义去规定 Ψ 也是很困难的。

（1）将薛定谔方程用 FDTD 表示

含时间的薛定谔方程为

$$\mathrm{i}h\frac{\partial\psi(r,t)}{\partial t}=-\frac{h^2}{2m}\nabla^2\psi(r,t)+V(r,t)\cdot\psi(r,t)\tag{8.41}$$

或

$$\frac{\partial\psi(r,t)}{\partial t}=\mathrm{i}\frac{h}{2m}\nabla^2\psi(r,t)-\frac{\mathrm{i}}{h}V(r,t)\cdot\psi(r,t)\tag{8.42}$$

其中，m 是粒子的质量，kg；$h=1.054\times10^{-34}\mathrm{J\cdot s}$ 是普朗克常量；V 是势能，J（它将更常用电子伏（eV）来表示势能，其中 $1\mathrm{eV}=1.602\times10^{-19}\mathrm{J}$）。

为了避免使用复数，将 $\psi(r,\ t)$ 分成实部和虚部

$$\psi(r,\ t)=\psi_{\mathrm{real}}(r,\ t)+\mathrm{i}\psi_{\mathrm{imag}}(r,\ t)\tag{8.43}$$

将方程式(8.42) 代入方程式(8.43) 并分离实部和虚部得到下面两个成对的方程

$$\frac{\partial\psi_{\mathrm{real}}(r,t)}{\partial t}=-\frac{h}{2m}\cdot\nabla^2\psi_{\mathrm{imag}}(r,t)+\frac{1}{h}V(r,t)\cdot\psi_{\mathrm{imag}}(r,t)\tag{8.44a}$$

$$\frac{\partial\psi_{\mathrm{imag}}(r,t)}{\partial t}=\frac{h}{2m}\cdot\nabla^2\psi_{\mathrm{real}}(r,t)-\frac{1}{h}V(r,t)\cdot\psi_{\mathrm{real}}(r,t)\tag{8.44b}$$

通过假定一个一维的空间，任意选取 z 方向开始。从方程式(8.44) 开始，由时间和空间的有限差分得到

$$\frac{\psi_{\mathrm{real}}^{n}(k)-\psi_{\mathrm{real}}^{n-1}(k)}{\Delta t}=-\frac{h}{2m}\times\frac{\psi_{\mathrm{imag}}^{n-1/2}(k+1)-2\psi_{\mathrm{imag}}^{n-1/2}(k)+\psi_{\mathrm{imag}}^{n-1/2}(k-1)}{(\Delta z)^2}+\frac{1}{h}V(k)\cdot\psi_{\mathrm{imag}}^{n-1/2}(k)$$

由上面可以得到

$$\psi_{\mathrm{real}}^{n}(k)=\psi_{\mathrm{real}}^{n}(k)-\frac{\Delta t}{\Delta z^2}\times\frac{h}{2m}\left[\psi_{\mathrm{imag}}^{n-1/2}(k+1)-2\psi_{\mathrm{imag}}^{n-1/2}(k)+\psi_{\mathrm{imag}}^{n-1/2}(k-1)\right]+\frac{\Delta t}{h}V(k)\cdot\psi_{\mathrm{imag}}^{n-1/2}(k)\tag{8.45}$$

现假设正在模拟一个电子并且将用 m 表示电子的质量，设 Δz 为$\frac{1}{10}$Å（1Å$=10^{-10}$m），因此有

$$m=9.1\times10^{-31}\mathrm{kg}$$
$$\Delta z=1\times10^{-11}\mathrm{m}$$

这时，我们不知道时间步长 Δt 应该是多少。不巧的是，正如电磁模拟的例子一样，没有具体的古诺条件可用，所以只好由分配看起来“合理”的数字开始，现在仅代入 1/8，得

$$\frac{\Delta t}{\Delta z^2}\times\frac{h}{2m}=\frac{1}{8}$$

$$\begin{aligned}\Delta t&=\frac{1}{8}\times\frac{2m}{h}\Delta z^2\\&=\frac{1}{4}\times\frac{9.1\times10^{-31}\mathrm{kg}}{1.05\times10^{-34}\mathrm{J\cdot s}}\times(10^{-11}\mathrm{m})^2\\&=2.165\times10^{-19}\mathrm{s}\end{aligned}\tag{8.46}$$

这意味着在势能这项前的常量可以算出来

$$\frac{\Delta t}{\Delta h}=\frac{2.165\times10^{-19}\text{s}}{1.055\times10^{-34}\text{J}\cdot\text{s}}$$
$$=2.053\times10^{15}\text{J}^{-1}\times\frac{1.602\times10^{-19}\text{J}}{1\text{eV}}$$
$$=3.285\times10^{-4}\text{eV}^{-1}$$

这两个成对的方程可以写成

$$\psi_{\text{real}}^{n}(k)=\psi_{\text{real}}^{n-1}(k)-\frac{1}{8}[\psi_{\text{imag}}^{n-1/2}(k+1)-2\psi_{\text{imag}}^{n-1/2}(k)+\psi_{\text{imag}}^{n-1/2}(k-1)]$$
$$+\frac{\Delta t}{h}V(k)\cdot\psi_{\text{imag}}^{n-1/2}(k) \qquad (8.47\text{a})$$

$$\psi_{\text{imag}}^{n+1/2}(k)=\psi_{\text{imag}}^{n-1/2}(k)+\frac{1}{8}[\psi_{\text{real}}^{n}(k+1)-2\psi_{\text{real}}^{n}(k)+\psi_{\text{real}}^{n}(k-1)]$$
$$-\frac{\Delta t}{h}V(k)\cdot\psi_{\text{real}}^{n}(i) \qquad (8.47\text{b})$$

为了模拟一个粒子在自由空间中的运动，需要确定在空间域中的实部和虚部。例如在一个宽为 σ 的高斯包络面中对波长为 λ 的粒子初始化，可以用下面两个方程来将粒子初始化

$$\psi_{\text{real}}(k)=\mathrm{e}^{-0.5(\frac{k-k_0}{\sigma})^2}\cos\frac{2\pi(k-k_0)}{\lambda} \qquad (8.48\text{a})$$

$$\psi_{\text{real}}(k)=\mathrm{e}^{-0.5(\frac{k-k_0}{\sigma})^2}\sin\frac{2\pi(k-k_0)}{\lambda} \qquad (8.48\text{b})$$

式中，k_0 是这个脉冲的中心，一旦对这些方程进行了计算，就可以把幅度标准化，以便满足下面的方程

$$\int_{-\infty}^{\infty}\psi^{*}(x)\cdot\psi(x)\mathrm{d}x=1 \qquad (8.49)$$

(2) 计算观察到的期望值

量子力学中两个重要的数量是动能和势能的期望值，它们可以由 $\psi(r,t)$ 计算出来，动能的期望值可以由下面公式得出

$$<T>=<\psi|-\frac{h^2}{2m}\times\frac{\partial^2}{\partial z^2}|\psi>=-\frac{h^2}{2m}\int_{-\infty}^{\infty}(\psi^{*}\frac{\partial^2\psi}{\partial z^2})\mathrm{d}z$$

拉普拉斯算子 $\frac{\partial}{\partial z^2}^2$ 近似为：

$$\frac{\partial^2\psi_{\text{real}}(k)}{\partial z^2}\approx[\psi_{\text{real}}(k-1)-2\psi_{\text{real}}(k)+\psi_{\text{real}}(k+1)]/\Delta z^2$$

$$\frac{\partial^2\psi_{\text{imag}}(k)}{\partial z^2}\approx[\psi_{\text{imag}}(k-1)-2\psi_{\text{imag}}(k)+\psi_{\text{imag}}(k+1)]/\Delta z^2$$

模拟中的动能由下面公式计算出来

$$<T>=-\frac{h}{2m_{\text{e}}}\sum_{i=1}^{N}\left\{[\psi_{\text{real}}(k)-\mathrm{i}\psi_{\text{imag}}(k)]\left[\frac{\partial^2\psi_{\text{real}}(k)}{\partial z^2}+\frac{\partial^2\psi_{\text{imag}}(k)}{\partial z^2}\right]\right\} \qquad (8.50)$$

势能的期望值是

$$<V>=<\psi|V|\psi>=\int_{-\infty}^{\infty}V(z)|\psi(z,t)|^2\mathrm{d}z$$

它由下面式子得到

$$< V >= \sum_{i=1}^{N} V(k)[\psi_{\text{real}}^2(k) + \psi_{\text{imag}}^2(k)] \tag{8.51}$$

其中，$V(k)$ 是在那个单元的势能。

(3) 粒子撞击势垒的模拟

图 8.7 显示了模拟一个电子在靠近一个势能为 100eV 的区域的自由空间的运动。它的能量初始化为 146eV，其中是纯净的动能，因为没有势能。在 350 个时间步长时，它扩散到右边，波形开始传播，但总动能保持相同。在 1300 个时间步长后，它撞击势能。波形的一部分穿透势垒，另一部分被反射。注意总能量保持相同。但是，现在其中一部分以势能的形式存在，因为一部分波形在势能为 100eV 的地方。这意味着电子已分为两部分了吗？不，这意味着它有一定的可能性穿透势垒和一定的可能性被反射。这些可能性可以通过下列式子计算出来

$$\text{Probability of reflection} = \int_{-\infty}^{x_{\text{Pot}}} \psi^*(x) \cdot \psi(x)\,\mathrm{d}x \tag{8.52a}$$

$$\text{Probability of transmission} = \int_{x_{\text{Pot}}}^{\infty} \psi^*(x) \cdot \psi(x)\,\mathrm{d}x \tag{8.52b}$$

其中，x_{Pot} 是势能开始的位置。对于这个特殊的例子，方程式(8.52a) 计算的结果为 0.206，方程式(8.52b) 计算的结果为 0.794。当然，两个必须求和得到一个结果。

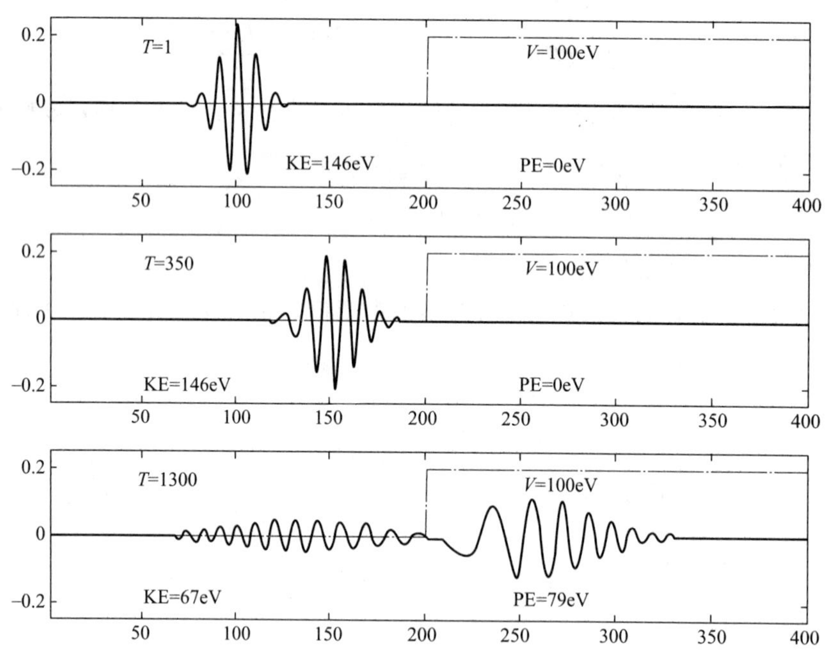

图 8.7 一个运动电子在自由空间撞击一个势垒的模拟

当电子在自由空间时，所有的能量都是动能。在它撞击势垒后，一部分能量转化成势能。$T=1300$ 时的波形显示电子有一定的可能性被反射并且有一定的可能性穿透势垒。

到目前为止，这些例子已经用简单的练习来说明了使用时域有限差分法，例如，从一个偶极天线或平面波照射介质球的辐射。我们将看两个非常具体的应用：带状天线和采用时域变换孔径天线远场计算的特征。

8.6 FDTD 算法用于微带天线的仿真

本节将用一个 FDTD 程序来仿真一个微带天线。在微波工程上，i 是输入端，j 是输出端，用此散射参数来表现一个装置。对于 S11，当被同时作为输入输出端时，这个参数决定了端口 1 的频域。这个微带天线的表征，说明了 FDTD 思路的通用性。这个例子在以下几个方面不同于之前的例子：①有两个不同的背景介质；②在三个方向上使用不同规格的元胞；③必须模拟不简单的电线作为金属的表面；④对于场分布的结果并不关心，因输入的参数是天线本身。

8.6.1 问题描述

图 8.8 描述了即将模拟的天线。相较于辐射模式，我们对天线的内部属性更感兴趣，所以不需要去模拟周围很大的一片区域。但是，因为 S11 依赖天线的几何结构来决定，所以模拟金属贴片和其实际尺寸尽量相近非常关键。看图中的尺寸，我们也许偏向于取 0.05mm 级的单位来尽可能使尺寸准确。然后，可以模拟 x 方向为 12.45mm，y 方向为 16mm，基板的厚度为 0.05mm 或 0.1mm，这样有两个缺点，基板的厚度可能不精确；矩形贴片的尺寸在 FDTD 的单位中为 249/320。尽管 z 方向尺寸很小，仍然有一个较大的三维问题。

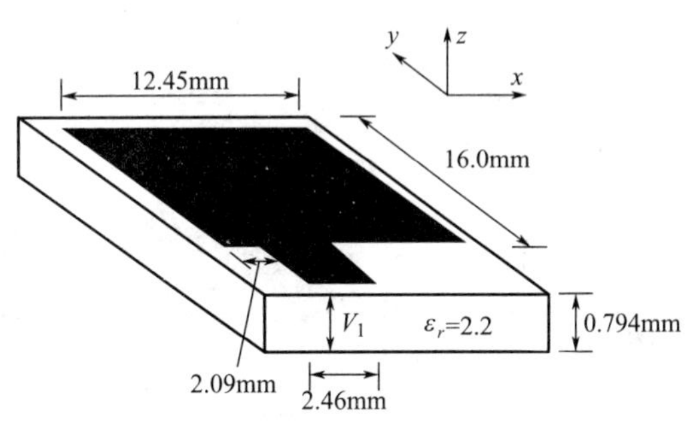

图 8.8　微带天线

这是一个在不同方向使用不同尺寸更佳的情形。参照例子选 $\Delta x=0.389$mm，$\Delta y=0.4$mm，$\Delta z=0.265$mm。现在有了一个矩形贴片，$32\Delta x$、$40\Delta y$、基板为 $3\Delta z$ 厚。在选择时间步长上，用最小的 Δz 来达到

$$\Delta t=\frac{\Delta z}{2C_0}=0.441\text{picoseconds}$$

现在问题是，怎么变化代码？我们将在每个不同的方向得到一些不同的东西。但是，下面的方法更简单，仅用 $\Delta z=0.265$mm 作为 FDTD 的基础算法，并且修改空间函数在 x 和 y 方向的参数

$$ra\_x=\frac{\Delta z}{\Delta x}=\frac{0.265}{0.389}=0.6812$$

$$ra\_y=\frac{\Delta z}{\Delta y}=\frac{0.265}{0.400}=0.6625$$

8.6.2 材料建模

假设我们仅仅处理三种材料，自由空间基板的介电材料是金属。假设基板有一个 2.2 的相对介电常数以及无明显缺失。因此，磁通密度和电场强度的关系只剩下简单的 ex[i][j]

[k]=gax[i][j][k]* dx[i][j][k]，设立 gax[i][j][k]=1./2.2 在那些点上与基板相对应。那么关于金属呢？记得我们说金属可以由保证 E 场的那些点维持在 0 点来规定吗？那就是我们要做的。事实上可以通过设置 gax、gay、gaz 在那些点等于 0 来轻松地办到。在选择那些值得被设置为金属方面，我们必须认识到在 Yee 元胞区域的相对位置。假设在天线下查看 FDTD 网格，看 x 方向。图 8.9 为元胞 Cell 结构。

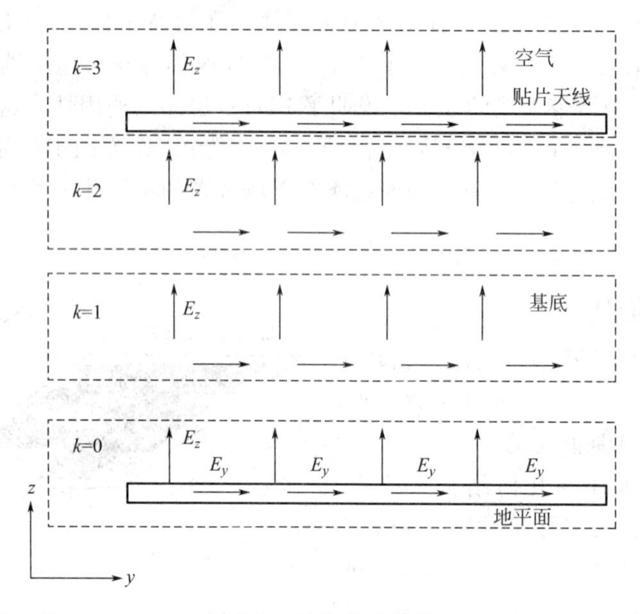

图 8.9 元胞 Cell 结构

8.6.3 辐射源

我们用点源或平面波作为模拟输入。天线的输入是引出大矩形的小的带。源会被一个在天线面与地面间均匀的 E 场来初始化，在图 8.8 中的 V_1。

我们不能仅仅加入一个硬源，因为主要的信息是从对立面的反射。一个硬源看上去像是金属护栏，事实上，最好的方法之一是只用平面波，但对于活动区域有限制，所以取消了关于平面波要做的所有改动，除了 j=ja。这里修改输入：ex[i][ja][k]=ex[i][ja][k]+5* shape[i][k]* hx_inc[ja]hx[i][ja-1][k]=hx[i][ja-1][k]+0.5shape[i][k]* ez_inc[ja]

8.6.4 边界条件

我们已经使用 PML 来作为吸收边界条件，但经常是对于均匀介质来说的。问题在于，当一半的介质为基片，一半为空场时，需要怎样修改呢？答案是不需要！如果不喜欢之前的 PML，现在必须用。其他更多的边界条件需要实质性地修改（当介质有迁移时），但 PML 不会。不同的是只有一件需要做的事。像图 8.8 所展示的那样，整个模拟的结构介于一个导电介质上。在目标空间还要用 $k=0$ 这样的边界。因此，在这个面上 PML 需要被使用。有一个另外的关于一维的仿真的改变不得不做。脉冲是在基质介质中生成的，仿真也需要在基质介质中，用下列程序来完成：

```
ez_inc[j]=gj3* ez_inc[j]+gj2[j]* (.5/eps_sub)* (hx_inc[j-1]-hx_inc[j])
Hx_inc[j]=fj3[j]* hx_inc[j]+fj2[j]* .5* (ez_inc[j]-ez_inc[j+1])
```

8.6.5　计算 S11

新程序的输出和以前不同，有以下区别：①感兴趣的点在 V_1，V_1 与全区域的计算结果相反；②频率响应在整个频率范围内计算；③在模拟时储存时域信息，然后在模拟结束后计算频率响应。第三个不同可能因为在 V_1 需要时域信息，正如之前提到的，通常 S11 在计算时，电压比较有趣，因此，计算 V_1，需要 E_z 三个点在 k 方向。实际中，任何 E_z 都是足够的，因为大小是分开的。图 8.10 为模拟的时域信息。第一个 350 点被当作输入，这就是图 8.10 中的虚线。剩下的数据是从导体反射出来的（图 8.10 中的实线），我们把它当作输出。图 8.11 显示了输入和输出的傅里叶变换的绝对值。为了得到反射波形的变化功能，把输出除以输入，并且用工程师通常偏爱的分贝形式来表示，即

$$S11(f)\text{dB}=20\log\frac{E_{\text{out}}(f)}{E_{\text{in}}(f)}$$

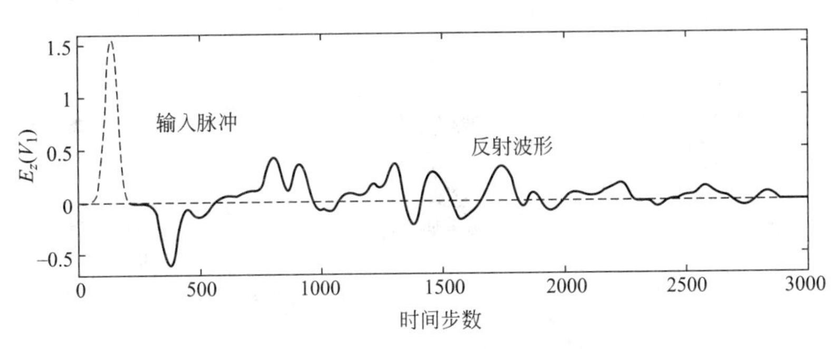

图 8.10　频率响应

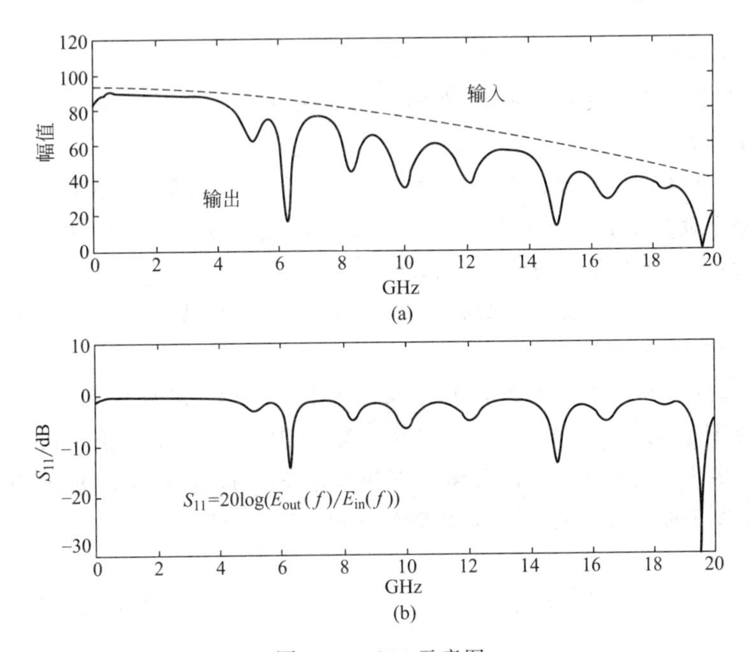

图 8.11　S11 示意图

本章最后附有 FDTD 三维仿真程序，二维和一维情形类似。

FDTD 算法是基于麦克斯韦方程的数值计算方法，首先讨论 FDTD 算法的思想，再对

简单的情形 1D-FDTD 以及 2D-FDTD 进行了讨论，给出更新方程，最后对 3D-FDTD 的数值计算更新方程进行了推导，此外，还讲了数值解的稳定性以及在声学、量子力学和天线设计中的应用。

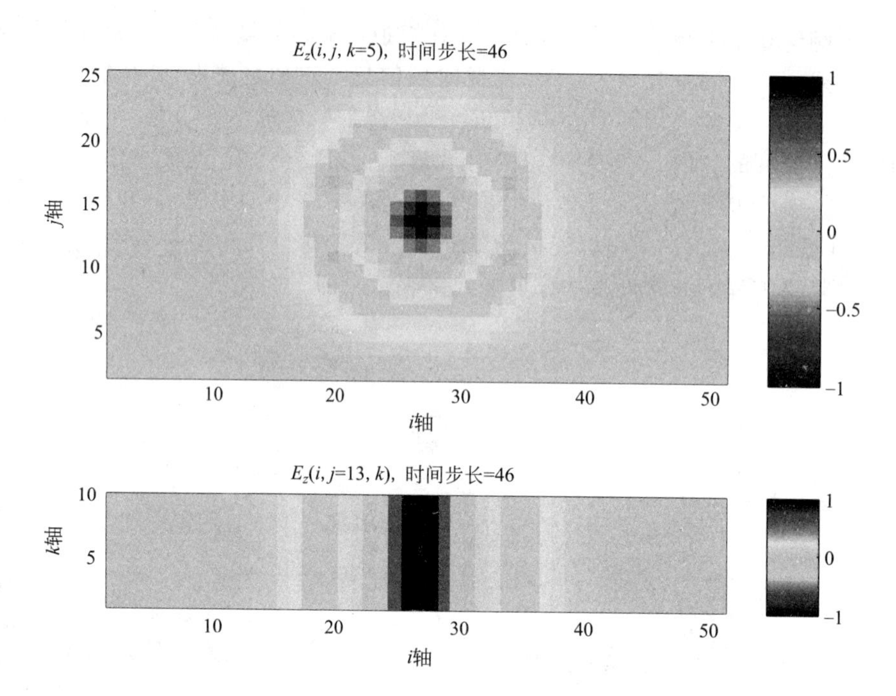

习题与思考题

8.1 用描述的步骤编写仿真程序，并运行它。

8.2 在问题区域的中央放置一 10 个单元的金属片看会发生什么，然后放置 10 单元的空气袋看会发生什么。

8.3 用高斯包络的频率为 2.5MHz 的正弦波形重复以上问题。在确定单元大小的时候记住：问题中每个最短波长的长度是 10 个点。因为金属速度最快，所以它将有最短的波长。

8.4 完成图 8.7 的模拟，写出运行程序。

8.5 对称振子天线的长度为波长的 1/2，写出用 FDTD 法计算电流分布的 Matlab 程序(圆柱体导线半径忽略不计)。

8.6 设一正方形铜质贴片天线，其边长为波长的 1/3，激励点在正方形贴片的中心，写出用 FDTD 法计算电流分布的 Matlab 程序；写出 PML 直角坐标系下的三维 FDTD 算法以及 C++程序实现；写出 PML 柱坐标系下的三维 FDTD 算法以及 Matlab 程序实现；写出 PML 球坐标系下的三维 FDTD 算法以及 Matlab 程序实现。

三维 FDTD 算法及模拟结果（Matlab code）

```
%***************************************
*****************************
%      3-D FDTD code with PEC boundaries
%***************************************
*****************************
%      This MATLAB M-file implements the finite-difference time-domain
%      solution of Maxwell's curl equations over a three-dimensional
%      Cartesian space lattice comprised of uniform cubic grid cells.
%      To illustrate the algorithm, an air-filled rectangular cavity
%      resonator is modeled.  The length, width, and height of the
%      cavity are 10.0 cm (x-direction), 4.8 cm (y-direction), and
%      2.0 cm (z-direction), respectively.
%      The computational domain is truncated using PEC boundary
%      conditions:
%          ex (i, j, k) =0 on the j=1, j=jb, k=1, and k=kb planes
%          ey (i, j, k) =0 on the i=1, i=ib, k=1, and k=kb planes
%          ez (i, j, k) =0 on the i=1, i=ib, j=1, and j=jb planes
%      These PEC boundaries form the outer lossless walls of the cavity.
%      The cavity is excited by an additive current source oriented
%      along the z-direction.  The source waveform is a differentiated
%      Gaussian pulse given by
%          J (t) =-J0* (t-t0) *exp (- (t-t0) ^2/tau^2),
%      where tau=50 ps.  The FWHM spectral bandwidth of this zero-dc-
%      content pulse is approximately 7 GHz. The grid resolution
%      (dx = 2 mm) was chosen to provide at least 10 samples per
%      wavelength up through 15 GHz.
%      To execute this M-file, type " fdtd3D" at the MATLAB prompt.
%      This M-file displays the FDTD-computed Ez fields at every other
%      time step, and records those frames in a movie matrix, M, which
%      is played at the end of the simulation using the " movie" command.
%***************************************
*****************************

clear

%***************************************
*****************************
```

```
%      Fundamental constants
%***************************************
*****************************

cc = 2.99792458e8;     % speed of light in free space
muz = 4.0*pi*1.0e-7;     % permeability of free space
epsz = 1.0/(cc*cc*muz);     % permittivity of free space

%***************************************
*****************************
%      Grid parameters
%***************************************
*****************************

ie = 50;     % number of grid cells in x-direction
je = 24;     % number of grid cells in y-direction
ke = 10;     % number of grid cells in z-direction

ib = ie+1;
jb = je+1;
kb = ke+1;

is = 26;     % location of z-directed current source
js = 13;     % location of z-directed current source

kobs = 5;

dx = 0.002;     % space increment of cubic lattice
dt = dx/(2.0*cc);     % time step

nmax = 500;     % total number of time steps

%***************************************
*****************************
%      Differentiated Gaussian pulse excitation
%***************************************
*****************************

rtau = 50.0e-12;
tau = rtau/dt;
```

```
ndelay = 3 * tau;
srcconst = - dt * 3.0e + 11;
% ***************************************
*****************************
%      Material parameters
% ***************************************
****************************
eps = 1.0;
sig = 0.0;

% ***************************************
*****************************
%      Updating coefficients
% ***************************************
*****************************

ca = (1.0 - (dt * sig) / (2.0 * epsz * eps)) / (1.0 + (dt * sig) / (2.0 * epsz *
eps));
cb = (dt/epsz/eps/dx) / (1.0 + (dt * sig) / (2.0 * epsz * eps));
da = 1.0;
db = dt/muz/dx;
% ***************************************
*****************************
%      Field arrays
% ***************************************
*****************************

ex = zeros (ie, jb, kb);
ey = zeros (ib, je, kb);
ez = zeros (ib, jb, ke);
hx = zeros (ib, je, ke);
hy = zeros (ie, jb, ke);
hz = zeros (ie, je, kb);

% ***************************************
*****************************
%      Movie initialization
% ***************************************
*****************************
tview (:,:) = ez (:,:, kobs);
```

```
sview (:,:) =ez (:, js,:);

subplot ('position', [0.15 0.45 0.7 0.45] ), pcolor (tview');
shading flat;
caxis ( [-1.0 1.0] );
colorbar;
axis image;
title ( ['Ez (i, j, k=5), time step = 0'] );
xlabel ('i coordinate');
ylabel ('j coordinate');

subplot ('position', [0.15 0.10 0.7 0.25] ), pcolor (sview');
shading flat;
caxis ( [-1.0 1.0] );
colorbar;
axis image;
title ( ['Ez (i, j=13, k), time step = 0'] );
xlabel ('i coordinate');
ylabel ('k coordinate');

rect=get (gcf, 'Position');
rect (1: 2) = [0 0];

M=moviein (nmax/2, gcf, rect);

%****************************************
******************************
%     BEGIN TIME-STEPPING LOOP
%****************************************
******************************

for n=1: nmax
  %****************************************
*******************************
%     Update electric fields
%****************************************
******************************

ex (1: ie, 2: je, 2: ke) =ca*ex (1: ie, 2: je, 2: ke) +...
                    cb* (hz (1: ie, 2: je, 2: ke) -hz (1: ie, 1: je-1, 2: ke)
```

```
+...
                        hy (1: ie, 2: je, 1: ke-1) -
hy (1: ie, 2: je, 2: ke) );

ey (2: ie, 1: je, 2: ke) =ca*ey (2: ie, 1: je, 2: ke) +...
                    cb* (hx (2: ie, 1: je, 2: ke) -hx (2: ie, 1: je, 1: ke-1)
+...
                        hz (1: ie-1, 1: je, 2: ke) -
hz (2: ie, 1: je, 2: ke) );

ez (2: ie, 2: je, 1: ke) =ca*ez (2: ie, 2: je, 1: ke) +...
                    cb* (hx (2: ie, 1: je-1, 1: ke) -
hx (2: ie, 2: je, 1: ke) +...
                        hy (2: ie, 2: je, 1: ke) -hy (1: ie-
1, 2: je, 1: ke) );

ez (is, js, 1: ke) =ez (is, js, 1: ke) +...
                srcconst* (n-ndelay) *exp (- ( (n-
ndelay)^2/tau^2) );

%**************************************
*****************************%     Update
magnetic fields
%**************************************
****************************
hx (2: ie, 1: je, 1: ke) =hx (2: ie, 1: je, 1: ke) +...
                    db* (ey (2: ie, 1: je, 2: kb) -
ey (2: ie, 1: je, 1: ke) +...
                       ez (2: ie, 1: je, 1: ke) -ez (2: ie, 2: jb, 1: ke) );

hy (1: ie, 2: je, 1: ke) =hy (1: ie, 2: je, 1: ke) +...
                   db* (ex (1: ie, 2: je, 1: ke) -
ex (1: ie, 2: je, 2: kb) +...
                       ez (2: ib, 2: je, 1: ke) -ez (1: ie, 2: je, 1: ke) );

hz (1: ie, 1: je, 2: ke) =hz (1: ie, 1: je, 2: ke) +...
                   db* (ex (1: ie, 2: jb, 2: ke) -
ex (1: ie, 1: je, 2: ke) +...
                       ey (1: ie, 1: je, 2: ke) -ey (2: ib, 1: je, 2: ke) );
```

```
%**************************************************************************
% Visualize fields
%**************************************************************************

if mod (n, 2) == 0;

timestep = int2str (n);
tview (:,:) = ez (:,:, kobs);
sview (:,:) = ez (:, js,:);

subplot ('position', [0.15 0.45 0.7 0.45] ), pcolor (tview');
shading flat;
caxis ( [-1.0 1.0] );
colorbar;
axis image;
title ( ['Ez (i, j, k=5), time step = ', timestep] );
xlabel ('i coordinate');
ylabel ('j coordinate');

subplot ('position', [0.15 0.10 0.7 0.25] ), pcolor (sview');
shading flat;
caxis ( [-1.0 1.0] );
colorbar;
axis image;
title ( ['Ez (i, j=13, k), time step = ', timestep] );
xlabel ('i coordinate');
ylabel ('k coordinate');
nn = n/2;
M (:, nn) = getframe (gcf, rect);
end;
%**************************************************************************
% END TIME-STEPPING LOOP
%**************************************************************************
end
movie (gcf, M, 0, 10, rect);
```

第9章 有限元法

本章主要内容

- 有限元基本思想
- 二维静态场的有限元法
- 有限元问题几种经典求解方法

有限元法是一种重要的数值方法，在电磁计算中有广泛的应用，该算法可以用变分原理导出，也可以基于加权余量法导出，本章主要讨论有限元法基本原理、求解方法和几个重要的例子。

9.1 有限元方法的基本思想

将一个闭合场域 Ω 进行剖分，也就是把一个闭合场域划分为 N 个微小的有限单元，简称有限元或单元，即

$$\Omega = \sum_{e=1}^{N} \Omega_e$$

再在每个单元 Ω_e 上构造插值函数逼近真实解，将待求函数 ϕ 用各单元 Ω_e 上的 $\phi^{(e)}$ 表示为

$$\phi(x) \approx \sum_{e=1}^{N} \phi^{(e)}$$

在单元 Ω_e 上，进一步将 $\phi^{(e)}$ 用插值函数 $N_i^e(p)$ 和节点待求函数值 ϕ_i 表示，即

$$\phi^{(e)} = \sum_{i=1}^{r} N_i^e \phi_i$$

其中，i 为单元 Ω_e 上节点序号；r 为单元的总节点数。

再次，求各个单元上的加权余量方程，并将各个单元上的加权余量方程相加获得代数方程组，或将每个单元插值合成的总插值函数代泛定方程的等价泛函并求极值获得代数方程组。最后，求解代数方程组，得到场域中的各节点函数值，从而完成函数 ϕ 的数值求解，进而求解其他相关问题。对二维静态电磁场问题，可以用有限元方法求解，而加权余量法（Weighted Residual Method）是一种重要的函数逼近方法，设有一边值问题方程：

$$\hat{L}u = f$$

$\hat{L}$ 为算符，f 是已知函数，为了求解 u，有一系列线性无关函数 $N_i(i=1, 2, \cdots, n)$，也叫基（序列）函数。取前 m 项近似求 u 的线性组合。

$$\overline{u}=\sum_{j=1}^{m} c_j N_j \quad (\text{当} \ \overline{u} \rightarrow \infty, \ \overline{u}=u)$$

则余量差为：
$$R=\hat{L}u-f=\sum_{j=1}^{m} c_j \hat{L} N_j-f$$

精确解是 $R=0$；在误差允许范围内，只要满足需要即可。令满足强制余量的加权（weight）积分为0，得到

$$\int_{\Omega} w_i R \mathrm{d}\Omega=0(i=1, 2, \cdots, n)$$

$$\int_{\Omega} N_i \hat{L} \sum_{j=1}^{m} c_j N_j \mathrm{d}\Omega=\int_{\Omega} N_i f \mathrm{d}\Omega$$

式中，w_i 为线性无关的权函数序列。

在有限元法中，基函数一般用 $N_i(i=1, 2, \cdots, n)$ 表示。采用 Galerkin 方法，取权函数与基函数相同。令其与余量正交

$$(N_i, R)=\int_{\Omega} N_i[L(\overline{u})-f] \mathrm{d}\Omega=0$$

$$(N_i, R)=\int_{\Omega} N_i[L(\overline{u})-f] \mathrm{d}\Omega=0$$

设 L 为线性算子，代入

$$\overline{u}=\sum_{i=1}^{n} \alpha_i N_i$$

$$\int_{\Omega} N_i[L(\sum_{j=1}^{n} \alpha_j N_j)-f] \mathrm{d}\Omega=\int_{\Omega} N_i[\sum_{j=1}^{n} \alpha_j L(N_j)-f] \mathrm{d}\Omega=0$$

$$\sum_{j=1}^{n} \alpha_j \int_{\Omega} N_i L(N_j) \mathrm{d}\Omega=\int_{\Omega} N_i f \mathrm{d}\Omega$$

令 $K_{i,j}=\int_{\Omega} N_i L(N_j) \mathrm{d}\Omega$，$b_i=\int_{\Omega} N_i f \mathrm{d}\Omega$，从而得到方程组

$$[\boldsymbol{K}][\boldsymbol{\alpha}]=[\boldsymbol{b}]$$

【例 9.1】 求下列边值问题

$$\begin{cases} L(u)=\dfrac{\mathrm{d}^2 u}{\mathrm{d}x^2}+u=-x, & 0<x<1 \\ u(0)=u(1)=0 \end{cases}$$

解：① 单元剖分，如图 9.1 所示，有 5 个单元、6 个节点。

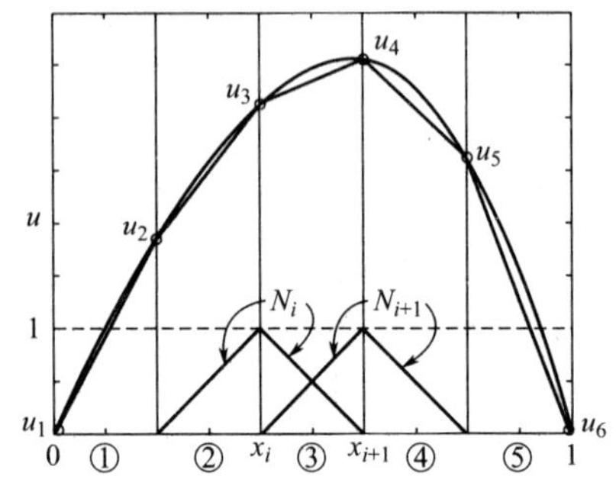

图 9.1 单元剖分

② 选取基函数

$$N_i=\begin{cases} \dfrac{x-x_{i-1}}{x_i-x_{i-1}}, & x \in (x_{i-1}, x_i) \\ \dfrac{x_{i+1}-x}{x_{i+1}-x_i}, & x \in (x_i, x_{i+1}) \end{cases}$$

③ 令

$$
\begin{aligned}
K_{i,j} &= \int_{\Omega} N_i L(N_j)\,\mathrm{d}\Omega \\
&= \int_{\Omega} N_i \left(\frac{\mathrm{d}^2 N_j}{\mathrm{d}x^2} + N_j\right)\mathrm{d}\Omega \\
&= \int_{\Omega} N_i \frac{\mathrm{d}^2 N_j}{\mathrm{d}x^2}\mathrm{d}\Omega + \int_{\Omega} N_i N_j\,\mathrm{d}\Omega
\end{aligned}
$$

由于基函数 N_i 局域支撑，显见只有 $K_{i,\,i-1}$、$K_{i,\,i}$、$K_{i,\,i+1}$ 不为 0。

使用分步积分

$$
\begin{aligned}
\int_{\Omega} N_i \frac{\mathrm{d}^2 N_j}{\mathrm{d}x^2}\mathrm{d}\Omega &= \int_{x_i}^{x_j} N_i \frac{\mathrm{d}^2 N_j}{\mathrm{d}x^2}\mathrm{d}x \\
&= N_i \frac{\mathrm{d}N_j}{\mathrm{d}x}\bigg|_{x_i}^{x_j} - \int_{x_i}^{x_j} \frac{\mathrm{d}N_i}{\mathrm{d}x}\frac{\mathrm{d}N_j}{\mathrm{d}x}\mathrm{d}x
\end{aligned}
$$

第一项在 x_j 处为 0，在 x_i 处的值被来自 $i-1$ 单元的贡献抵消，故只剩下第二项。

$$
K_{i,j} = \int_{\Omega} N_i \frac{\mathrm{d}^2 N_j}{\mathrm{d}x^2}\mathrm{d}\Omega + \int_{\Omega} N_i N_j\,\mathrm{d}\Omega = -\int_{x_i}^{x_j} \frac{\mathrm{d}N_i}{\mathrm{d}x}\frac{\mathrm{d}N_j}{\mathrm{d}x}\mathrm{d}x + \int_{x_i}^{x_j} N_i N_j\,\mathrm{d}x
$$

类似，当 $j=i$ 时，有

$$
K_{i,i} = -\int_{x_{i-1}}^{x_{i+1}} \frac{\mathrm{d}N_i}{\mathrm{d}x}\frac{\mathrm{d}N_i}{\mathrm{d}x}\mathrm{d}x + \int_{x_{i-1}}^{x_{i+1}} N_i N_i\,\mathrm{d}x,\quad b_i = \int_{\Omega} N_i f\,\mathrm{d}\Omega = \int_{x_{i-1}}^{x_{i+1}} \int_{\Omega} N_i f\,\mathrm{d}x
$$

于是得到方程

$$
\begin{bmatrix}
K_{11} & K_{12} & & & & \\
K_{21} & K_{22} & K_{23} & & & \\
 & K_{32} & K_{33} & K_{34} & & \\
 & & K_{43} & K_{44} & K_{45} & \\
 & & & K_{54} & K_{55} & K_{56} \\
 & & & & K_{65} & K_{66}
\end{bmatrix}
\begin{bmatrix} u_1 \\ u_2 \\ u_3 \\ u_4 \\ u_5 \\ u_6 \end{bmatrix}
=
\begin{bmatrix} b_1 \\ b_2 \\ b_3 \\ b_4 \\ b_5 \\ b_6 \end{bmatrix}
$$

$$
\begin{bmatrix}
1 & 0 & & & & \\
K_{21} & K_{22} & K_{23} & & & \\
 & K_{32} & K_{33} & K_{34} & & \\
 & & K_{43} & K_{44} & K_{45} & \\
 & & & K_{54} & K_{55} & K_{56} \\
 & & & & 0 & 1
\end{bmatrix}
\begin{bmatrix} u_1 \\ u_2 \\ u_3 \\ u_4 \\ u_5 \\ u_6 \end{bmatrix}
=
\begin{bmatrix} 0 \\ b_2 \\ b_3 \\ b_4 \\ b_5 \\ 0 \end{bmatrix}
\quad \text{此时 } u_1=0,\ u_6=0
$$

④ 求解可得

有两种方法可以提高分析精度：增加节点，细化网格，称为 h 方法；增加有限元的阶数，称为 p 方法。除了加权余量法，还有最常用的伽辽金方法（Galerikin Mehtod）。

伽辽金法：若取权函数与基函数相等，$w_i=u_i$

$$
\int_{\Omega} u_i R\,\mathrm{d}\Omega = 0
$$

$$
\int_{\Omega} u_i \hat{L} \sum_{j=1}^{m} c_j u_j\,\mathrm{d}\Omega = \int_{\Omega} u_i f\,\mathrm{d}\Omega
$$

这种方法叫作伽辽金方程（Galerikin Mehtod）加权余量方法。

9.2 二维静态场的有限元法

本节研究如下泊松方程边值问题的有限元分析，即

$$
\begin{aligned}
&p\,\nabla^2\phi=-g, && \text{在域 }\Omega\text{ 内}\\
&\phi=u, && \text{在边界 }\partial\Omega_1\text{ 上}\\
&\frac{\partial\phi}{\partial n}=\psi, && \text{在边界 }\partial\Omega_2\text{ 上}
\end{aligned}
$$

对于静电场问题，ϕ 为标量电位；p 为介电常数 ε；g 为自由电荷体密度 ρ。其边值问题：给定导体系中各导体的电量或电势以及各导体的形状、相对位置（统称边界条件），求空间电场分布，即在一定边界条件下求解

$$\nabla^2 U=-\frac{\rho}{\varepsilon_0}\quad 或\quad \nabla^2 U=0$$

上式即泊松方程，当 $\rho=0$，即所谓拉普拉斯方程，对于恒定磁场问题，ϕ 为矢量磁位的 z 轴分量 A，p 为磁阻率 $\nu=\dfrac{1}{\mu}$，g 为自由电流密度 J。其边值问题为

$$
\begin{aligned}
&\frac{1}{\mu}\nabla^2 A=-J, && \text{在域 }\Omega\text{ 内}\\
&A=A_0, && \text{在边界 }\partial\Omega_1\text{ 上}\\
&\frac{\partial\phi}{\partial n}=\psi, && \text{在边界 }\partial\Omega_2\text{ 上}
\end{aligned}
$$

9.2.1 单元分析

首先，选择单元 Ω_e 上的每个节点的形状函数 N_i^e 为权函数 u_i（Galerkin Method）

$$w_i=u_i$$

这里 $w_i=u_i=N_i^e$，$\hat{L}=\nabla^2$，$\phi=\sum_{j=1}^{m}c_j u_j=\sum_{j=1}^{m}c_j N_j^e=\sum_{j=1}^{m}\phi_j N_j^e$，$\phi_j$ 为待定常数。

其次，在单元 Ω_e 上对泊松方程进行加权积分，将泊松方程在场域内任意一点满足放松为在单元 Ω_e 的加权积分下满足。例如对于单元 Ω_e 上的节点 i，代入 Galerikin 方程

$$\int_{\Omega_e}N_i^e p\,\nabla^2\phi\,\mathrm{d}\Omega=-\int_{\Omega_e}N_i^e g\,\mathrm{d}\Omega$$

又由格林定理（Green Theorem）

$$\int_V[\phi\,\nabla^2\psi+(\nabla\phi\cdot\nabla\psi)]\,\mathrm{d}V=\int_S\phi\,\frac{\partial\psi}{\partial n}\mathrm{d}S$$

做替换 $\phi=N_i^e$，$\psi=\phi$，并代入

$$\oint_{\partial\Omega_e}pN_i^e\frac{\partial\phi}{\partial n}\mathrm{d}\Gamma-\int_{\Omega_e}p\,\nabla N_i^e\cdot\nabla\phi\,\mathrm{d}\Omega=-\int_{\Omega_e}N_i^e g\,\mathrm{d}\Omega$$

上式化为

$$\int_{\Omega_e}p\,\nabla N_i^e\cdot\nabla\phi\,\mathrm{d}\Omega_e=\oint_{\partial\Omega_e}pN_i^e\frac{\partial\phi}{\partial n}\mathrm{d}\Gamma+\int_{\Omega_e}N_i^e g\,\mathrm{d}\Omega$$

在单元 Ω_e 上，待解函数 $\phi(x, y)$ 可用单元上节点形状函数与节点待解函数近似表示为

$$\phi^{(e)}(x, y) \approx \sum_{j=1}^{3} N_j^e \phi_j$$

将上式代入前面的方程，最后得到

$\sum_{j=1}^{3}\left[\iint_{\Omega_e} p\ \nabla N_i^e \cdot \nabla N_j^e \mathrm{d}\Omega\right]\phi_j = \oint_{\partial\Omega_e} N_i^e p \dfrac{\partial \phi}{\partial n}\mathrm{d}\Gamma + \int_{\Omega_e} N_i^e g\,\mathrm{d}\Omega$，$i=1, 2, 3$ 为三角形三个顶点标号。

上式被称为单元 Ω_e 上的有限元方程。

9.2.2 单元的合成

在上述单元有限元方程中，可以看出存在一个单元边界积分项，即

$$\oint_{\partial\Omega_e} N_i^e p \frac{\partial \phi}{\partial n}\mathrm{d}\Gamma$$

显然，单元 Ω_e 的边界 $\partial\Omega_e$ 无外乎下列三种情况。

① $\partial\Omega_e$ 为单元 Ω_e 与其他单元的交界面。此时

$$p\frac{\partial \phi}{\partial n} = \begin{cases} \varepsilon \dfrac{\partial \phi}{\partial n}, & \text{静电场问题} \\ \dfrac{1}{\mu} \times \dfrac{\partial A}{\partial n}, & \text{恒定磁场问题} \end{cases}$$

可以看出，上述恰为静电场边界条件 $D_{1n}=D_{2n}$ 和恒定磁场边界条件 $H_{1t}=H_{2t}$ 中的相关项，由于相邻两个单元交界面的法线方向相反，如果将两个相邻单元的有限元方程相加，由边界条件可知，相邻单元边界积分将相互抵消，即不出现在相加后的两个有限元方程中。所以将所有单元的有限元方程相加，则在有限元方程中只剩下场域外边界上的边界积分。

② 单元 Ω_e 边界 $\partial\Omega_e$ 落在第二类边界上。此时有

$$\frac{\partial \phi}{\partial n} = \psi$$

由于在第二类边界上 ψ 给定已知，直接进行积分即可。为记述方便，引入如下符号

$$s_{ij}^e = \int_{\Omega_e} p\ \nabla N_i^e \cdot \nabla N_j^e \mathrm{d}\Omega \quad i,j=1, 2, 3$$

$$g_i^e = \int_{\Omega_e} g N_i^e \mathrm{d}\Omega$$

$$f_i^e = \int_{\partial\Omega_e} p\psi N_i^e$$

可以看出 $s_{ij}^e = s_{ji}^e$（互易 reciprocal)。单元 Ω_e 上的有限元方程为

$$\sum_{j=1}^{3} s_{ij}^e \phi_j = g_i^e + f_i^e \quad i=1, 2, 3$$

写成矩阵方程形式为

$$\begin{bmatrix} s_{11}^e & s_{12}^e & s_{13}^e \\ s_{21}^e & s_{22}^e & s_{23}^e \\ s_{31}^e & s_{32}^e & s_{33}^e \end{bmatrix} \begin{bmatrix} \phi_1^e \\ \phi_2^e \\ \phi_3^e \end{bmatrix} = \begin{bmatrix} g_1^e \\ g_2^e \\ g_3^e \end{bmatrix} + \begin{bmatrix} f_1^e \\ f_2^e \\ f_3^e \end{bmatrix}$$

由于 $s_{ij}^e = s_{ji}^e$，所以上述矩阵为对称矩阵，这主要是围绕单元进行的，此过程称为单元

分析过程，总的有限元方程为

$$\sum_{e=1}^{n}\sum_{j=1}^{3}\left[\int_{\Omega_e} p\ \nabla N_i^e \cdot \nabla N_j^e \mathrm{d}\Omega\right]\phi_j=\sum_{e=1}^{n}\oint_{\partial\Omega_e} N_i^e p\psi \mathrm{d}\Gamma+\sum_{e=1}^{n}\int_{\Omega_e} N_i^e g\,\mathrm{d}\Omega$$

将单元求和与节点求和进行换序，并整理，得到

$$\begin{cases}\displaystyle\sum_{j=1}^{3}\left\{\sum_{e=1}^{n}\int_{\Omega_e} p\ \nabla N_i^e \cdot \nabla N_j^e \mathrm{d}\Omega\right\}\phi_j=\sum_{e=1}^{n}\int_{\Omega_e} gN_i^e \mathrm{d}\Omega+\sum_{e=1}^{r}\oint_{\partial\Omega_e} p\psi N_i^e \mathrm{d}\Gamma, & i,j=1,2,3\\ \phi_i=u_i & i\ 在\ \partial\Omega_1\end{cases}$$

上面有限元方程可以简写为

$$\begin{cases}\displaystyle\sum_{j=1}^{n} s_{ij}\phi_j=g_i+f_i & i=1,2,\cdots,n\\ \phi_i=u_i & i\ 在\ \partial\Omega_1\ 上\end{cases}$$

或写成矩阵形式

$$\boldsymbol{S\Phi}=\boldsymbol{G}+\boldsymbol{F}$$

其中

$$s_{ij}=\sum_e s_{ij}^e$$

$$g_i=\sum_e g_i^e$$

$$f_i=\sum_e f_i^e$$

由于 $s_{ij}^e=s_{ji}^e$，所以 $s_{ij}=s_{ji}$，即 $\boldsymbol{S}$ 为对称矩阵。

③ 单元 Ω_e 边界 $\partial\Omega_e$ 落在第一类边界上，若第 k 个点是第一类边界条件的节点，$u_k=u_{k0}$。此时$\dfrac{\partial\phi}{\partial n}$为未知量，需做特殊处理。

总系数矩阵 $\boldsymbol{S}$ 和右端列向量 $\boldsymbol{G}$、$\boldsymbol{F}$ 做如下处理：

- 令 $s_{kk'}^e=1$；
- 余量做替换 $R_i=R_i-s_{ik}u_{k0}(i=1,2,3,\cdots,n)$；
- $R_k=u_{k0}s_{ik}^e=s_{ki}^e=0$。

对应于第一类边界积分，$\dfrac{\partial\phi}{\partial n}$ 为未知量，需特殊处理，它是未知的，第一类边界上节点对应的有限元方程右边项中 f_i 也是未知的，这个节点对应的方程可以用该节点给定的值来替代，即 $\phi_i=u_i$。设原有限元方程为

$$\begin{matrix} & \text{第}i\text{列} \\ \\ \text{第}i\text{行} \end{matrix}\begin{bmatrix} & & \vdots & & \\ & & \vdots & & \\ \cdots & \cdots & s_{ii} & \cdots & \cdots \\ & & \vdots & & \\ & & \vdots & & \end{bmatrix}\begin{bmatrix}\phi_1\\ \vdots\\ \phi_i\\ \vdots\\ \phi_n\end{bmatrix}=\begin{bmatrix}g_1+f_1\\ \vdots\\ g_i+f_i\\ \vdots\\ g_n+f_n\end{bmatrix}$$

$$\text{即}\qquad \text{第}\,i\,\text{行}\overset{\text{第}i\text{列}}{\begin{bmatrix} & & \vdots & & \\ & & \vdots & & \\ \cdots & \cdots & 10^m & \cdots & \cdots \\ & & \vdots & & \\ & & \vdots & & \end{bmatrix}}\begin{bmatrix}\phi_1\\ \vdots\\ \phi_i\\ \vdots\\ \phi_n\end{bmatrix} = \begin{bmatrix} g_1+f_1\\ \vdots \\ u_i\times 10^m \\ \vdots \\ g_n+f_n\end{bmatrix}$$

其中，m 为一个确保 10^m（可以忽略其他项）远远大于矩阵元素的整数，以确保方程求解后使得 $\varphi_i=u_i$，第 i 个方程变为

$$10^m\phi_i \approx 10^m u_i$$

这种方法被称为第一类边界条件强加方法。对所有边界点进行强加处理后，再代入已完成的矩阵方程，即可求解。上述矩阵和列向量中的各个元素，通过在总矩阵和总列向量中将各个单元上节点对应的元素叠加来获得，被称为单元合成过程。

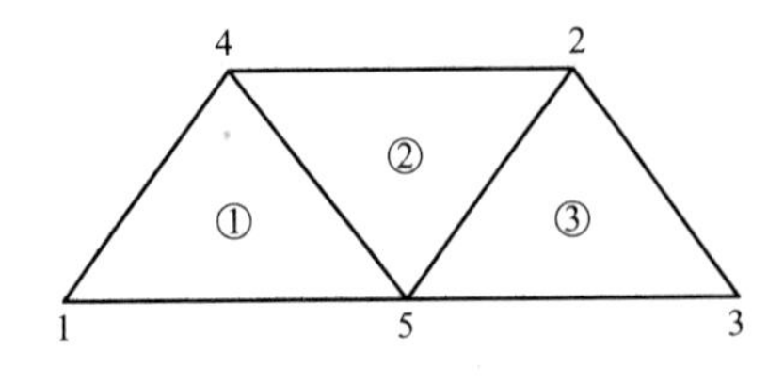

图 9.2　单元和节点编号（5×5 矩阵）

如图 9.2 所示为单元①、②和③的矩阵方程以及单元合成后总矩阵方程的位置。

$$\text{单元 ①：}\begin{bmatrix} s_{11}^1 & s_{14}^1 & s_{15}^1 \\ s_{41}^1 & s_{44}^1 & s_{45}^1 \\ s_{51}^1 & s_{54}^1 & s_{55}^1 \end{bmatrix}\begin{bmatrix}\phi_1\\ \phi_4\\ \phi_5\end{bmatrix}=\begin{bmatrix}g_1^1\\ g_4^1\\ g_5^1\end{bmatrix}+\begin{bmatrix}f_1^1\\ f_4^1\\ f_5^1\end{bmatrix}\begin{bmatrix} s_{11}^1 & & & s_{14}^1 & s_{15}^1 \\ & & & & \\ & & & & \\ s_{41}^1 & & & s_{44}^1 & s_{45}^1 \\ s_{51}^1 & & & s_{54}^1 & s_{55}^1 \end{bmatrix}\begin{bmatrix}\phi_1\\ \\ \\ \phi_4\\ \phi_5\end{bmatrix}=\begin{bmatrix}g_1^1\\ \\ \\ g_4^1\\ g_5^1\end{bmatrix}+\begin{bmatrix}f_1^1\\ \\ \\ f_4^1\\ f_5^1\end{bmatrix}$$

$$\text{单元 ②：}\begin{bmatrix} s_{22}^2 & s_{24}^2 & s_{25}^2 \\ s_{42}^2 & s_{44}^2 & s_{45}^2 \\ s_{52}^2 & s_{54}^2 & s_{55}^2 \end{bmatrix}\begin{bmatrix}\phi_2\\ \phi_4\\ \phi_5\end{bmatrix}=\begin{bmatrix}g_2^2\\ g_4^2\\ g_5^2\end{bmatrix}+\begin{bmatrix}f_2^2\\ f_4^2\\ f_5^2\end{bmatrix}\begin{bmatrix} & & & & \\ & s_{22}^2 & & s_{24}^2 & s_{25}^2 \\ & & & & \\ & s_{42}^2 & & s_{44}^2 & s_{45}^2 \\ & s_{52}^2 & & s_{54}^2 & s_{55}^2 \end{bmatrix}\begin{bmatrix} \\ \phi_2\\ \\ \phi_4\\ \phi_5\end{bmatrix}=\begin{bmatrix} \\ g_2^2\\ \\ g_4^2\\ g_5^2\end{bmatrix}+\begin{bmatrix} \\ f_2^2\\ \\ f_4^2\\ f_5^2\end{bmatrix}$$

单元 ③：$\begin{bmatrix} s_{22}^3 & s_{23}^3 & s_{25}^3 \\ s_{32}^3 & s_{33}^3 & s_{35}^3 \\ s_{52}^3 & s_{53}^3 & s_{55}^3 \end{bmatrix}\begin{bmatrix} \phi_2 \\ \phi_3 \\ \phi_5 \end{bmatrix}=\begin{bmatrix} g_2^3 \\ g_3^3 \\ g_5^3 \end{bmatrix}+\begin{bmatrix} f_2^3 \\ f_3^3 \\ f_5^3 \end{bmatrix}$

$$\begin{bmatrix} & & & & \\ & s_{22}^3 & s_{23}^3 & & s_{25}^3 \\ & s_{32}^3 & s_{33}^3 & & s_{35}^3 \\ & & & & \\ & s_{52}^3 & s_{53}^3 & & s_{55}^3 \end{bmatrix}\begin{bmatrix} \\ \phi_2 \\ \phi_3 \\ \\ \phi_5 \end{bmatrix}=\begin{bmatrix} \\ g_2^3 \\ g_3^3 \\ \\ g_5^3 \end{bmatrix}+\begin{bmatrix} \\ f_2^3 \\ f_3^3 \\ \\ f_5^3 \end{bmatrix}$$

三个单元合成后总的矩阵方程为

$$\begin{bmatrix} s_{11}^1 & \times & \times & s_{14}^1 & s_{15}^1 \\ \times & s_{22}^2+s_{22}^3 & s_{23}^3 & s_{24}^2 & s_{25}^2+s_{25}^3 \\ \times & s_{32}^3 & s_{33}^3 & \times & s_{35}^3 \\ s_{41}^1 & s_{42}^2 & \times & s_{44}^1+s_{44}^2 & s_{45}^1+s_{45}^2 \\ s_{51}^1 & s_{52}^2+s_{52}^3 & s_{53}^3 & s_{54}^1+s_{54}^2 & s_{55}^1+s_{55}^2+s_{55}^3 \end{bmatrix}\begin{bmatrix} \phi_1 \\ \phi_2 \\ \phi_3 \\ \phi_4 \\ \phi_5 \end{bmatrix}$$

$$=\begin{bmatrix} g_1^1 \\ g_2^2+g_2^3 \\ g_3^3 \\ g_4^1+g_4^2 \\ g_5^1+g_5^2+g_5^3 \end{bmatrix}+\begin{bmatrix} f_1^1 \\ f_2^2+f_2^3 \\ f_3^3 \\ f_4^1+f_4^2 \\ f_5^1+f_5^2+f_5^3 \end{bmatrix}$$

推广到 n 个节点（$n/3$ 个三角形）网格情形有

$$\begin{bmatrix} s_{11}^1 & \times & \times & s_{14}^1 & s_{15}^1 & \cdots & \times \\ \times & s_{22}^2+s_{22}^3 & s_{23}^3 & s_{24}^2 & s_{25}^2+s_{25}^3 & \cdots & \times \\ \times & s_{32}^3 & s_{33}^3 & \times & s_{35}^3 & \cdots & \times \\ s_{41}^1 & s_{42}^2 & \times & s_{44}^1+s_{44}^2 & s_{45}^1+s_{45}^2 & \cdots & \times \\ s_{51}^1 & s_{52}^2+s_{52}^3 & s_{53}^3 & s_{54}^1+s_{54}^2 & s_{55}^1+s_{55}^2+s_{55}^3 & \cdots & \times \\ \vdots & \vdots & \vdots & \vdots & \vdots & \vdots & \vdots \\ \times & \times & \times & \times & \times & \times & \times \end{bmatrix}\begin{bmatrix} \phi_1 \\ \phi_2 \\ \phi_3 \\ \phi_4 \\ \phi_5 \\ \vdots \\ \phi_N \end{bmatrix}$$

$$=\begin{bmatrix} g_1^1 \\ g_2^2+g_2^3 \\ g_3^3 \\ g_4^1+g_4^2 \\ g_5^1+g_5^2+g_5^3 \\ \vdots \\ \times \end{bmatrix}+\begin{bmatrix} f_1^1 \\ f_2^2+f_2^3 \\ f_3^3 \\ f_4^1+f_4^2 \\ f_5^1+f_5^2+f_5^3 \\ \vdots \\ \times \end{bmatrix}$$

9.2.3 二维静态电磁场的单元分析

静态电场问题可以用有限元求解，选三角形单元为网格单元（meshing），其形状函数或权函数为

$$N_i^e(x, y)=\frac{1}{2\Delta_e}(a_i+b_ix+c_iy)$$

单元矩阵的元素是

$$\begin{aligned}s_{ij}^e&=\int_{\Omega_e}p\,\nabla N_i^e\cdot\nabla N_j^e\mathrm{d}x\mathrm{d}y=p\frac{1}{4\Delta_e^2}\int_{\Omega_e}(\boldsymbol{e}_xb_i+\boldsymbol{e}_yc_i)\cdot(\boldsymbol{e}_xb_j+\boldsymbol{e}_yc_j)\mathrm{d}x\mathrm{d}y\\&=\frac{b_ib_j+c_ic_j}{4\Delta_e}p\end{aligned}$$

单元矩阵方程的右端列向量按 $i-1$，i，$i+1$ 次序

$$\begin{aligned}g_i^e&=\int_{\Omega_e}gN_i^e\mathrm{d}x\mathrm{d}y\\&=\int_{\Omega_e}(g_{i-1}N_{i-1}^e+g_iN_i^e+g_{i+1}N_{i+1}^e)N_i^e\mathrm{d}x\mathrm{d}y\\&=g_{i-1}\frac{1!1!}{(1+1+2)!}2!\Delta_e+g_i\frac{2!}{(2+2)!}2!\Delta_e+g_{i+1}\frac{1!1!}{(1+1+2)!}2!\Delta_e\\&=\frac{\Delta_e}{12}(g_{i-1}+2g_i+g_{i+1})\end{aligned}$$

$$\begin{aligned}f_i^e&=\int_{\partial\Omega_{e_2}}p\psi N_i^e\mathrm{d}x\mathrm{d}y\\&=p\int_{\partial\Omega_{e_2}}(\psi_iN_i^e+\psi_{i+1}N_i^e)N_i^e\mathrm{d}\Gamma\\&=p\left[\frac{2!}{(2+1)!}1!L_{e_2}\psi_i+\frac{1!1!}{(2+1+1)!}L_{e_2}\psi_{i+1}\right]\\&=\frac{pL_{e_2}}{6}(2\psi_i+\psi_{i+1})\end{aligned}$$

于是得到

$$s_{ij}^e=\frac{b_ib_j+c_ic_j}{4\Delta_e}p,\qquad g_i^e=\frac{\Delta_e}{12}(g_{i-1}+2g_i+g_{i+1})$$

$$f_i^e=\frac{pL_{e_2}}{6}(2\psi_i+\psi_{i+1}),\qquad S\Phi=G+F,\ \Phi=S^{-1}(G+F)$$

① 二维静电场有限元方程。对于静电场问题，$p=\varepsilon$，$g=\rho$，$\psi=0$。其有限元方程为

$$\begin{cases}\displaystyle\sum_{j=1}^{N}s_{ij}\phi_j=g_i & i=1,2,\cdots,N\\ \phi_i=u_i, \quad 在\ \partial\Omega_1\ 上\end{cases}$$

求解上式即得各个节点电位。各个单元上的电场强度为

$$\phi=\sum_{i=1}^{3}N_i^e\phi_i$$

$$\boldsymbol{E}=-\nabla\phi=-\sum_{i=1}^{3}\nabla N_i^e\phi_i=-\frac{1}{2\Delta_e}\sum_{i=1}^{3}(\boldsymbol{e}_x b_i+\boldsymbol{e}_y c_i)\phi_i$$

② 二维恒定磁场有限元方程。对于静电场问题，$p=\dfrac{1}{\mu}$，$g=J$，$\psi=0$。其有限元方程为

$$\begin{cases}\sum\limits_{j=1}^{N}s_{ij}A_j=g_i & \\ & i=1,2,\cdots,N \\ A_i=0 \qquad 在\ \partial\Omega_1\ 上 & \end{cases}$$

求解上式即得各个节点的矢量磁位的纵向分量，各个单元上的磁感应强度为

$$\boldsymbol{B}=\nabla\times\boldsymbol{A}=\begin{vmatrix}\boldsymbol{e}_x & \boldsymbol{e}_y & \boldsymbol{e}_z\\ \dfrac{\partial}{\partial x} & \dfrac{\partial}{\partial y} & \dfrac{\partial}{\partial z}\\ 0 & 0 & A\end{vmatrix}=\boldsymbol{e}_x\frac{\partial A}{\partial y}-\boldsymbol{e}_y\frac{\partial A}{\partial x}$$

$$=\frac{1}{2\Delta_e}\sum_{i=1}^{3}(\boldsymbol{e}_x c_i-\boldsymbol{e}_y b_i)A_i$$

【例 9.2】 求解二维静电场泊松方程 $\begin{cases}L(u)=\dfrac{\partial^2 u}{\partial x^2}+\dfrac{\partial^2 u}{\partial y^2}=f\\ u|_{\Gamma_1}=g\\ \dfrac{\partial u}{\partial n}\Big|_{\Gamma_2}=h\end{cases}$

解：对所求的区域进行三角形单元剖分，如图 9.3 所示。

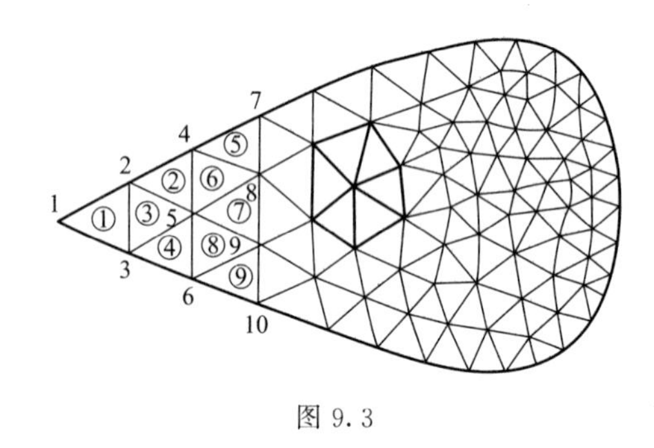

图 9.3

区域内给出节点编号、节点坐标、节点属性，单元编号、单元介质等。比如剖分成三角形单元(cell)，对于每一个三角形，设三角形三个顶点处待求函数值分别为 u_1、u_2、u_3。如果单元足够小，可以采用线性近似，将单元内任意 p 点的 $u(x,y)$ 表示为

$$u(x,y)=a+bx+cy$$

代入三个顶点的坐标和函数值，可以解出 a、b、c，于是

$$u(x,y)=u_1\frac{\Delta_1(x,y)}{\Delta}+u_2\frac{\Delta_2(x,y)}{\Delta}+u_3\frac{\Delta_3(x,y)}{\Delta}$$

式中

$$\Delta=\frac{1}{2}\begin{vmatrix}1&1&1\\x_1&x_2&x_3\\y_1&y_2&y_3\end{vmatrix},\ \Delta_1=\frac{1}{2}\begin{vmatrix}1&1&1\\x&x_2&x_3\\y&y_2&y_3\end{vmatrix},\ \Delta_2=\frac{1}{2}\begin{vmatrix}1&1&1\\x_1&x&x_3\\y_1&y&y_3\end{vmatrix},\ \Delta_3=\frac{1}{2}\begin{vmatrix}1&1&1\\x_1&x_2&x\\y_1&y_2&y\end{vmatrix}$$

注意到 $\overline{u}(x,y)=\alpha_1N_1+\alpha_2N_2+\alpha_3N_3$，因此令

$$N_1=\frac{\Delta_1(x,y)}{\Delta},\ N_2=\frac{\Delta_2(x,y)}{\Delta},\ N_3=\frac{\Delta_3(x,y)}{\Delta}$$

这就是基函数，即插值函数。在相邻单元的公共边界上，N_i 是连续的，从而通过 N_i

构造的逼近函数也是连续的，且有

$$N_i(x_j, y_j)=\begin{cases}1 & (i=j)\\0 & (i\neq j)\end{cases}$$

在积分 $K_{ij}=\int_{\Omega}N_iL(N_j)\mathrm{d}\Omega$ 中，对于给定的 i、j，积分的有效区域是以 i、j 为公共节点的所有三角形单元，在这些单元内部 N_i、N_j 才有交叠部分，令

$$K_{00}=\int_{\Omega_1+\Omega_2+\Omega_3+\Omega_4+\Omega_5+\Omega_6}N_0L(N_0)\mathrm{d}\Omega$$

$$K_{01}=\int_{\Omega_1+\Omega_6}N_0L(N_1)\mathrm{d}\Omega$$

$$b_0=\int_{\Omega_1+\Omega_2+\Omega_3+\Omega_4+\Omega_5+\Omega_6}N_0f\mathrm{d}\Omega$$

一般地，对于单元 e，有

$$K_{ij}^{(e)}=\int_{\Omega_e}N_i^{(e)}L(N_j^{(e)})\mathrm{d}\Omega,\ b_i^{(e)}=\int_{\Omega_e}N_i^{(e)}f^{(e)}\mathrm{d}\Omega$$

$$K_{00}=K_{00}^{(1)}+K_{00}^{(2)}+K_{00}^{(3)}+K_{00}^{(4)}+K_{00}^{(5)}+K_{00}^{(6)}$$

$$K_{01}=K_{01}^{(1)}+K_{01}^{(6)},\ b_0=b_0^{(1)}+b_0^{(2)}+b_0^{(3)}+b_0^{(4)}+b_0^{(5)}+b_0^{(6)}$$

这些计算即所谓的单元分析法，在单元内进行，$K_{ij}^{(e)}=\int_{\Omega_e}N_i^{(e)}L(N_j^{(e)})\mathrm{d}\Omega$ 称为系数，在相邻单元的边界上，N_i 是连续非光滑的，对积分的贡献主要是边界，为考虑单元边界的影响，利用格林公式

$$\int_V(\phi\ \nabla^2\varphi+\nabla\phi\cdot\nabla\varphi)\mathrm{d}V=\oint_S\phi\ \nabla\varphi\cdot\mathrm{d}S$$

$$K_{ij}^{(e)}=\int_{\Omega_e}N_i\ \nabla^2(N_j)\mathrm{d}x\mathrm{d}y=-\int_{\Omega_e}\nabla N_i\cdot\nabla N_j\mathrm{d}x\mathrm{d}y+\int_{\Gamma_e}N_i\frac{\partial N_j}{\partial n}\mathrm{d}\Gamma$$

式中，经计算不难得到

$$\Delta_1=\frac{1}{2}[(x_2y_3-x_3y_2)+(y_2-y_3)x+(x_3-x_2)y]$$

$$\nabla(N_1)=\frac{(y_2-y_3)\boldsymbol{i}+(x_3-x_2)\boldsymbol{j}}{2\Delta}$$

$$\nabla(N_2)=\frac{(y_3-y_1)\boldsymbol{i}+(x_1-x_3)\boldsymbol{j}}{2\Delta}$$

$$\begin{aligned}\nabla(N_1)\cdot\nabla(N_2)&=\frac{(y_2-y_3)(y_3-y_1)+(x_3-x_2)(x_1-x_3)}{4\Delta^2}\\&=-\frac{(y_1-y_3)(y_2-y_3)+(x_1-x_3)(x_2-x_3)}{4\Delta^2}\end{aligned}$$

上式可以推广到一般情形，i、j、m 是三角形单元的三个顶点，按逆时针顺序，有

$$\nabla(N_i)\cdot\nabla(N_j)=-\frac{(y_i-y_m)(y_j-y_m)+(x_i-x_m)(x_j-x_m)}{4\Delta^2}$$

故得到

$$-\int_{\Omega_e}\nabla N_i\cdot\nabla N_j\mathrm{d}x\mathrm{d}y=\frac{(y_i-y_m)(y_j-y_m)+(x_i-x_m)(x_j-x_m)}{4\Delta}$$

对于边界上的积分 $I=\int_{\Gamma_e} N_i \frac{\partial N_j}{\partial n} \mathrm{d}\Gamma$，在节点 i 的对边 G_{jm} 上，$N_i=0$，故积分贡献为 0；在节点 i 的邻边 G_{ij} 上，在计算 K_{ij} 时，需要把具有公共邻边的单元的积分累加，该二单元的 N_i 是连续的；对于单一均匀媒质，要求相邻单元满足条件$\frac{\partial u_{ij}^{(e_1)}}{\partial n}=\frac{\partial u_{ij}^{(e_2)}}{\partial n}$，所以对积分的贡献相互抵消，有

$$K_{ij}^{(e)}=-\int_{\Omega_e} \nabla N_i \cdot \nabla N_j \mathrm{d}x\mathrm{d}y=\frac{(y_i-y_m)(y_j-y_m)+(x_i-x_m)(x_j-x_m)}{4\Delta},$$

$$b_i^{(e)}=\int_{\Omega_e} N_i^{(e)} f^{(e)} \mathrm{d}\Omega$$

当单元剖分越来越细，可认为 $f^{(e)}$ 是常数，即得 $b_i^{(e)}=f^{(e)}\int_{\Omega_e} N_i^{(e)}\mathrm{d}\Omega=\frac{\Delta}{3}f^{(e)}$

而在实际编程实现中，更有效率的是以单元为序，逐个计算单元系数矩阵 $[\boldsymbol{K}^{(e)}]$，然后合成整体系数矩阵 $[K]$。单元系数矩阵 $[\boldsymbol{K}^{(e)}]$定义为

$$[\boldsymbol{K}^{(e)}]=\begin{bmatrix} K_{ii}^{(e)} & K_{ij}^{(e)} & K_{im}^{(e)} \\ K_{ji}^{(e)} & K_{jj}^{(e)} & K_{jm}^{(e)} \\ K_{mi}^{(e)} & K_{mj}^{(e)} & K_{mm}^{(e)} \end{bmatrix}$$

因为 i、j、m 是节点的整体编号，元素 K_{ij} 在整体矩阵中的实际位置是第 i 行、第 j 列；$K_{ij}^{(e)}$ 必须合成到整体矩阵的第 i 行、第 j 列元素上。

【例 9.3】 静电场有限元，对于静电场，媒质分界面衔接条件为

$$u_1=u_2, \ \varepsilon_1\frac{\partial u_1}{\partial n}=\varepsilon_2\frac{\partial u_2}{\partial n}$$

电场强度为 $\boldsymbol{E}=-\nabla u=-\frac{\partial u}{\partial x}\boldsymbol{e}_x-\frac{\partial u}{\partial y}\boldsymbol{e}_y$，求解静电场的问题

$$\begin{cases} -\frac{\partial}{\partial x}(\varepsilon_r\frac{\partial u}{\partial x})-\frac{\partial}{\partial y}(\varepsilon_r\frac{\partial u}{\partial y})=\frac{\rho_e}{\varepsilon_0} & \in \Omega \\ u=p & \in \Gamma_D \\ \frac{\partial u}{\partial \rho}-\frac{u}{\rho\ln\rho}=0 & \in \Gamma_\infty(\rho=\sqrt{x^2+y^2}) \end{cases}$$

【例 9.4】 二维波导问题：设 $\boldsymbol{H}=H_z\boldsymbol{e}_z$，二维波导问题为

$$\begin{cases} \frac{\partial}{\partial x}(\frac{1}{\varepsilon_r}\times\frac{\partial H_z}{\partial x})+\frac{\partial}{\partial y}(\frac{1}{\varepsilon_r}\times\frac{\partial H_z}{\partial y})+k_0^2\mu_r H_z=0 & \in \Omega \\ \frac{\partial H_z}{\partial x}-\mathrm{j}k_0 H_z\approx -2\mathrm{j}k_0 H_0 e^{-\mathrm{j}k_0 x} & \text{在入射边界} \\ \frac{\partial H_z}{\partial x}+\mathrm{j}k_0 H_z\approx 0 & \text{外部} \\ \frac{\partial H_z}{\partial n}=0 & \text{在理想导体壁} \end{cases}$$

【例 9.5】 二维波散射问题

$$\begin{cases} \frac{\partial}{\partial x}\left(\frac{1}{\mu_r}\times\frac{\partial E_z}{\partial x}\right)+\frac{\partial}{\partial y}\left(\frac{1}{\mu_r}\times\frac{\partial E_z}{\partial y}\right)+k_0^2\varepsilon_r E_z=\mathrm{j}k_0 z_0 J_z & \in \Omega \\ \frac{\partial E_z}{\partial n}+\left[\mathrm{j}k_0+\frac{\zeta(s)}{2}\right]E_z=\frac{\partial E_z^i}{\partial n}+\left[\mathrm{j}k_0+\frac{\zeta(s)}{2}\right]E_z^i & \in \Gamma \end{cases}$$

ABC 边界条件为 $\frac{\partial E_z^{sc}}{\partial r}+\left(\mathrm{j}k_0+\frac{1}{2r}\right)E_z^{sc}\approx 0$

9.3 有限元问题的几种求解方法

所有的数值方法最终都归结为求解一个代数方程组

$$\boldsymbol{Ax}=\boldsymbol{b}$$

代数方程组的求解是计算数学研究的核心内容。求解代数方程组的方法归纳起来有两类：直接法和迭代法。直接法都是基于高斯消去法，经过确定次数的运算，理论上可以得到方程组的精确解，适用于小型、稠密方程组的计算。迭代法是一种间接方法，从某个预定的初值出发，按照一定的迭代步骤，逐渐逼近方程组的真解，得到一个满足给定精度要求的近似解，适用于大型、稀疏方程组的计算。

直接法（LU 分解算法）：任意一个矩阵可以分解为一个下三角阵与上三角阵的乘积

$$\begin{bmatrix} a_{11} & a_{12} & \cdots & a_{1n} \\ a_{21} & a_{22} & \cdots & a_{2n} \\ \vdots & \vdots & \vdots & \vdots \\ a_{n1} & a_{n2} & \cdots & a_{nn} \end{bmatrix}=\begin{bmatrix} l_{11} & 0 & \cdots & 0 \\ l_{21} & l_{22} & \cdots & 0 \\ \vdots & \vdots & \vdots & \vdots \\ l_{n1} & l_{n2} & \cdots & l_{nn} \end{bmatrix}\begin{bmatrix} u_{11} & u_{12} & \cdots & u_{1n} \\ 0 & u_{22} & \cdots & u_{2n} \\ \vdots & \vdots & \vdots & \vdots \\ 0 & 0 & \cdots & u_{nn} \end{bmatrix}$$

然后可以解这个矩阵方程。

迭代法：由矩阵方程 $\boldsymbol{Ax}=\boldsymbol{b}$ 出发，导出一等价方程

$$X=\widetilde{\boldsymbol{A}}X+\widetilde{\boldsymbol{b}}$$

给定一个初始值（经验猜测值）$X^{(0)}$，对方程做迭代

$$X^{(k+1)}=\widetilde{\boldsymbol{A}}X^{(k)}+\widetilde{\boldsymbol{b}}$$

如果方程收敛，则该收敛值就是矩阵方程的解。

（1）共轭梯度法（Conjugate Gradient Method，CG 法）

共轭梯度法在原理上可以通过 n 步迭代得到方程的准确解，因而也称为半直接法或半迭代法。对矩阵方程进行变形

$$X^{(k+1)}=X^{(k)}+\alpha^{(k)}\boldsymbol{p}^{(k)}$$

式中，$\alpha^{(k)}$ 为步长；$p^{(k)}$ 为搜索方向。

共轭梯度法步骤为（算法 CG、对称方程组）：

① 输入 A、b 和 x_0 以及迭代误差控制参数 ε

$$x=x_0,\ r=b-Ax_0,\ p=r,\ \alpha_1=r^{\mathrm{T}}r,\ \alpha_0=|\alpha_1|,\ k=1$$

② 令 $q=Ap$，$\alpha_2=p^{\mathrm{T}}q$，$\alpha=\frac{\alpha_1}{\alpha_2}$，$x=x+\alpha p$，$r=r-aq$，$\beta_2=\alpha_1$，$\alpha_1=r^{\mathrm{T}}r$

③ 如果 $\alpha_1<\varepsilon|\alpha_0|$，输出 x，结束；否则 $k=k+1$，继续执行。

④ $\beta=\frac{\alpha_1}{\beta_2}$，$p=r+\beta p$，转到步骤②。

其中，r 是残差。

（2）牛顿-拉夫逊法

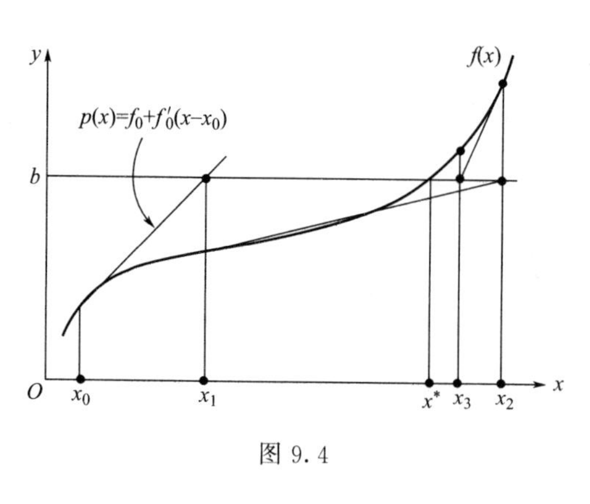

图 9.4

求解非线性方程 $f(x)=b$，从一个初值 x_0 出发，求得近似方程 $f_0+(x-x_0)f'_0=b$ 解 x_1 依次迭代，逐渐逼近问题的真解 x^*（图 9.4）。

对于非线性方程 $[\boldsymbol{K}][\boldsymbol{u}]=[\boldsymbol{b}]$，牛顿-拉夫逊方法为：

① 如果 $[\boldsymbol{K}]$ 不是 $[\boldsymbol{u}]$ 的函数，则 $\dfrac{\partial f_i(\boldsymbol{u})}{\partial u_j}=\dfrac{\partial\sum\limits_k K_{i,k}u_k}{\partial u_j}=K_{i,j}$，导数矩阵 $\dfrac{\partial \boldsymbol{f}(\boldsymbol{u})}{\partial \boldsymbol{u}^{\mathrm{T}}}=[\boldsymbol{K}]$ 称为雅克比矩阵，记做 $[\boldsymbol{J}]$。方程组的解为

$$[\boldsymbol{J}]([\boldsymbol{U}]-[\boldsymbol{U}_0])=[\boldsymbol{b}]-[\boldsymbol{K}][\boldsymbol{U}_0]$$

② 如果 $[\boldsymbol{K}]$ 是 $[\boldsymbol{u}]$ 的函数，雅克比矩阵元素为

$$J_{i,j}=\frac{\partial f_i(\boldsymbol{u})}{\partial u_j}=\frac{\partial\sum\limits_k K_{i,k}u_k}{\partial u_j}=K_{i,j}+\sum_k\frac{\partial K_{i,k}}{\partial u_j}u_k$$

需要用迭代法求解。

【例 9.6】 二单纯形的二次内插法

对于一个二维的三角剖分，在 xy 平面上是一个顶点为（0，0）、（0，1）、（1，0）的三角形。对于二次内插法，U 可以写成

$$U=a+bx+cy+dx^2+exy+fy^2$$

联系第一个顶点的实验函数是

$$T=(1-x-y)(1-2x-2y)$$

记住，在二单纯形的一面中点实验函数有零点。对于与插值函数中的系数相关的函数来说，这些零是额外的插值节点。

【例 9.7】 单纯形的拉格朗日多项式。

拉格朗日多项式也是插值函数一个受欢迎的来源。在这个例子中我们以一簇与 i 和依据质心坐标系的一个参数 n 的拉格朗日多项式 R_i 开始：

$$R_0(n,\lambda)=1,\quad R_m(n,\lambda)=\frac{1}{m!}\prod_{j=0}^{m-1}(n\lambda-j)\quad 当\ m>0$$

记住，R_m 在 $\lambda=0,\ \dfrac{1}{n},\ \cdots,\ \dfrac{m-1}{n}$ 时有零点并且这时 $R_n(n,m/n)=1$，对于 p 单纯形插值函数，由这些多项式的结果定义：

$$\alpha(\lambda_0,\cdots,\lambda_p)=R_{i_0}(n,\lambda_0)\cdots R_{i_p}(n,\lambda_p)$$

这里 α 的阶数是 $n=\sum i_j$。作为前例，这些多项式提供了处理顶点的插值点。插值点的分布由多项式的零点给出。实际上，一个编码方式必须为插值节点的计算而执行。

这个例子指出了通过增加多项式的阶数提高解决方法精确性的可能，虽然精确性总量的计算代价是不值得的。在任何情况下，不管使用什么多项式，一旦它们从质心坐标系的角度来定义，对一个“标准的”单纯形的分析会被研究出来，并且计算刚度矩阵的程序也容易自动化。

习题与思考题

9.1 设一正方形铜质贴片天线，其边长为波长的1/10，激励点在正方形贴片的中心，写出用有限元法计算电流分布的Matlab程序。

9.2 设一圆形铜质贴片天线，其半径为波长的3/4，激励点在圆心，写出用有限元法计算电流分布的Matlab程序。

参考文献

[1] Harrington R F. Matrix Method for Field Problems. Proc. IEEE, Vol. 55, No. 2, Feb. 1967, pp. 136-149.

[2] Burke G J, Poggio A J. Numerical Electromagnetic Code (NEC) —Mehod of Moments. Lawrence Livermore Naional Lab., Livemore, CA, Jan. 1981.

[3] Rockway J W, et al. The MININEC System: Microcomputer Analysis of Wire Antenna. Norwood, MA: Artech House.

[4] Matthew N. O. Sadiku. Numerical Techniques in Electromagnetic. CRC Press LLC, 2001.

[5] Sullivian D M. Electromagnetic Simulation Using Finite-difference Time Domain Method. IEEE press, 2013.

[6] Atef Z. Elsherbeni Finite-difference Time Domain Method for Electromagnetic with Matlab. Scitech Publishing, 2011.

[7] 单志勇. 电磁场与波理论基础. 北京：化学工业出版社，2009.

[8] M. F. Iskander. Electromagnetic Field and Waves. Prenticer-Hiller, Inc., 1992.

[9] C. A. Balanis. Antenna Theory, Analysis and Design. 3th. John Wiley &Sons Inc, 2005.

[10] R. S. Elliot. Antenna Theory and Design. Prenticer-Hiller, Inc., 1992.